21世纪高等学校计算机专业
核心课程规划教材

实用软件工程

（第4版）

◎ 陆惠恩 主编

清华大学出版社

北京

内 容 简 介

本书着重从实用角度讲述软件工程的基本概念、原理和方法，系统地介绍目前较成熟的、广泛使用的软件工程技术。本书内容包括软件工程概述、软件计划（软件定义、可行性研究、需求分析）、结构化设计（概要设计、详细设计、界面设计、数据代码设计、软件设计文档）、软件编码和软件测试、软件维护、面向对象方法学与 UML、面向对象软件设计与实现、软件工程技术的发展（CASE 技术、软件重用、RUP、Rational Rose 简介、软件构件模型比较）、软件工程管理、软件开发实例（招聘考试成绩管理系统）与实践环节。书中 1～9 章都有小结供读者复习总结，每章精心挑选了习题供读者练习，部分习题有参考答案。

本书可作为应用型本科计算机相关专业的教材，也可供从事计算机软件开发、维护及应用的广大科技人员参考。

图书在版编目（CIP）数据

实用软件工程/陆惠恩主编. —4 版. —北京：清华大学出版社，2020（2024.8重印）
21 世纪高等学校计算机专业核心课程规划教材
ISBN 978-7-302-54146-2

Ⅰ. ①实… Ⅱ. ①陆… Ⅲ. ①软件工程－高等学校－教材 Ⅳ. ①TP311.5

中国版本图书馆 CIP 数据核字（2019）第 248636 号

策划编辑：魏江江
责任编辑：王冰飞
封面设计：刘　键
责任校对：梁　毅
责任印制：宋　林

出版发行：清华大学出版社
　　　　　网　　　址：https://www.tup.com.cn，https://www.wqxuetang.com
　　　　　地　　　址：北京清华大学学研大厦 A 座　　　　邮　　编：100084
　　　　　社 总 机：010-83470000　　　　　　　　　　邮　　购：010-62786544
　　　　　投稿与读者服务：010-62776969，c-service@tup.tsinghua.edu.cn
　　　　　质量反馈：010-62772015，zhiliang@tup.tsinghua.edu.cn
印 装 者：三河市天利华印刷装订有限公司
经　　销：全国新华书店
开　　本：185mm×260mm　　　印　张：18　　　　字　数：442 千字
版　　次：2006 年 5 月第 1 版　2020 年 10 月第 4 版　印　次：2024 年 8 月第 11 次印刷
印　　数：67101～69100
定　　价：49.80 元

产品编号：086348-01

前　言

党的二十大报告指出：教育、科技、人才是全面建设社会主义现代化国家的基础性、战略性支撑。必须坚持科技是第一生产力、人才是第一资源、创新是第一动力，深入实施科教兴国战略、人才强国战略、创新驱动发展战略，开辟发展新领域新赛道，不断塑造发展新动能新优势。高等教育与经济社会发展紧密相连，对促进就业创业、助力经济社会发展、增进人民福祉具有重要意义。

软件工程是指导计算机软件开发和维护的学科。软件工程采用工程的概念、原理、技术和方法，把良好的技术方法和正确的管理结合起来开发软件。软件工程学已成为计算机科学与技术专业的一门重要学科。

依据应用型人才培养的要求，本书着重从实用的角度讲述软件工程的基本概念、原理和方法，介绍如何开发和维护软件；介绍如何合理安排软件开发和维护过程，规范地书写软件工程文档；介绍如何提高软件开发过程的效率和质量。本书第 1 版出版以来，受到了广大读者的厚爱，本次改版增加了 10.8 节软件工程实践环节，给出了软件工程课程设计实验指导书及若干软件工程课程设计参考题，供读者选用；为适应计算机软件和硬件的不断变化，修改了一些陈旧的内容。

本书内容包括软件工程概述、软件计划（软件定义、可行性研究、需求分析）、结构化设计（概要设计、详细设计、界面设计、数据代码设计、软件设计文档）、软件编码和软件测试、软件维护、面向对象方法学与 UML、面向对象软件设计与实现、软件工程技术的发展（CASE 技术、软件重用、RUP、Rational Rose 简介、软件构件模型比较）、软件工程管理、软件开发实例（招聘考试成绩管理系统）与软件工程课程实践环节。

软件工程课程教学的重点如下：

（1）软件工程的结构化方法（结构化分析、结构化设计和结构化程序设计）；

（2）面向对象方法与 UML；

（3）软件测试；

（4）软件质量保证。

本书的特点如下：

（1）语言流畅、深入浅出、详略适当、可读性好、应用性强、易于理解。

（2）每章列出主要内容、重点和小结，配有经过精选的适量例题和习题，有的例题贯穿各章，可以作为读者实践环节的样例。附录中有部分习题的答案，便于读者对学习成果进行检验。

（3）书中介绍了软件工程各阶段文档书写规范，使读者在开发软件时有参考依据。

（4）针对软件开发的实际需要，介绍了数据代码设计的原则和方法。

（5）第 10 章介绍一个软件开发实例——招聘考试成绩管理系统，使读者对软件开发的全过程有感性认识。

"软件工程"课程建议安排在程序设计语言、数据库原理、数据结构等专业课之后，毕业实习、毕业设计之前开设。建议理论学习为 44～50 学时，并适当安排实践环节。通过软件开发的实际训练来培养和提高学生开发、维护软件的能力。

在软件工程实践环节可要求学生完成一个难度适当的软件设计课题。时间安排上，可集中 2～4 周进行课程设计，也可在理论教学的适当阶段同步安排实践环节，分阶段完成课题。

本书提供教学大纲、教学课件、习题解答、期末试卷题型举例等配套资源，扫描封底的"课件下载"二维码，在公众号"书圈"下载。

本书可作为应用型本科计算机相关专业的教材，也可供从事计算机软件开发，维护及应用的广大科技人员参考。

本书的主编为陆惠恩，2.9.2 节、4.5.7 节、7.7 节、7.8 节、8.6 节、8.7 节、9.7 节由张成姝编写，第 5 章由陆培恩编写，其他内容由陆惠恩编写。

书中难免存在不足之处，敬请读者批评指正。

编　者

目　录

VII

第1章 概　述

随着计算机系统的发展，计算机的应用日益广泛，计算机软件的开发、维护工作显得越来越重要。如何才能开发出用户满意的软件，如何以较低的成本开发出高质量的软件，如何使所开发的软件在运行过程中容易维护以延长软件的使用期限，如何提高软件开发、维护过程中的自动化程度，如何提高软件开发效率，软件工程如何管理，等等，这些都是软件工程研究的问题。软件工程是指导计算机软件开发和维护的学科。软件工程的目的是在规定的时间、规定的开发费用内，开发出满足用户需要的、质量合格的软件产品。

本章介绍软件工程的发展史，软件危机的形成及其解决途径，软件工程的基本概念、内容及基本原理等。

本章重点：
- 软件工程；
- 软件生命周期。

1.1　软件工程的产生

计算机系统的发展、软件应用的日益广泛和软件危机的困扰促使了软件工程的产生和发展。

1.1.1　软件工程发展史

自从20世纪40年代电子计算机问世以来，计算机软件随着计算机硬件的发展而逐步发展起来，软件和硬件一起构成计算机系统。一开始只有程序的概念，后来才出现软件的概念。

当软件需求量大大增加后，人们把软件视为产品，确定了软件生产的各个阶段必须完成的有关计算机程序的功能、设计和使用的文字或图形资料，这些资料称为"文档"。软件是指计算机程序及其有关的数据和文档。

随着计算机系统的发展，软件的生产大体经历了程序设计、软件、软件工程、第四代技术等阶段。在此过程中，软件危机产生并越来越严重，因而逐步形成了研究如何消除软件危机，如何合理地开发和维护软件的学科——软件工程学。

1. 程序设计阶段

20世纪40年代中期到20世纪60年代中期，电子计算机价格昂贵、运算速度低、存储量小。计算机程序是描述计算任务的处理对象和处理规则。早期的程序规模小，程序往往是个人设计、自己使用。程序设计通常要注意如何节省存储单元、提高运算速度，除了程序清单之外，没有其他任何文档资料。

2.“软件=程序+文档”阶段

20 世纪 60 年代中期到 20 世纪 70 年代中期，集成电路计算机的运算速度和内存容量大幅度提高。随着程序的增加，人们把程序区分为系统程序和应用程序，并把它们称为软件。计算机软件的应用范围更加广泛，当软件需求量大幅度增加后，许多用户去“软件作坊”购买软件。

软件产品交付给用户使用之后，为了纠正错误或适应用户需求的改变对软件进行的修改称为软件维护（Software Maintenance）。此时，由于在软件开发过程中很少考虑到它们的维护问题，软件维护的费用以惊人的速度增长，并且不能及时满足用户的需求，质量也得不到保证。所谓的“软件危机”由此开始。人们逐渐重视软件的“可维护性”问题，软件开发开始采用结构化程序设计技术，并规定软件开发时必须书写各种规格书、说明书和用户手册等文档。

1968 年，北大西洋公约组织（NATO）的计算机科学家在联邦德国（两德统一前的称谓或西德）召开国际会议，讨论软件危机问题，正式提出了“软件工程（Software Engineering）”的术语。从此，一门新的工程学科诞生了。

3.软件工程阶段

20 世纪 70 年代中期到 20 世纪 90 年代，大规模集成电路计算机的功能和质量不断提高，个人计算机已经成为大众化商品，计算机应用不断扩大。软件开发生产率提高的速度远远跟不上计算机应用迅速普及深入的速度，软件产品供不应求，软件危机日益严重。为了维护软件需要耗费大量的成本。美国当时的统计数据表明，对计算机软件的投资占计算机软件、硬件总投资的 70%，到了 1985 年时软件成本大约占总成本的 90%。为了应对不断增长的软件危机，软件工程学把软件作为一种产品进行批量生产，运用工程学的基本原理和方法来组织和管理软件生产，以保证软件产品的质量，提高软件产品的生产率。软件生产使用数据库、软件开发工具和开发环境等，软件开发技术有了很大的进步，开始采用工程化开发方法、标准和规范，以及面向对象技术等。

4.第四代技术阶段

计算机系统发展的第四阶段不再是单台的计算机和计算机程序，而是面向计算机和软件的综合影响。由复杂的操作系统控制的功能强大的桌面系统，以及连接局域网和互联网、高带宽的数字通信与先进的应用软件相互配合，产生了综合的效果。计算机体系结构从主机环境转变为分布式的客户端/服务器环境。

软件开发的第四代技术有了新的发展：计算机辅助软件工程（Computer Aided Software Engineering，CASE）将工具和代码生成器结合起来，为许多软件系统提供了可靠的解决方案；面向对象技术已在许多领域迅速取代了传统的软件开发方法；专家系统和人工智能软件有了实际应用；人工神经网络软件展示了信息处理的美好前景；并行计算技术、网络计算机、虚拟现实技术、多媒体技术和现代通信技术使人们开始采用和原来完全不同的方法进行工作。

此外，光计算机、化学计算机、生物计算机和量子计算机等新一代计算机的研制发展，必将给软件工程技术带来一场革命。

1.1.2 软件危机

软件危机是指在计算机软件开发和维护时所遇到的一系列问题。软件危机主要包含两方面的问题：一是如何开发软件以满足社会对软件日益增长的需求；二是如何维护数量不断增长的已有软件。本节研究软件危机产生的原因、主要表现形式及解决的途径。

1．软件危机产生的原因

软件危机产生的原因与软件的特点有关，也与软件开发的方式、方法、技术及软件开发人员本身有关。

（1）软件是计算机系统中的逻辑部件，软件产品往往规模庞大，给软件的开发和维护带来客观的困难。

（2）软件一般要使用5～10年，在这段时间里很可能出现开发时没有预料到的问题，如系统运行的硬件、软件环境发生变化，系统需求变化等，需要及时地维护软件，使软件可以继续使用。

（3）软件开发技术落后，生产方式和开发工具落后。

（4）软件开发人员忽视软件需求分析的重要性，轻视软件维护也是造成软件危机的原因。

2．软件危机的主要表现形式

（1）软件发展速度跟不上硬件的发展和用户的需求。计算机硬件成本逐年下降，软件应用日趋广泛，软件产品"供不应求"，与硬件成本相比，软件成本越来越高。

（2）软件成本高，开发进度不能预先估计，用户不满意。由于软件应用范围越来越广，很多应用领域往往是软件开发者不熟悉的，加之开发人员与用户之间信息交流不够，导致软件产品不符合要求，不能如期完成。因而，软件开发成本和进度都与原先的估计相差太大，引起用户不满。

（3）软件产品质量差，可靠性得不到保证。软件质量保证技术没有应用到软件开发的全过程，导致软件产品质量问题频频发生。

（4）软件产品可维护性差。软件设计时不注意程序的可读性，不重视程序的可维护性，程序中存在的错误很难改正。因此软件需求发生变化时，维护相当困难。

（5）软件没有合适的文档资料。软件开发时文档资料不全或文档与软件不一致会引起用户不满，同时也会给软件维护带来很大的困难。

3．解决软件危机的途径

目前，计算机的体系结构在硬件上是冯·诺依曼计算机。硬件的基本功能是做简单的运算与逻辑判断，主要还是适用于数值计算。随着计算机应用的日益广泛，许多企事业单位80%以上的计算机用于管理方面。管理方面大多为非数值计算问题，需要设计计算机软件来进行处理，因而可能会使软件变得复杂、庞大，从而导致软件危机的产生。要解决软件危机问题，需要采用以下措施：

（1）使用好的软件开发技术和方法。

（2）使用好的软件开发工具，提高软件生产率。

（3）有良好的组织、严密的管理，各类人员相互配合，共同完成任务。

为了解决软件危机，既要有技术措施（好的方法和工具），也要有组织管理措施。软件工程正是从技术和管理两方面来研究如何更好地开发和维护计算机软件的。

1.2 软件工程学

1.2.1 什么是软件

软件是计算机程序及其有关的数据和文档的完整集合。其中，计算机程序是能够完成预定功能的可执行的指令序列；数据是程序能适当处理的信息，具有适当的数据结构；软件文档是开发、使用和维护程序所需要的图文资料。

软件文档（Software Documentation）是以人们可读的形式出现的技术数据和信息。文档描述或规定软件的设计细节，说明软件具备的能力，或为使用该软件以便从软件系统得到所期望的结果提供操作指令。

B. Boehm 指出：“软件是程序及对其进行开发、使用和维护所需要的所有文档。”特别是当软件成为商品时，文档是必不可少的。没有文档，仅有程序是不能称为软件产品的。

1.2.2 什么是软件工程

软件工程是计算机科学中的一个重要分支。按照中华人民共和国国家标准 GB/T 11457—1995《软件工程术语》的定义：软件工程是软件开发、运行、维护和引退的系统方法。因而，软件工程是指导计算机软件开发和维护的工程学科。软件工程采用工程的概念、原理、技术和方法来开发与维护软件。软件工程的目标是实现软件的优质高产，软件工程的目的是在规定的时间、规定的开发费用内，开发出满足用户需求的、高质量的软件产品。

1.2.3 软件工程学的内容

软件工程学的主要内容是软件开发技术和软件工程管理。

软件开发技术包含软件工程方法学、软件工具和软件开发环境。软件工程管理学包含软件工程经济学和软件工程管理学，本书只介绍有关软件工程管理的内容。

1. 软件工程方法学

最初，程序设计是个人进行的，只注意如何节省存储单元、提高运算速度。以后，兴起了结构化程序设计，人们采用结构化的方法来编写程序。结构化程序设计只有顺序、条件分支和循环三种基本结构。这样不仅改善了程序的清晰度，而且能提高软件的可靠性和软件生产率。

后来，人们逐步认识到编写程序仅是软件开发过程中的一个环节，在典型的软件开发工作中，编写程序所需的工作量只占软件开发全部工作量的 10%～20%。软件开发工作应包括需求分析、软件设计和编写程序等几个阶段，于是形成了“结构化分析”“结构化设计”、面向数据结构的 Jackson 方法等传统软件开发方法。20 世纪 80 年代广泛应用了面向对象设计方法。

软件工程方法学是编制软件的系统方法，它确定软件开发的各个阶段，规定每一阶段的活动、产品、验收的步骤和完成准则。

软件工程方法学有三个要素：方法、工具和过程。

- 方法：完成软件开发任务的技术方法。
- 工具：为方法的运用提供自动或半自动的软件支撑环境。

- 过程：规定了完成任务的工作阶段、工作内容、产品、验收的步骤和完成准则。

各种软件工程方法的适用范围不尽相同。目前使用最广泛的软件工程方法学可以分为传统方法学和面向对象方法学两类。

1）传统方法学

传统方法学采用结构化技术，包括结构化分析、结构化设计和结构化实现来完成软件开发任务。传统方法把软件开发工作划分成若干个阶段，每个阶段相对独立，也比较简单，顺序完成各阶段的任务；每个阶段的开始和结束都有严格的标准；每个阶段结束时要进行严格的技术审查和管理复审。用传统方法学开发软件，首先确定软件功能，再对功能进行分解，确定怎样开发软件，然后实现软件功能。传统方法提高了软件的可维护性和软件开发的成功率，软件生产率也明显提高。

传统方法学历史悠久，为广大软件开发人员所熟知，在开发某些软件时十分有效。

传统方法可以再分为面向数据流设计方法和面向数据结构设计方法。

2）面向对象方法学

面向对象方法学是在传统方法学的基础上发展起来的，把对象作为数据和对数据的操作相结合的软件构件，用对象分解取代了传统方法的功能分解。该方法把所有对象都划分为类，把若干个相关的类组织成具有层次结构的系统，下层的子类继承上层的父类所具有的数据和操作，而对象与对象之间通过发送消息相互联系。

面向对象方法学的要素是对象、类、继承及消息通信。可以用下列方程来概括：

$$面向对象 = 对象 + 类 + 继承 + 消息通信$$

面向对象方法学是多次反复、迭代开发的过程。面向对象方法在分析和设计时使用相同的概念和相同的表示方法，两个阶段之间没有明显的界限。最终产品是由许多基本独立的对象组成的，这些对象具有简单、易于理解、易于开发、易于维护的特点，并且具有可重用性。

本书既介绍传统方法学，使读者掌握软件开发的基本步骤、方法和文档书写规范，也介绍面向对象方法学。在实际工作中，软件开发人员可以根据具体情况，选择不同的软件开发方法，也可将不同的方法结合起来，扬长避短，在提高软件开发效率的同时提高软件的质量。

2．软件工具

软件工具（Software Tools）是指为了支持计算机软件的开发和维护而研制的程序系统。使用软件工具的目的是提高软件设计的质量和软件生产效率，降低软件开发、维护的成本。

软件工具用于软件开发的整个过程。例如，需求分析工具用类生成需求说明；设计阶段需要使用编辑程序、编译程序、连接程序，有的软件还能自动生成程序；在测试阶段可使用排错程序、跟踪程序、静态分析工具和监视工具等；软件维护阶段用到版本管理、文档分析工具等；软件管理方面也有许多软件工具。软件开发人员在软件生产的各个阶段可根据不同的需要，选择合适的工具使用。目前，软件工具发展迅速，许多用于软件分析和设计的工具正在建立，其目标是实现软件生产各阶段的自动化。

3．软件开发环境

软件开发方法和软件工具是软件开发的两大支柱，它们之间密切相关。软件开发方法提出了明确的工作步骤和标准的文档格式，这是设计软件工具的基础，而软件工具的实现又将促进软件开发方法的推广和发展。

软件开发环境是方法和工具的结合。在 1985 年第八届国际软件工程会议上，关于"软件开发环境"的定义是："软件开发环境是相关的一组软件工具集合，它支持一定的软件开发方法或按照一定的软件开发模型组织而成。"

软件开发环境的设计目标是提高软件生产率和改善软件质量。本书将介绍一些常用的软件开发方法、软件工具及软件开发环境。

计算机辅助软件工程（Computer Aided Software Engineering，CASE）是一组工具和方法的集合，可以辅助软件生命周期各阶段进行的软件开发活动。

CASE 是多年来在软件工程管理、软件开发方法、软件开发环境和软件工具等方面研究和发展的产物。CASE 吸收了 CAD（计算机辅助设计）、软件工程、操作系统、数据库、网络和许多其他计算机领域的原理和技术。因而，CASE 领域是一个应用、集成和综合的领域。其中，软件工具不是对任何软件开发方法的取代，而是对方法的辅助，它旨在提高软件开发的效率和软件产品的质量。

4．软件工程管理

软件工程管理是对软件开发各阶段的活动进行管理。软件工程管理的目的是按预定的时间和费用，成功地生产软件产品。软件工程管理的任务是有效地组织人员，按照适当的技术、方法，利用好的工具来完成预定的软件项目。

软件工程管理的内容包括软件费用管理、人员组织、工程计划管理和软件配置管理等。

1）费用管理

一般来讲，开发一个软件是一种投资，人们总是期望将来获得较大的经济效益。从经济角度分析，开发一个软件系统是否划算是软件使用单位的负责人决定是否开发这个项目的主要依据，要从软件开发成本、运行费用和经济效益等方面来估算整个系统的投资和回报情况。

软件开发成本主要包含开发人员的工资报酬以及开发阶段的各项支出；软件运行费用取决于系统的操作费用和维护费用，其中操作费用包括操作人员的人数、工作时间、消耗的各类物资等开支；系统的经济效益是指因使用新系统而节省的费用和增加的收入。

由于运行费用和经济效益两者在软件的整个使用期内都存在，总的效益和软件使用时间的长短有关，因此应合理地估算软件的寿命。一般在进行成本/效益分析时一律假设软件使用期为 5 年。

2）人员组织

软件开发不是个体劳动，需要各类人员协同配合，共同完成工程任务，因而应该有良好的组织、周密的管理。

3）工程计划管理

软件工程计划是在软件开发的早期确定的。在计划实施过程中，如果有其他需要，应对工程进度做适当的调整。在软件开发结束后应写出软件开发总结，以便今后能制订出更切实际的软件开发计划。

4）软件配置管理

软件工程各阶段所产生的全部文档和软件本身构成软件配置。每完成一个软件工程步骤，都涉及软件工程配置，必须使软件配置始终保持其精确性。软件配置管理就是在系统的整个开发、运行和维护时期控制配置的状态和变动，验证配置项的完整性和正确性。

1.2.4 软件过程

国际标准化组织（International Standardization Organization，ISO）是世界性的标准化专门机构。ISO 9000 把软件过程定义为："把输入转化为输出的一组彼此相关的资源和活动"。

软件过程是为了获得高质量软件所需要完成的一系列任务的框架，它规定了完成各项任务的工作步骤。

软件开发过程（Software Development Process）是把用户要求转化为软件需求，把软件需求转化为设计，用代码来实现设计并对代码进行测试，完成文档编制并确认软件可以投入运行使用的过程。

软件过程定义了运用方法的顺序、应该交付的文档、开发软件的管理措施和各阶段任务完成的标志。

软件过程是软件工程方法学的三个要素（方法、工具和过程）之一。软件过程必须科学、合理才能获得高质量的软件产品。

1.2.5 软件工程的基本原理

著名软件工程专家 B. Boehm 综合有关专家和学者的意见并总结了多年来开发软件的经验，于 1983 年在一篇论文中提出了软件工程的 7 条基本原理。

（1）用分阶段的生命周期计划进行严格的管理。

（2）坚持进行阶段评审。

（3）实行严格的产品控制。

（4）采用现代程序设计技术。

（5）软件工程结果应能清楚地审查。

（6）开发小组的人员应该少而精。

（7）承认不断改进软件工程实践的必要性。

B. Boehm 指出，遵循前 6 条基本原理，能够实现软件的工程化生产；按照第 7 条原理，不仅要积极主动地采纳新的软件技术，而且要注意不断总结经验。在本课程的学习中，读者将体会到软件工程基本原理的含义和作用。

1.3 软件生命周期

1.3.1 软件生命周期的定义

软件生命周期（Software Life Cycle）是从设计软件产品开始到产品不能使用为止的时间周期。软件产品从问题定义开始，经过开发、使用和维护，直到最后被淘汰的整个过程就是软件生命周期。

一个人从出生开始，经过儿童、青年、中年、老年等时期直到死亡。在人的一生中，国家和社会对他的负担主要体现在儿童、青少年时期的培养及老年丧失劳动能力后的供养方面。而一个人从参加工作开始就对国家与社会做贡献，贡献越大，人的价值也就越大。

同样，软件生命周期中软件的开发要投资、消耗价值，在软件交付使用后就开始产生价值，但软件维护又要消耗价值。软件生命周期中，消耗价值越少，即软件开发与维护时的费用越低、软件的使用寿命越长，产生的价值就越大，这就是掌握软件工程学的目的。

软件生命周期是软件工程的一个重要概念。软件生命周期有时与软件开发周期作为同义词使用。一个软件产品的生命周期可划分为若干个互相区别而又有联系的阶段。把整个生命周期划分为若干个阶段，赋予每个阶段相对独立的任务，然后逐步完成每个阶段的任务。这样能够简化每个阶段的工作，容易确立系统开发计划，还可明确系统各类开发人员的分工与职责范围，以便分工协作，保证质量。

每一阶段的工作都以前一阶段的结果为依据，并作为下一阶段的前提。每个阶段结束时都要有技术审查和管理复审，从技术和管理两方面对这个阶段的开发成果进行检查，及时决定系统是继续进行，还是停工或是返工。应避免到开发结束时才发现前期工作存在问题，造成不可挽回的损失和失败的现象。

每个阶段都要进行复审，主要检查是否有高质量的文档资料，前一个阶段复审通过了，后一个阶段才能开始。开发单位的技术人员可根据所开发软件的性质、用途及规模等因素决定在软件生命周期中增加或减少相应的阶段。

把一个软件产品的生命周期划分为若干个阶段是实现软件生产工程化的重要步骤。

软件生命周期划分阶段的方法有多种，可按软件规模、种类、开发方式和开发环境等来划分生存周期。不管用哪种方法划分生命周期，划分阶段的原则是相同的。

1.3.2　软件生命周期划分阶段的原则

软件生命周期划分阶段的原则如下：

（1）各阶段的任务彼此间尽可能相对独立。这样便于逐步完成每个阶段的任务，能够简化每个阶段的工作，易于确立系统开发计划。

（2）同一阶段的工作任务性质尽可能相同。这样有利于软件工程的开发和组织管理，明确系统各类开发人员的分工与职责范围，以便协同工作，保证质量。

1.3.3　软件生命周期各阶段的任务

软件生命周期一般由软件计划、软件开发和软件运行维护三个时期组成。软件计划时期分为问题定义、可行性研究和需求分析三个阶段。软件开发时期可分为软件设计、软件实现和综合测试三个阶段。其中，软件设计阶段可分为概要设计和软件详细设计阶段；软件实现阶段进行程序设计和软件单元测试；软件开发的最后阶段是进行综合测试。软件交付使用后，在运行过程中需要不断地进行维护，才能使软件持久地满足用户的需要。

下面简要介绍软件生命周期各阶段的主要任务。

1. 问题定义

确定系统的目标、规模和基本任务。

2. 可行性研究

从经济、技术和法律等方面分析确定系统是否值得开发，如果不值得开发，应及时建议停止项目开发，避免人力、物力、时间的浪费。

3．需求分析

确定软件系统应具备的具体功能。通常用数据流图、数据字典和简明算法描述表示系统的逻辑模型，防止造成系统的设计与用户的实际需求不相符的后果。

4．概要设计

确定系统设计方案，以及软件的体系结构，即软件由哪些模块组成及这些模块之间的相互关系。

5．详细设计

描述应该如何具体地实现系统。详细设计每个模块，确定实现模块所需要的算法和数据结构。

6．软件实现阶段

进行程序设计（编码）和模块测试。

7．综合测试阶段

通过各种类型的测试，查出软件设计中的错误并改正，确保软件质量。还要在用户的参与下进行验收，才可交付使用。

8．软件运行、维护

软件运行期间，通过各种必要的维护使系统改正错误或修改扩充功能使软件适应环境变化，以延长软件的使用寿命，提高软件的效益。每次维护的要求及修改步骤都应详细准确地记录下来，作为文档保存。

1.4　软件开发模型

根据软件生产工程化的需要，软件生命周期的划分也有所不同，从而形成了不同的软件生命周期模型（Software Life Cycle Model），或称为软件开发模型。

软件开发模型总体来说有传统的瀑布模型和后来兴起的快速原型模型两类。在实践中，软件开发人员对上述两类开发模型进行了改进，产生了一些可行的软件开发模型。本书介绍以下几种：瀑布模型、快速原型模型、增量模型、喷泉模型、螺旋模型和统一过程。在软件开发时，可把各种开发模型灵活地结合起来，充分利用优点、避免缺点。

1.4.1　瀑布模型

瀑布模型（Waterfall Model）遵循软件生命周期的划分规划，明确规定每个阶段的任务，各个阶段的工作以线性顺序展开，恰如奔流不息的瀑布。

瀑布模型把软件生命周期分为计划时期、开发时期和运行时期三个时期，如图 1.1 所示。这三个时期又可细分为若干个阶段：计划时期可分为问题定义、可行性研究和需求分析三个阶段；开发时期分为概要设计、详细设计、软件实现和软件测试等阶段；运行时期则需要不断地进行运行维护以延长软件的使用寿命。瀑布模型要求开发过程的每个阶段结束时要进行复审，复审通过了才能进入下一个阶段，复审通不过则要进行修改或回到前面的阶段进行返工。软件维护时可能需要修改错误、排除故障；也可能是用户的需求改变了，或软件的运行环境改变了，需要修改软件的结构或功能，因而维护工作可能要从修改需求分析或修改概要设计开始，也可能要从修改软件编码开始。图 1.1 中的实线箭头表示开发工作的流程，每个阶段顺序进行，有时会返工；虚线箭头表示维护工作的流程，根据不同的情况返回到不同的阶段进行维护。

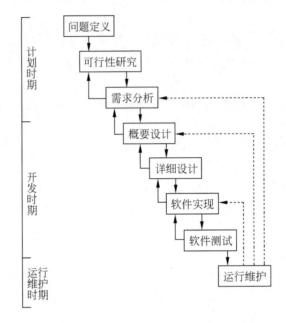

图 1.1　瀑布模型

瀑布模型软件开发有以下三个特点。

1．软件生命周期的顺序性

顺序性是指只有前一阶段工作完成以后，后一阶段的工作才能开始。前一阶段的输出文档就是后一阶段的输入文档。只有前一阶段有正确的输出，后一阶段才可能有正确的结果。因而，瀑布模型的特点是由文档驱动的。如果在生命周期的某一阶段出现了错误，往往要追溯到在它之前的一些阶段。

瀑布模型开发适合于在软件需求比较明确、开发技术比较成熟、工程管理比较严格的场合下使用。

2．尽可能推迟软件的编码

程序设计也称为编码。实践表明，大、中型软件编码开始得越早，完成所需的时间反而越长。瀑布模型在编码之前安排了需求分析、概要设计和详细设计等阶段，从而把逻辑设计和编码清楚地划分开，尽可能推迟编码阶段。

3．保证质量

为了保证质量，瀑布模型坚持两个重要做法：

（1）每个阶段都要完成规定的文档。

（2）每个阶段都要对已完成的文档进行复审，以便及早发现隐患，排除故障。

本书以瀑布模型为典型开发模型，介绍各阶段工作的具体方法、步骤、所需工具，对其他模型的分析可以参照此模型执行。

1.4.2 快速原型模型

正确的需求定义是系统成功的关键，但是许多用户在开始时往往不能准确地叙述他们的需求，软件开发人员需要反复和用户交流信息，才能全面、准确地了解用户的需求。当用户实际使用了目标系统以后，通过对系统的执行、评价，使用户明确对系统的需求。此时用户常常会改变原来的某些想法，对系统提出新的需求，以便使系统更加符合他们的需要。

快速原型模型（Rapid Prototype Model）是指快速开发一个可以运行的原型系统，该原型系统所能完成的功能往往是最终产品能完成的功能的一个子集。请用户试用原型系统，以便能准确地认识到他们的实际需要是什么，然后书写软件系统的需求规格说明文档，根据这份文档开发出来的软件可以满足用户的真实需求。这相当于工程上先制作"样品"，试用后做适当改进，然后再批量生产。

创建快速原型从设计用户界面开始，所建立的原型能完成的功能往往是用户需求的主要功能。快速原型模型鼓励用户参与开发过程，用户参与原型的运行和评价，能充分地与开发者协调一致。开发期间，原型还可作为终端用户的教学模型。开发者一边进行软件开发，一边让用户学习使用，若用户发现软件功能不符合自己的实际要求，可及时提出意见，开发者应立即进行修改，如此反复进行，直到用户满意为止。

虽然此方法要额外花费一些成本，但是可以尽早获得更符合需求的模型，从而减少测试和调试的工作量，提高软件质量。因此，只要快速原型法使用得当，就能减少软件的总成本，缩短开发周期。快速原型模型是目前比较流行的实用开发模型。

根据建立原型的目的不同，实现原型的途径也有所不同，通常有下述三种类型的原型。

1. 渐增式的原型

渐增式的原型开发模型也称为增量模型。

2. 用于验证软件需求的原型

系统分析员在确定了软件需求之后，从中选出某些需要验证的功能，用适当的工具快速构造出可运行的原型系统，由用户试用和评价。这类原型往往用后就丢弃，因此构造它们的软件环境不必与目标系统的软件环境一致，通常使用简洁而易于修改的高级语言对原型进行编码。

3. 用于验证设计方案的原型

原型可作为新颖设计思想的实现工具，对于新的设计思想，开发部分软件的原型，可提高风险开发的安全系数，从而证实设计的可行性。为了保证软件产品的质量，在概要设计和详细设计过程中，可用原型来验证总体结构或某些关键算法。如果设计方案验证完成后就将原型丢弃，则构造原型的工具不必与构造目标系统的工具一致。如果想把原型作为最终产品的一部分，原型和目标系统可使用同样的软件设计工具。

软件快速原型模型的开发过程如图 1.2 所示。开发人员听取用户的意见，进行需求分析，尽快构造出原型，原型的作用是获得用户的真正需求。原型由用户运行、评价和测试，开发人员根据用户的意见修改原型，再次请用户试用，逐步使其满足用户的需求。产品一旦交付给用户使用，维护便开始。根据需要，维护工作可能返回到需求分析、设计或编码等不同的阶段。

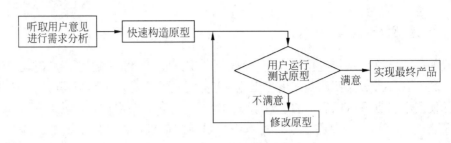

图 1.2 快速原型模型的开发过程

1.4.3 增量模型

增量模型也称为渐增模型，先选择一个或几个关键功能，建立一个不完全的系统，此时只包含目标系统的一部分功能，或对目标系统的功能从某些方面进行简化，通过运行这个简化后的系统取得经验，加深对软件需求的理解，使系统逐步得到扩充和完善。如此反复进行，直到用户对所设计的软件系统满意为止。

增量模型是对瀑布模型的改进，增量模型使开发过程具有一定的灵活性和可修改性。

增量模型把软件产品作为一系列增量构件来设计、编码、集成和测试。增量模型开发的软件系统是逐渐增长和完善的，所以整体结构不如瀑布模型开发的软件那样清晰。但是，由于增量模型开发过程自始至终都有用户参与，因而能及时发现问题并加以修改，可以更好地满足用户需求。

增量模型在项目开发过程中以一系列的增量方式来逐步开发系统。增量方式包括增量开发和增量提交两个方面。

（1）增量开发。不是整体地开发软件，而是按一定的时间间隔开发部分软件。

（2）增量提交。先提交部分软件给用户试用，听取用户意见，再提交另一部分软件让用户试用，如此进行，直到全部提交为止。

增量开发和增量提交方式可以同时使用，也可以单独使用。增量开发方式可以在软件开发的部分阶段采用，也可以在全部开发阶段都采用。

例如，在软件需求分析和设计阶段采用整体开发方式，在编码和测试阶段采用增量模型开发方式，如图 1.3 所示。先对部分功能进行编码、测试，提交给用户试用，听取用户意见，及早发现问题并解决问题；再对另一部分功能进行编码、测试，提交用户试用。

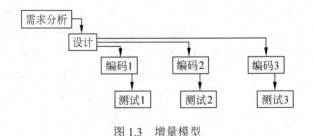

图 1.3 增量模型

另一种方式是所有阶段都采用增量模型开发方式。先对某部分功能进行需求分析、设计、编码和测试，提交给用户试用，充分听取用户意见；再对另一部分功能进行需求分析、设计、编码和测试，提交给用户试用，直至所有功能开发完毕，如图 1.4 所示。用这种方式开发软件时，不同功能的软件构件可以并行地构建，因此有可能加快工程进度，但是也存在软件构件无法集成为一个整体的风险。

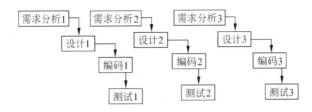

图 1.4　风险更大的增量模型

增量模型的优点是能在较短的时间内向用户提交能完成一定功能的产品，并使用户有较充裕的时间学习和适应产品。

使用增量模型的难点在于软件的体系结构设计必须是开放的，要便于向现有结构中加入新的构件，即每次增量开发的产品都应当是可测试的、可扩充的。从长远来看，具有开放结构的软件，其可维护性明显好于封闭结构的软件。

1.4.4　喷泉模型

使用传统的瀑布模型开发、维护软件时，需要有以下两个前提：

（1）用户能清楚地提供系统的需求。

（2）开发者能完整地理解这些需求，软件生命周期各阶段能明确地划分，每个阶段结束时要复审，复审通过后下一阶段才能开始。

然而，在实际开发软件时，往往用户事先难以说清系统需求，开发者也由于主客观的原因，缺乏与用户交流的机会，其结果是系统开发完成后，修改、维护的开销及难度过大。

喷泉模型（Fountain Model）是典型的面向对象软件开发模型，着重强调不同阶段之间的重叠。一般认为面向对象软件开发过程不需要或不应该严格区分不同的开发阶段，如图 1.5 所示。

喷泉模型是一种以用户需求为动力，以对象作为驱动的模型，适合面向对象的开发方法。它克服了瀑布模型不支持软件重用和多项开发活动集成的局限性。喷泉模型的开发过程具有迭代性和无间隙性。

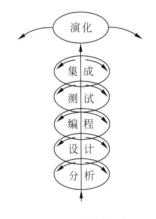

图 1.5　喷泉模型

基于喷泉模型，Hodge 等人提出将软件开发过程划分为系统分析、系统设计、对象设计与实现（编程）、测试和系统组装集成等阶段，也体现出分析和设计之间的重叠。

1．系统分析

系统模型中的对象是现实世界中客观对象的抽象，结构清晰、易于理解、易于描述规范。在分析阶段建立对象模型和过程模型。

2．系统设计

给出模型对象和过程的规范描述。

3．对象设计和对象实现（编程）

面向对象设计方法强调软件模块的再用和软件合成，因而在对象设计和实现时，并不要求所有的对象都从头开始设计，而是充分利用以前的设计工作。在软件开发时检索对象库，若是对象库中已经存在的，则可不必设计，只需重复使用或加以修改；否则，应定义新的对象，进行设计和实现。面向对象设计方法要求与用户充分沟通，在用户试用软件的基础上，根据用户的需求，不断改进、扩充和完善系统功能。

4．测试

测试所有的对象及对象相互之间的关系是否符合要求。

5．系统集成

面向对象软件的特点之一是软件重用和组装技术。对象是数据和操作的封装载体，组装在一起才能构成完整的系统。模块组装也称为模块集成、系统集成。软件设计是指将对象模块集成，构造生成所需的系统。

6．演化

由于喷泉模型主张分析和设计过程的重叠，不严格加以区分，模块集成过程要反复经过分析、设计、测试、集成这几个阶段，每次集成都使系统功能在原有基础上得到扩展，因而称为系统演化。

1.4.5　螺旋模型

瀑布模型要求在软件开发的初期就完全确定软件的需求，这在很多情况下是做不到的。螺旋模型试图克服瀑布模型的这一不足之处。

螺旋模型（Spiral Model，SM）是 1986 年由 B. Boehm 提出的。SM 把软件开发过程安排为逐步细化的螺旋周期序列，每经历一个周期，系统就细化和完善一些。SM 的每一螺旋周期由下列 6 个步骤组成，如图 1.6 所示。

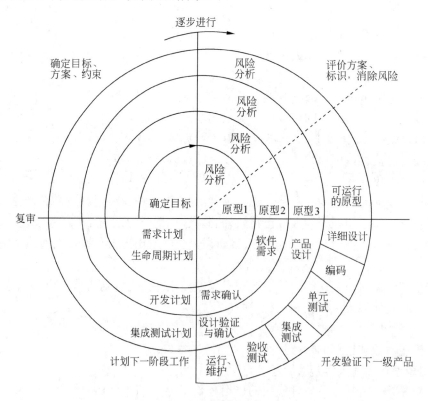

图 1.6　螺旋模型

1．确定任务目标

根据初始需求分析项目计划，确定任务目标、可选方案和约束限制。

2．选择对象

对各种软硬件设备、开发方法、技术、开发工具、人员和开发管理等对象进行选择，并决定是进行研制、购买还是利用现有的软件。

3．分析约束条件

软件开发的时间、经费等限制条件。

4．风险分析

评估目标、对象、约束条件三者之间的联系，列出可能出现的问题及问题的严重程度等，把最重要的问题作为尚未解决的关键问题，称为风险。

5．制订消除风险的方法

应有详尽的说明和周密的计划，并估计可能产生的后果。依此来开发软件，为制订下一周期的计划打下基础。

6．制订下一周期的工作计划

在第一个螺旋周期，确定目标、选择对象、分析约束，通过风险分析制订消除风险的方法，初步开发原型 1，制订系统开发计划。

在第二个螺旋周期，进一步明确系统的目标、开发方案及约束条件，通过风险分析制订消除风险的方法，在原型 1 的基础上开发原型 2。进一步明确软件需求，进行需求确认，修改开发计划。

在第三个螺旋周期，再进一步确认系统目标、开发方案及约束条件，进行风险分析，制订进一步消除风险的方法，在原型 2 的基础上开发原型 3。此时可进行产品设计，再对设计进行验证和确认，制订集成测试计划。

在第四个螺旋周期，软件开发方案、系统目标和约束条件得到确定，在风险分析的基础上开发具有实用价值的可操作原型，此时可对产品进行详细设计，进入编码、单元测试、集成测试阶段，最后进入验收测试阶段，验收合格后交付用户使用，进入运行、维护阶段。

1.4.6 统一过程

统一过程是经过三十多年的发展形成的，它是汲取了各种生命周期模型的先进思想和丰富的实践经验而产生的。统一过程将成为软件开发的主流过程。

统一过程（Rational Unified Process，RUP）使用统一建模语言（Unified Modeling Language，UML），采取用例驱动和架构优先的策略，采用迭代增量建造方法。

UML 采用了面向对象的概念，引入了各种独立于语言的表示符号。UML 建立用例模型、静态模型和动态模型完成对整个系统的建模，所定义的概念和符号可用于软件开发过程的分析、设计和实现的全过程。软件开发人员不必在开发过程的不同阶段进行概念和符号的转换。

统一过程所构造的软件系统是由软件构件建造而成的。这些软件构件定义了明确的接口，相互连接成整个系统。在构造软件系统时统一过程采用架构优先的策略。软件构架概念包含了系统中最重要的静态结构和动态特征，构架体现了系统的整体设计。构架优先开发的原则是 RUP 开发过程中至关重要的主题。

关于统一过程和 UML 将在后面进一步介绍。

在具体的软件项目开发过程中，可以选用某种生命周期模型，按照某种开发方法，使用相应的工具进行系统开发。

通常，结构化方法可使用瀑布模型、增量模型和螺旋模型进行开发；面向对象方法可采用快速原型、增量模型、喷泉模型和统一过程进行开发。

小　结

软件开发的各个阶段必须完成的各种规格书、说明书和用户手册等称为"文档"（Document）。

软件是计算机程序及其有关数据和文档的结合。

软件危机是指在计算机软件开发和维护时所遇到的一系列问题。

软件危机主要包含两方面的问题：一是如何开发软件以满足对软件日益增长的需求，二是如何维护数量不断增长的已有软件。

软件工程是软件开发、运行、维护和引退的系统方法。

软件工程是指导计算机软件开发和维护的工程学科。软件工程采用工程的概念、原理、技术和方法来开发与维护软件。软件工程的目标是实现软件的优质高产。

软件工程学的主要内容是软件开发技术和软件工程管理。

软件开发方法学是编制软件的系统方法，它确定软件开发的各个阶段，规定每一阶段的活动、产品、验收的步骤和完成准则。常用的软件开发方法有结构化方法、面向数据结构方法和面向对象方法等。

软件过程是为了获得高质量软件所需要完成的一系列任务的框架，它规定了完成各项任务的工作步骤。

ISO 9000 把软件过程定义为："把输入转化为输出的一组彼此相关的资源和活动"。

软件过程定义了运用方法的顺序、应该交付的文档、开发软件的管理措施、各阶段任务完成的标志。

软件过程必须科学、合理，才能获得高质量的软件产品。

软件产品从问题定义开始，经过开发、使用和维护，直到最后被淘汰的整个过程称为软件生命周期。

根据软件生产工程化的需要，生命周期的划分有所不同，从而形成了不同的软件生命周期模型（SW Life Cycle Model），或称为软件开发模型。

软件开发模型有以下几种。

- 瀑布模型：规范的、文档驱动的方法。开发阶段按顺序进行，适用于需求分析较明确、开发技术较成熟的情况。
- 快速原型模型：构建原型系统让用户试用并收集用户意见，获取用户真实需求。
- 增量模型：优点是能在早期向用户提交部分产品和易于维护，缺点是软件的体系结构必须是开放的。
- 喷泉模型：适用于面向对象方法。

- 螺旋模型：适用于大规模内部开发项目，有利于分析风险和排除风险。
- 统一过程：适用于面向对象方法，使用统一建模语言，采取用例驱动和架构优先的策略，采用迭代增量的建造方法。

进行软件开发时可把各种模型的特点结合起来，充分利用优点，减少缺点。

习 题 1

1. 什么是软件？软件和程序的区别是什么？
2. 什么是软件危机？软件危机的主要表现是什么？怎样消除软件危机？
3. 什么是软件工程？什么是软件过程？软件过程与软件工程方法学有何关系？
4. 软件工程学的主要内容是什么？
5. 软件工程学的基本原理是什么？
6. 什么是软件生命周期？软件生命周期为什么要划分阶段？划分阶段的原则是什么？
7. 什么是软件开发方法？软件开发方法主要有哪些？
8. 比较各种软件开发模型的特点。
9. 选择填空

快速原型方法是用户和设计者之间的一种交互过程，适用于__A__系统。它从设计用户界面开始，首先形成__B__，然后用户__C__并就__D__提出意见。

供选择的答案：

A：① 需求不确定性较高的　　② 需求确定的
　　③ 管理信息　　　　　　　④ 决策支持
B：① 用户使用手册　　　　　② 系统界面原型
　　③ 界面需求分析说明书　　④ 完善用户界面
C：① 阅读文档资料　　　　　② 改进界面的设计
　　③ 模拟界面的运行　　　　④ 运行界面的原型
D：① 使用哪种编程语言　　　② 程序的结构
　　③ 同意什么和不同意什么　④ 执行速度是否满足要求

10. 选择填空

__A__是将软件生命周期的各个阶段，依线性顺序连接，用文档驱动的模型。

在__B__中是采取用例驱动和架构优先的策略，并采用迭代增量建造方法，使软件"逐渐"被开发出来。

__C__是一种以用户需求为动力，以对象作为驱动的模型，适合于面向对象的开发方法。

喷泉模型克服了瀑布模型不支持软件重用和多项开发活动集成的局限性。喷泉模型的开发过程具有__D__和__E__。

供选择的答案：

A，B，C：① 统一过程　　② 瀑布模型　　③ 螺旋模型　　④ 喷泉模型
D，E：　　① 迭代性　　　② 无间隙　　　③ 风险性　　　④ 需求确定性

11. 假设要开发一个软件，它的功能是把73624.9385这个数开平方，所得到的结果精

确到小数点后 4 位。一旦实现并测试完之后，该产品将被抛弃。选用哪种软件生命周期模型？请说明这样选择的理由。

12．假设要为一家生产和销售长筒靴的公司开发一个软件，使用此软件来监控该公司的存货，并跟踪从购买橡胶开始，到生产长筒靴、发货给各个连锁店，直至卖给顾客的全部过程。以保证生产、销售过程的各个环节供需平衡，既不会有停工待料现象，也不会有供不应求现象。为这个项目选择生命周期模型时使用什么准则？

13．假设第 12 题中为靴类连锁店开发的存货监控软件很受用户欢迎，现在软件开发公司决定把它重新写成一个通用软件包，以卖给各种生产并通过自己的连锁店销售产品的公司。因此，这个新的软件产品必须是可移植的，并且应该能够很容易地适应新的运行环境（硬件或操作系统），以满足不同用户的需求。为本题中的软件选择生命周期模型时，使用的准则与在第 12 题中使用的准则有哪些不同？

第2章　软件计划

软件计划是软件项目开发前期的一个重要阶段，分为软件问题定义、可行性研究和需求分析三个阶段。

本章重点：

- 可行性研究；
- 需求分析的任务、步骤。

2.1　软件问题定义及可行性研究

在软件工程项目开始时，往往要先进行系统定义，确定系统硬件、软件的功能和接口。系统定义涉及的问题不完全属于软件工程范畴，它为系统提供总体概貌，根据对需求的初步理解，把系统功能分配给硬件、软件及系统的其他部分。

系统定义是整个工程的基础，其任务如下：

（1）充分理解所涉及的问题，对问题的解决办法进行论证。

（2）评价问题解决办法的不同实现方案。

（3）表达解决方案，以便进行复审。

系统定义后，软件的功能也初步确定，接下来要进行软件问题定义、可行性研究、制订软件开发计划和复审等工作。

2.1.1　软件问题定义

通过对用户进行详细的调查研究，仔细阅读和分析有关的资料，确定所开发的软件系统的名称，该软件系统同其他系统或其他软件之间的相互关系；明确系统的目标、规模、基本要求，并对现有系统进行分析，明确开发新系统的必要性。

1. 明确系统的目标、规模、基本要求

在调查研究的基础上，搞清拟开发软件的基本要求、目标、假定、限制、可行性研究的方法、评价尺度等。

1）基本要求

- 软件的功能；
- 性能；
- 输入：数据的来源、类型、数量，数据的组织及提供的频度；
- 输出：如报告、文件或数据，说明其用途、产生频度、接口及分发对象；
- 处理流程和数据流程；
- 安全和保密方面的要求；

- 同本系统相连接的其他系统。

2）目标

例如，人力与设备费用的减少；处理速度的提高；控制精度或生产能力的提高；管理信息服务的改进；人员利用率的改进等。

3）条件、假定和限制

例如，系统运行寿命的最小值；经费、投资的来源和限制；法律和政策的限制；硬件、软件、运行环境和开发环境的条件和限制；可利用的信息和资源；完成期限等。

4）可行性研究的方法

可采用调查、加权、确定模型、建立基准点或仿真等方法进行可行性研究。

5）评价尺度

例如，经费的多少，各项功能的优先次序，开发时间的长短及使用的难易程度。

2. 设计新系统可能的解决方案

系统分析员在分析现有系统的基础上，针对新系统的开发目标，设计出新系统的若干种高层次的可能解法。可以用高层数据流图和数据字典来描述系统的基本功能和处理流程。先从技术的角度出发，提出不同的解决方案；再从经济可行性和操作可行性的角度进行考虑，优化和推荐方案；最后，要将上述分析设计结果整理成文档，供用户方的决策者选择。

注意，现在尚未进入需求分析阶段，对系统的描述不是完整的、详细的，只是概括的、高层的。

2.1.2 可行性研究

要开发一个软件，首先应该评价开发这个软件的可行性。可行性研究的目的就是用最小的代价在尽可能短的时间内，确定该软件的开发问题是否能解决。可行性研究和2.2节介绍的需求分析的区别在于：可行性研究是决定"做还是不做"，需求分析是决定"做什么"。

可行性研究是通过对用户进行详细的调查研究，确定所开发软件的系统功能、性能、目标、规模，以及该软件系统同其他系统或其他软件之间的相互关系。要从技术方面、经济方面和社会因素方面写出可行性研究报告。

1. 技术可行性

技术可行性是指对设备条件、技术解决方案的实用性和技术资源的可用性的度量。在决定采用何种开发方法和工具时，必须考虑设备条件，选用实用的、开发人员掌握较好的一类。还要考虑用户使用可行性和操作可行性。用户使用可行性是指使用软件对用户内部组织管理制度的影响程度。用户操作可行性是指软件系统所采用的操作方式对用户来说是否可行。

2. 经济可行性

经济可行性是指希望以最小的成本开发出具有最佳经济效益的软件产品。主要是进行投资及效益分析，内容如下：

（1）支出。说明所需的费用，包括基本建设投资和设备、操作系统和应用软件、数据库管理软件、其他一次性支出、非一次性支出。

（2）收益。包括开支的减少、速度的提高和管理方面的改进、一次性收益、价值的增加、非一次性收益、不可定量的收益等。

（3）收益/投资比。

（4）投资回收周期。

（5）敏感度分析。

3．社会因素方面的可行性

主要从法律、用户等方面分析可行性。法律方面的可行性是指要开发的项目是否存在侵权、妨碍等责任问题。

用户方面的可行性是指对用户内部组织管理制度的影响程度，以及用户操作方式是否可行等。

可行性研究要在分析的基础上写出书面报告，可行性分析必须有一个明确的结论。可行性研究的结论可能有以下三种：

（1）可以进行开发。

（2）需要等待某些条件（如资金、人力和设备等）落实之后才能开发；或需要对开发目标进行某些修改之后才能开发。

（3）不能进行或不必进行开发（如所需技术不成熟、经济上不合算等）。

在可行性研究阶段不要急于着手解决问题，要得到系统确实可行的结论，或及时中止不可行的项目。避免在项目进行了较长时间后，才发现项目根本不可行，以致造成浪费。可行性报告要得到用户单位领导的认可，所提出的结论要有具体、充分的理由。由用户单位的决策者根据可行性报告决定所采用的具体解决方案，可行的项目才能进入下一步，即项目的计划、实施阶段。

2.1.3　制订项目开发计划

在完成软件问题定义和可行性研究之后，可以制订初步的项目开发计划。制订工程计划进度有两种方法：Gantt 图法和工程网络技术，这也是其他工程领域常用的方法，本书9.3 节将做详细介绍。

项目开发计划的内容如下所述。

1．引言

（1）编写目的。

（2）背景说明。本项目的任务提出者、开发者、用户及实现该软件的环境；该软件系统与其他系统或其他机构之间基本的相互往来关系。

（3）定义。列出本文件中所用到的专门术语的定义和外文首字母缩写的原词组。

（4）参考资料。列出参考资料及资料的来源。

2．项目概述

（1）工作内容。

（2）主要参加人员。

（3）产品。程序、文件、服务、非移交的产品。

（4）验收标准。

（5）完成项目的最后期限。本计划的批准者和批准日期。

3．实施计划

（1）工作任务的分解，任务之间的相互关系和任务的责任人。

（2）进度计划。估算完成项目的各项任务所需要的时间，算出每个任务的开始时间、结束时间和机动时间，列出项目的关键路径。由此制订项目进度计划，进一步落实任务的责任人。

（3）接口人员。

（4）预算。项目成本预算和来源，各阶段的费用支出预算。

（5）关键问题。

4．支持条件

（1）计算机系统支持。

（2）需由用户承担的工作。

（3）需由外单位提供的条件。

5．专题计划要点

与该项目开发计划有关的要点。

2.2　需求分析的任务

可行性研究阶段产生的文档是需求分析阶段的出发点。可行性研究阶段已经确定了系统必须完成的许多基本功能，在需求分析阶段，分析员应将这些功能进一步具体化。

把将要建立的系统称为"目标系统"。需求分析（Requirements Analysis）是研究用户要求，以得到目标系统的需求定义的过程。

需求分析的基本任务是软件人员和用户一起完全弄清用户对系统的确切要求。需求分析的结果是否正确，关系到软件开发的成败，正确的需求分析是整个系统开发的基础。

需求分析是理解、分析和表达"系统必须做什么"的过程。

其中，"理解"就是尽可能准确地了解用户当前的情况和需要解决的问题。需求分析阶段并不需要马上进行具体的系统设计和需求实现，而是对用户提出的要求反复多次地细化，才能充分理解用户的需求。

"分析"是指通过分析得出对系统完整、准确、清晰、具体的要求。

"表达"是指通过建模、规格说明和复审，说明"系统必须做什么"的过程。

建立模型就是描述用户需求，建模过程中可使用的工具有实体-关系图、数据流图、状态转换图、数据字典、层次图、Warnier 图和 IPO 图等。

软件需求分析阶段要求用需求规格说明表达用户对系统的要求。规格说明可用文字表示，也可用图形表示。软件需求规格说明一般含有以下内容：软件的目标、系统的数据描述、功能描述、行为描述、确认标准、资料目录和附录等。

复审：需求分析的结果要经过严格的审查，以确保软件产品的质量。软件需求是进行软件质量度量的基础，与需求不符就意味着软件质量不高。

下面简述需求分析阶段的具体任务。

2.2.1　确定目标系统的具体要求

需求分析阶段要确定目标系统的具体要求。

1．确定系统的运行环境要求

系统的运行环境要求包括两方面：硬件环境要求，如外存储器种类、数据输入方式和数据通信接口等；软件环境要求，如操作系统、汉字系统和数据库管理系统等。

2．系统的性能要求

系统的性能要求包括系统所需的存储容量、安全性、可靠性和期望的响应时间（从终端输入数据到系统后，系统在多长时间内可以有反应，这对于实时系统来讲是关系到系统能否被用户接受的问题）等。

3．系统功能

确定目标系统必须具备的所有功能，以及系统功能的限制条件和设计约束。

4．接口需求

接口需求描述系统与其环境通信的格式。常见的接口需求有用户接口需求、硬件接口需求、软件接口需求和通信接口需求等。

【例 2.1】 某高校医疗费管理系统的需求分析。

该系统要求数据库中存放每个职工的职工号、姓名、所属部门。职工报销时填写所属部门、职工号、姓名、日期。医疗费分为校内门诊费、校外门诊费、住院费和子女医疗费4 种。该校规定，每年每个职工的医疗费有一个限额（如 480 元），限额在年初时确定。每个职工一年内的医疗费不超过限额时可全部报销；超过限额时，超出部分只可报销 90%，其余 10%由职工个人负担。职工子女的医疗费也有限额（如 240 元）。医疗费管理系统每天记录当天报销的若干职工或职工子女的医疗费的类别、金额。在当天下班前，让系统自动结账并统计当天报销的医疗费总额，供出纳员核对。每笔账要保存备查，每天所报销的费用要和各个职工已报销的金额累计起来，以便检查哪些职工已超额，系统要配有适当的查询功能。年终结算后，下一年度开始时，要对数据库文件进行初始化，每位职工当年的医疗费余额作为历年账户的余额，新年度的医疗费限额作为新年度的余额。职工调离本单位、职工调入本单位或在本单位内部部门间调动时，数据库文件要及时修改。

下面对该系统进行需求分析。

（1）确定系统的环境要求。

该系统规模不太大，可以和用户单位的其他数据库管理系统使用相同的计算机硬件设备、操作系统和关系型数据库管理系统。在使用数据库管理系统建立数据库结构时，如果用英文来定义字段名，则应在数据字典中说明各字段名所对应的中文含义。

（2）系统性能要求。

由于医疗费管理系统涉及会计经费问题，数据不能随意更改，但数据输入时又难免会出错，因而在每输入一位职工的医疗费后，系统屏幕应提示"数据有误吗?"，要求会计进行核对。若检查时发现有误，可及时更改，避免输入数据出错。一天报销工作结束时，在数据存档前应让出纳员核对一下经费总额，若出纳员计算出的支出金额总数和计算机结算的数据不相符，说明数据有误，在这种情况下，可让计算机显示出每笔报销账目，供相关人员一一仔细核对，此时计算机系统可再提示允许修改一次。正式登记账目后，输入的数据就不允许修改了，由此来保证财务制度的严格性，并保证数据的安全性。

（3）系统功能。

为方便用户使用，可设计表格形式的屏幕输入格式，让用户像填表那样输入相应的数据。由于屏幕大小有限，输入若干行后，若数据表格填满，则可以清除屏幕上表格中的数据，供用户继续输入数据。

分析医疗费管理系统数据流程如下：职工或职工子女医疗费报销时，输入职工报销的日期、职工号、姓名、部门、医疗费类别和金额。

上述数据输入以后要多次使用：

① 报销当天要算出医疗费分类总额和各类总金额，以便核对出纳员支出的金额总数。

② 每笔账要保存在医疗费明细账上，以便统计全校医疗费支出总账和输出个人医疗费明细账。

③ 每笔账累加到对应的职工或职工子女的医疗费累计账上，以便及时了解该职工或职工子女的医疗费是否超额。

2.2.2　建立目标系统的逻辑模型

需求分析实际上就是建立系统模型的活动。

模型是为了理解事物而对事物做出一种抽象，即对事物的无歧义的书面描述。模型由一组图形符号和组成图形的规则组成。建模的基本目标如下：

（1）描述用户需求；

（2）为软件的设计奠定基础；

（3）定义一组需求，用以验收软件产品。

模型分为数据模型、功能模型和行为模型。为了理解和表示问题的信息域，建立数据模型；为了定义软件的功能，建立功能模型；为了表示软件的行为，建立行为模型。可用层次的方式来细分数据模型、功能模型和行为模型，在分析过程中得出软件实现的具体细节。

为了达到上述目标，可以用三种不同的图形及数据字典进行描述。数据字典用来描述软件使用或产生的所有实体。

数据模型用实体-关系图来描述实体之间的关系。

功能模型用数据流图来描述，其作用如下：

（1）描述数据在系统中移动时如何变换；

（2）描绘变换数据流的功能和子功能。

行为模型可用状态转换图来描绘系统的各种行为模式（状态）和不同状态间的转换。

2.2.3　软件需求规格说明

需求分析阶段除了建立模型之外，还应写出软件需求规格说明。软件需求规格说明有时附有可执行的原型及初步的用户手册。它是需求分析阶段的最终成果。

软件需求规格说明的框架如下：

（1）引言	A．系统参考文献		
	B．整体描述		
	C．软件项目描述		
（2）信息描述	A．信息内容		
	B．信息流	① 数据流	② 控制流
（3）功能描述	A．功能分解		

	B. 功能描述	① 处理说明	② 限制
		③ 性能需求	④ 设计约束
		⑤ 支撑图	
	C. 控制描述	① 控制规格说明	② 设计约束
(4) 行为描述	A. 系统状态		
	B. 事件和动作		
(5) 确认标准	A. 性能范围		
	B. 测试种类		
	C. 预期的软件响应		
	D. 特殊考虑		
(6) 参考书目			
(7) 附录			

2.2.4 修正系统开发计划

通过需求分析，可对目标系统有更深入、更具体的了解，因而可以更准确地估计系统的开发成本和进度，修正前一阶段制订的开发计划。

2.2.5 制订初步的系统测试计划

为了验证系统是否能满足用户的需求，必须对系统功能进行测试。在系统开发早期就制订测试计划有利于明确设计目标，保证设计的正确性。

软件测试计划描述测试策略，以及测试活动的范围、方法、资源和进度。它规定被测试的项、特性、应完成的测试任务、承担各项工作的人员职责及与本计划有关的风险等。

软件确认交付时，依据预先制订的软件测试计划进行验收，因而测试计划要得到用户领导的批准。

2.2.6 编写初步的用户手册

在系统的需求分析阶段，根据已确定的系统环境、功能可以写出初步的用户手册。初步的用户手册描述用户的输入和软件的输出结果。在以后的各个开发阶段，逐步对用户手册进行改进和完善。用户手册的主要内容如下：

1. 引言

（1）编写目的。

（2）背景说明。

（3）定义。

2. 用途

（1）功能。

（2）性能。时间特性、灵活性、安全保密。

3. 运行环境

（1）硬件设备。

（2）软件环境。

（3）数据结构。

4. 使用过程

用图表的形式说明软件的功能与系统的输入源、输出接收机构之间的关系。详细写出系统使用过程。

（1）安装和初始化。

（2）输入。写出每项输入数据的背景情况、输入格式、输入举例。

（3）输出。对每项输出说明背景、输出格式、输出举例。

（4）文卷查询。

（5）出错处理和恢复。

（6）终端操作。

2.2.7　编写数据要求说明书

数据要求说明书包含以下内容：

1. 引言

（1）编写目的。

（2）背景说明。

（3）定义。

（4）参考资料。

2. 数据的逻辑描述

可把数据分成静态数据和动态数据。所谓静态数据，是指在运行过程中主要作为参考的数据，它们在很长一段时间内不会变化，一般不随运行而改变。所谓动态数据，包括所有在运行中要发生变化的数据，以及在运行中要输入输出的数据。

（1）静态数据。

（2）动态输入数据。

（3）动态输出数据。

（4）内部生成数据。列出各用户或开发单位中的维护调试人员提供的内部生成数据。

（5）数据约定。对数据要求的限制（容量、文卷、记录和数据元个数的最大值）。对于在设计和开发中确定的限制要求更要明确指出。

3. 数据的采集

（1）要求和范围。

① 输入数据的来源。数据输入所用的媒体和硬件设备，数据的接收者。

② 输出数据的形式和设备。

③ 数据的范围、量纲、增量的步长、零点的定标等。在数据为非数字量的情况下，要给出每一种合法值的形式和含义。

④ 更新和处理的频度。

（2）输入的承担者。

（3）预处理。

（4）影响。说明数据要求对于设备、软件、用户和开发单位可能产生的影响，例如要求用户单位增设某个机构等。

2.3　需求分析步骤

在 2.2 节中提出了需求分析的任务，但如何完成这些任务呢？一个复杂系统的分析工作从何处入手呢？传统的软件工程方法学采用结构化分析（Structured Analysis，SA）方法完成需求分析工作。

需求分析的主要步骤为进行调查研究、分析和描述系统的逻辑模型、复审。

2.3.1　进行调查研究

对于不同的软件开发方法，在进行需求分析时具体步骤会有所不同，但有一点是相同的，即需求分析阶段要做充分的调查研究。系统分析员要把来自用户的信息加以分析，与用户一起商定，澄清模糊要求，删除达不到的要求，改正错误的要求，对目标系统的运行环境、功能要和用户取得一致的意见。需求分析要对用户运用目标系统解决问题的方法和结果进行分析。

需求分析总是从通信开始的，如用户与开发者的通信。需求分析的目标是了解用户的真正需要。信息的唯一来源是用户，让用户发挥积极主动的作用，对需求分析的成功是至关重要的。

调查研究的方法有访谈、分发调查表或开会等。

1. 访谈

访谈包括正式访谈和非正式访谈。正式访谈，即事先准备好具体问题，询问用户；非正式访谈，即鼓励被访问人员表达想法。

2. 分发调查表

在调查表中列出需要的内容，让用户做书面回答。书面回答经过了用户的仔细思考，可能回答得更准确，但是调查表的回收率往往不是很高，在需要做大量调查研究时才采用分发调查表的方法。

3. 开会

可采用开会→讨论→确认的方法进行调查。开会之前，要让每位与会者做好充分的准备。开会时用户和开发者共同合作，标识问题，提出解决方案的要素，商讨不同的方法，最后确定软件的基本需求。

2.3.2　分析和描述系统的逻辑模型

1. 建立目标系统的逻辑模型

要把来自用户的信息加以分析，通过"抽象"建立起目标系统的逻辑模型。具体步骤如下：用数据模型、数据字典描述软件使用或产生的所有实体；用实体-关系图描述实体之间的关系；用数据流图描述数据在系统中如何变换；用状态转换图描绘系统的各种行为模式（状态）和不同状态间的转换过程。

例如信息处理系统，通常都是把输入数据转变为需要的输出信息，数据决定了所需要的处理和算法。显然，数据是分析的出发点。

又如 AutoCAD 绘图软件包的功能可分为绘制各种二维图形、三维图形，编辑修改图形等多种功能。当绘制某具体图形时，如绘制一个圆，需要有具体的数据：圆上三点的坐标；或圆的半径、圆心的位置；或圆的直径及直径的两端位置等都可确定一个圆。使用绘图软件包时，数据输入的方法也有几种，如用键盘输入具体的圆心坐标值、半径数值，或用鼠标在屏幕上选择一个点作为圆心，然后移动鼠标以选择半径的大小，用户认为合适时再确认半径的大小。不同的参数输入系统后，系统会绘制出相应的图形，具体算法也各不相同。诸如此类大的问题、细致的问题，都需要分析描述。

2. 沿数据流图回溯

数据流图画好以后，可以通过沿数据流图回溯的方法进行审查。分析输出数据是由哪些元素组成，每个输出数据元素又是从哪里来的，沿数据流图的输出端向输入端回溯，此时有关的算法也就初步定义了。在沿数据流图回溯时，有的数据元素可能在数据流图中还没有描述或具体算法还没有确定，需要进一步向用户请教或进一步研究算法。通常把分析过程中得到的数据元素的信息记录在数据字典中，把补充的数据流、数据存储和数据处理添加到数据流图的适当位置上。

2.3.3　复审

由系统分析员和用户一起对需求分析结果进行严格的审查，确保软件需求的一致性、完整性和正确性。

审查内容包括实体-关系图、详细的数据流图、数据字典、状态转换图和一些简明的算法描述等。数据是否准确，是否完整，有没有遗漏必要的处理或数据元素，数据元素从何而来，如何处理……这一切都必须有确切的回答，而这些答案只能来自于系统用户，因此必须请用户对需求分析做仔细的复查。

用户的复查是从数据流图的输入端开始的，分析员借助于数据流图和数据字典及简明的算法描述，向用户解释如何将输入数据一步一步转变为输出数据。用户应该仔细倾听分析员的详细介绍，及时进行纠正和补充。在此过程中很可能引出新的问题，此时应及时修正和补充实体-关系图、详细的数据流图、数据字典、状态转换图和一些简明的算法描述。然后再由用户对修改后的系统做复查，如此反复多次，才能得到完整、准确的需求分析结果，才能确保整个系统的可靠性和正确性。

需求分析阶段结束时提供的文档包括以下内容：

修正后的项目开发计划、软件需求规格说明书、实体-关系图、详细的数据流图、数据字典、状态转换图和一些简明的算法描述、数据要求说明书、初步的测试计划、用户手册和数据要求说明书等。

2.4　实体-关系图

为理解和表示问题域的信息，需要建立数据模型。数据模型可用实体-关系图（Entity-Relationship Diagram，E-R 图）描述。E-R 图有以下三个要素：

- 实体：用矩形框表示实体。

- 关系：用菱形框表示实体之间的关系。
- 属性：用椭圆形或圆角矩形表示实体（或关系）的属性。

2.4.1　实体

实体是对软件必须理解的、具有一系列不同性质或属性的事物。例如，在学生成绩管理系统中，学生是实体，学生的属性有姓名、学号、班级、性别、所学的课程和成绩等。

（1）只有单个值的事物不是实体，如姓名。

（2）实体可以是外部实体（如产生或使用信息的事物）、事物（如报表、屏幕显示）、事件（如升级、留级）、角色（如学生、教师）、单位（如系、班级）、地点（如教室）或结构（如文件）等。

（3）实体之间是有关联的。例如，教师和学生的关联是通过课程建立的："教师"教某门"课程"，"学生"学某门"课程"。

（4）实体只定义了数据，没有定义对数据的操作，这是实体与面向对象方法中的类或对象的显著区别。

2.4.2　属性

1．属性

属性定义了实体的性质。应根据对所要解决问题的理解来确定实体的一组合适的属性。

属性具有下述特性之一：

（1）为实体的实例命名。

（2）描述实体的实例。

（3）引用另一个实体的实例。

2．关键字

如果可以根据一个或多个属性找到实体的一个实例，那么这样的属性就称为关键字（或称为标识符）。例如，学生学籍管理系统中，学生的属性有学号、姓名、性别、班级、课程和成绩等，其中的学号是关键字。又如，某高校图书馆图书流通管理系统中，读者的属性有读者编号、姓名、性别、部门、借书日期、图书编号、书名和还书日期等，其中读者编号是关键字。

2.4.3　关系

1．关系

实体之间相互连接的方式称为关系或联系。

2．实体之间的联系

1）一对一关系（1：1）

一个班级有一个班长。若有两个班长，则其中一个是副班长。

2）一对多关系（1：N）

一位教师可以教授多门课程，但一个班级的每门课程只能由一位教师教授。

3）多对多关系（M：N）

学生与课程之间的联系是多对多关系，一个学生可以学多门课程，而每门课程有多个学生学。

3．联系也可能有属性

例如，学生学习某门课程所取得的成绩，不是学生的属性，也不是课程的属性。成绩由特定的学生、特定的课程决定，所以是学生和课程的关系"学"的属性。

【例2.2】学生成绩管理系统中学生和教师的实体-关系图。

学生成绩管理系统中，学生选修课程，教师教授课程，学生成绩合格后可以根据该课程的学时数获得相应的学分。学生属于某系、某年级，有学号和姓名。教师有工号、姓名、职称、职务等。

分析该系统共有教师、学生和课程三类实体。教师的属性有工号、姓名、性别、职称、职务。学生的属性有学号、姓名、性别、系、班级。课程的属性有课程号、课程名、学时、学分。"教师"教"课程"，"学生"学"课程"，相互建立关系。某"学生"学某"课程"后，得到"成绩"，"成绩"是关系"学"的属性。课程与学生是多对多的关系（M∶N）。每门课程由一位教师教授，而每位教师可以担任多门课程的教学工作，因而教师与课程是一对多的关系（1∶N）。图2.1所示为教师与学生的实体-关系图。

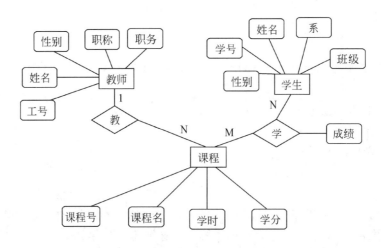

图2.1　教师与学生的实体-关系图

2.5　数据流图

数据流图（Data Flow Diagram，DFD）是用来描绘软件系统逻辑模型的图形工具，是描绘信息在系统中流动和处理情况的。即使不是计算机专业技术人员也很容易理解数据流图的含义，它是软件设计人员和用户之间极好的沟通工具。设计数据流图时，只需考虑软件系统必须完成的基本逻辑功能，完全不需考虑如何具体地实现这些功能，因而数据流图可以在软件生命周期的早期（可行性研究、需求分析阶段）进行设计，在软件生命周期的以后几个阶段（概要设计等）不断改进、完善和细化。

2.5.1　数据流图的基本符号

数据流图的基本符号如图2.2所示。图2.2中的正方形或立方体表示数据的源点或终点；圆角矩形或圆形代表数据处理；开口矩形或两端用同向圆弧封闭的平行横线代表数据存储；箭头表示数据流，即数据流动的方向。

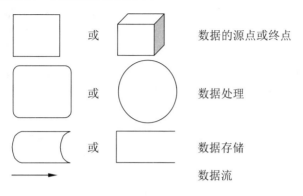

图 2.2　数据流图基本符号

2.5.2　数据流图的附加符号

* 表示数据流之间是"与"关系（同时存在）。

+ 表示数据流之间是"或"关系。

⊕ 表示只能从几个数据流中选一个（互斥关系）。

数据流图附加符号使用举例如图 2.3 所示。

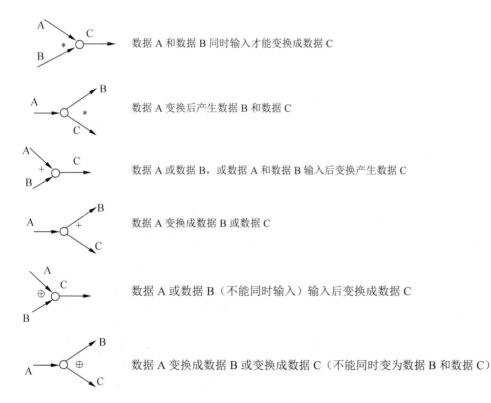

图 2.3　数据流图附加符号使用举例

2.5.3　画数据流图的步骤

画数据流图的目的是让用户明确系统中数据流动和处理的情况，即系统的基本逻辑功能。对于一个大型系统来说，数据流图的表示方法不是唯一的。较好的方法是分层次地描述系统。顶层数据流图描述系统的总体概貌，表明系统的关键功能，然后分别对每个关键功能进行适当的详细描述。这样分层次描述，便于用户逐步深入地了解一个复杂的系统。下面介绍画数据流图的步骤。

1．画顶层数据流图

列出系统的全部数据源和数据终点，将系统加工处理过程作为一个整体，就可得到顶层数据流图。

2．画各层的数据流图

对系统处理过程自顶向下、逐步分解和细化，针对每层分别画出数据流图。

3．画总的数据流图

将详细的总的数据流图画出来，这一步对了解整个系统很有用，但也要根据实际情况来决定总图的布局，不要把数据流图画的太复杂。

2.5.4　几点注意事项

（1）数据处理不一定是一个程序。一个处理框可以代表一个程序或一个模块，也可以代表一个处理过程。

（2）一个数据存储不一定是一个文件。它可以表示一个文件或一个数据项，数据可以存储在任何介质上，包括人脑。

（3）数据存储和数据流都是数据，仅所处的状态不同。数据存储是静止状态的数据，数据流是运动状态的数据。

（4）分层次地画数据流图。调查研究表明，如果一张数据流图中包含的处理多于9个时，人们将难以领会它的含义，此时数据流图应该分层绘制。把复杂的功能分解为子功能来细化数据流图有助于人们理解其含义，因而数据流图可分为高层总体数据流图和多张细化的数据流分图。

（5）数据流图细化原则。数据流图分层细化时必须保持信息的连续性，即细化前后对应功能的输入输出数据必须相同。如果在把一个功能细化为子功能时需要写出程序代码，就不应进行细化了。

【例2.3】请画出招聘考试成绩管理系统的数据流图。

某市人事局举行招聘考试，分为法律、行政和财经三个专业，每个专业考生参加两门基础课、一门专业课的考试。考生报名后，招生委员会需做一些考前处理，如编排考生准考证号、安排考场等，并将考生基本情况输入系统。考试结束后，将每位考生的各门考试课程的成绩输入系统，由系统计算出每位考生的成绩总分，将考生成绩单分发给每位考生。录用的工作过程是，三个专业的考生分别按成绩总分进行排序，录用时从高分到低分录取，总分相同的按专业课成绩高的优先录取。录用工作结束后，对考试情况进行各种分析。

如何画本系统的数据流图？数据流图共有4种成分：数据源点或终点、数据处理、数据存储和数据流。其中数据源点为考生。考生姓名、性别、住址、报考专业等基本情况，放入数据库中存储起来。考生参加考试后，进行成绩统计，并将考试成绩单发给考生。招聘单位录用考生后发出录用通知书给该考生，因而数据的终点是考生。

招聘考试成绩管理系统最简单的数据流图如图 2.4 所示，这是最高层的数据流图。把系统的每个处理细化后可得较为详细的数据流图，如图 2.5 所示。

图 2.4　招聘考试成绩管理系统高层数据流图

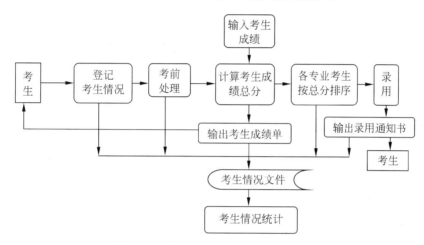

图 2.5　招聘考试成绩管理系统数据流图

招聘考试成绩管理系统的数据处理有以下几项。

（1）考生报名后，将考生的姓名、性别、专业、地址等基本情况输入考生文件。

（2）招聘委员会工作人员要根据考生报考的专业、地址进行编排准考证号码、安排考场等考前处理，并将这些信息存放到考生文件中去。

（3）考试后将每个考生每门课的成绩输入到系统中去。

（4）计算每个考生各门课的成绩总分，打印考生成绩单。

（5）各专业分别将考生按成绩总分从高分到低分排序，供录用单位在录用时参考。

（6）录用工作按考生成绩总分从高分到低分依次进行，总分相同时专业课成绩高的优先。

（7）输出录用通知单，将录用通知单发给被录用的考生。

（8）考试后统计实考人数、成绩平均分、各科成绩平均分等。

以上处理是顺序进行的，并且每进行一个处理都应及时将处理所得的结果存储到数据文件中去，从而可得数据流图，如图 2.5 所示。

【例 2.4】画例 2.1 中某校医疗费管理系统数据流图。

通过需求分析，该系统有以下几项处理：

（1）数据输入。

① 报销医疗费。需要的数据为报销日期、部门名、职工号、姓名、校外门诊费、校内门诊费、住院费和子女医疗费。

② 结算。显示当日报销人数、各类医疗费总额及所有类别的总额，供核对。若数额有错，将当日报销人员及分类数额全部列出供出纳员一一仔细核对，发现错误后应进入"修

改"模块进行修改。

③ 累加。结算正确后，应执行"累加"程序。

- 将医疗费明细账存到当年全校医疗费明细账文件中去，此项功能不可重复执行。
- 把当日报销医疗费的职工的金额分类累加到每个职工各自的医疗费总额中去，并算出医疗费的余额（限额-总额）。当总额超过限额时余额为0。

（2）统计。

当医疗费超过限额时称为"超支"。统计未超支职工、已超支职工、未超支子女、已超支子女，这里每项统计要求列出有关人员名单及医疗费总额。另外，统计全校医疗费总支出，要求分类列出总支出，再列出各类医疗费总额。

（3）修改。

会计账是不能随意修改的，这里只允许修改当天输入错的数据。

（4）查询打印。

查询内容可以选择在屏幕上显示，也可选择用打印机输出结果。

查询以下内容：

① 未超支职工。

② 已超支职工。

③ 未超支子女。

④ 已超支子女。

⑤ 全校总支出。

⑥ 指定职工的医疗费明细账，最后一行列出各项累计数据。

⑦ 全校职工医疗费明细账。

（5）系统维护（在年初进行）。

① 改医疗费限额。

② 初始化：

- 清除每个职工医疗费明细账的数据。
- 职工医疗费累计文件中各类医疗费赋0，"余额"为当年限额，总额也为0。

③ 人员调动：修改职工所属部门。

根据数据之间的相互关系可画出数据流图，图2.6为医疗费管理系统数据流图。

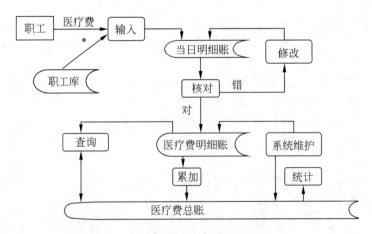

图2.6　医疗费管理系统数据流图

2.6 状态转换图

状态是任何可以被观察到的系统行为模式，一个状态代表系统的一种行为模式。有时对象在不同状态下呈现不同的行为方式，所以应分析对象的状态，才可正确地认识实体的行为并定义它的操作。状态转换图通过描绘系统的状态及引起系统转换的事件来表示系统的行为。

并不是所有的实体都需要画状态转换图，有些实体有一些意义明确的状态，并且其行为在不同的状态时有所改变，此时才需要画状态转换图。

1. 画状态转换图的步骤

画状态转换图的步骤如下：

（1）找出实体的所有状态。

（2）分析在不同状态下，对象的行为规则有无差别，若无差别则应将它们合并为一种状态。

（3）分析从一种状态可以转换到哪几种其他状态，实体的什么行为能引起这种转换，有无状态转换的限制条件。

2. 状态转换图的符号

状态转换图中常用的符号如下：

（1）椭圆：表示实体的一种状态，椭圆内部填写状态名。

（2）箭头：表示从箭头出发的状态可以转换到箭头指向的状态。

（3）事件：箭头线上方可标注引起状态转换的事件名。事件后可加方括号，括号内写状态转换的条件。

（4）●（实心圆）：指出该实体被创建后所处的初始状态。

（5）◉（内部实心的同心圆）：表示最终状态。

【例 2.5】画出数据结构中"栈"的状态转换图。

数据结构中的栈结构有三个状态：空、未满和满。可能引起栈的状态发生改变的运算是压入结点或弹出结点。

创建时的栈，状态为"空"，可以插入结点。空栈没有结点，不能弹出结点，若要做"弹出"操作时，应提示出错信息，栈的状态仍然为"空"。

栈的存储空间是有限的，在定义栈时应规定其存储容量。栈内结点满时，不能进行压入结点的运算，若要做"压入"操作时，应提示出错信息，而栈的状态仍然为"满"。

未满状态时，栈可以弹出结点，只要栈未空，状态不变；也可以压入结点，只要栈未满，状态也不变。由此可见，三种状态的栈可以进行的运算有所不同。

栈"空"时，如果压入一个结点，栈的状态就不再是"空"，而是转换为"未满"状态。因而，从状态"空"到"未满"是由"压入结点"这个事件引起的，不需要条件。

"未满"状态的栈，若只有一个结点，则弹出结点时，栈的状态又变为"空"状态。因而，从状态"未满"到"空"是由"弹出结点"事件引起的，条件是栈"空"。

未满的栈可以不断地压入结点，直到栈内结点"满"时才不能再压入结点。此时，栈的状态就转变为"满"。引起栈从"未满"状态到"满"的事件是压入结点，条件是栈"满"。

引起栈从"满"状态到"未满"的事件是弹出结点，不需要附加条件。

通过以上分析，就可以画出数据结构中栈的状态转换图，如图 2.7 所示。在图 2.7 中，压入结点或弹出结点的运算简写为"压入"或"弹出"。条件写在方括号[]内。

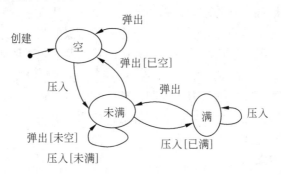

图 2.7　数据结构中"栈"的状态转换图

分析实体的状态并画出状态转换图是为了更正确地认识实体的行为，从而建立系统的行为模型，发现系统的功能，定义实体的操作。反过来，通过发现操作，可以逐步地完善状态转换图。

2.7　数据字典

数据字典（Data Dictionary，DD）是对数据流图中出现的所有数据元素、数据流、文件、处理的定义的集合。数据字典的作用是在软件分析和设计过程中提供数据描述，是数据流图必不可少的辅助资料。只有将数据流图和对数据流图中每个元素的确切定义合起来才构成完整的系统规格说明。

2.7.1　数据字典的内容

一般地，数据字典由以下 4 类条目组成。

1. 数据元素

数据元素是数据的最小组成单位（不可再分的单位），包含以下内容：

（1）数据元素的名称、编号，如准考证号。

（2）数据元素的别名（不同时期或不同用户对同一元素所用的不同名称），如在数据库管理系统中，若字段名不用中文，则可在数据字典中写明字段名及其代表的中文含义。

（3）数据元素的取值范围和取值含义。如考生的准考证号码由 6 位组成，第一位表示考生报考的专业，含义为：1—法律，2—行政，3—财经；第二位表示地区：1—市区，2—郊区等；后 4 位表示考生序号。如准考证号120023 表示该考生报考法律专业，是郊区的，序号为0023。准考证号编码规律应在数据字典中写清楚，因为它在数据流图中是不能描述的。

（4）数据元素的长度、定义，便于定义数据库结构。如考生成绩规定为 5 位，小数点后取一位小数，小数点占一位，整数部分取三位。

（5）数据元素的简单描述。

2．数据流

数据流的来源、去处、组成数据流的数据项、数据流的流通量。

3．数据存储

数据文件的结构描述及数据文件中记录存放的规则。

4．数据处理

数据处理的逻辑功能及其算法。数据处理一般用其他工具描述更清晰、更合适。

5．外部项

数据源或数据终点等外部实体，表示系统数据的来源与去处。系统的外部项越少越好，外部项过多，说明系统独立性差，人机界面不合适。

2.7.2 数据字典使用的符号

数据字典中可采用以下符号表示系统中使用数据项的情况及数据项之间的相互关系：

- =：表示"等价于"或"定义为"。
- +：连接两个数据元素。
- [ ]，｜：表示"或"，对[ ]中列举的各数据元素，用｜分隔，表示可任选其中某一项。
- { }：表示"重复"，对{ }中的内容可重复使用。
- ( )：表示"可选"，对( )中的内容可选可不选，各选择项之间用"，"隔开。

这里对{ }表示的重复次数如果要加以限制，可将重复次数的下限和上限分别写在{ }的前、后或大括号前的下角标和上角标。例如：

$$成绩单=准考证号+姓名+1\{课程名+成绩\}3$$

表示有三门课程的考试成绩，重复三次。也可写为

$$成绩单=准考证号+姓名+_1^3\{课程名+成绩\}$$

1{A}：表示 A 的内容至少要出现一次。

{B}：表示 B 的内容允许重复 0 至任意次。

例如：

$$存款期限=[活期|半年|1 年|3 年|5 年]$$

表示到银行存款时，储户可选择存款期限为活期、半年期、一年期、三年期或五年期中的某一项。

【例 2.6】 编写例 2.3 招聘考试成绩管理系统的数据字典。

（1）数据项定义。

考生=准考证号+姓名+性别+出生年月+地址+1{课程名+成绩}3+总分+名次
    +专业代号+录用否+录用单位

考生文件分为两种：一种按准考证号码次序排列，另一种按考生成绩总分由高到低排列。

专业代号=[1=法律| 2=行政学| 3=财经学]

录用通知书=准考证号+专业+姓名+录用单位

考生成绩单=准考证号+姓名+专业+1{课程名+成绩}3+总分

（2）处理算法。

① 三个专业的考生分别按总分由高到低的次序排序，输出成绩单，供录用时参考。

② 按准考证号的顺序将考生成绩单打印出来，一份给招聘委员会留底，另一份发给

考生。

③ 录用原则：各专业按考生成绩总分从高到低的次序录用，总分相同时专业课成绩高的优先。

【例 2.7】编写例 2.1 医疗费管理系统数据字典。

（1）数据项定义。

职工库=部门名+职工号+姓名

当日明细账=报销日期+部门名+职工号+姓名+校外门诊费+校内门诊费+住院费
　　　　　　+总额+余额+子女医疗费+子女总额+子女余额

医疗费总账=部门名+职工号+姓名+校外门诊费+校内门诊费+住院费+总额+余额
　　　　　　+子女医疗费+子女总额+子女余额

余额=限额-总额（值小于 0 时，则取 0）

子女余额=子女限额-子女总额（值小于等于 0 时，则值取为 0）

医疗费明细账={当日明细账}

（2）操作说明。

① 输入数据时只需输入职工号，就可在职工库中查找出该职工所属部门名及姓名，显示在屏幕上供核对，并将医疗费总账中该职工今年内今日前已报销的医疗费总额和余额显示出来。

② 输入当日报销的校外门诊费、校内门诊费、住院费、子女医疗费后，计算机自动算出该职工的医疗费总额和余额。

③ 核对。算出当日所有职工报销的校外门诊费、校内门诊费、住院费、子女医疗费的分类总和及所有总和，供出纳员核对。核对时发现错误应进入"修改"模块进行修改。核对正确后可进入"累加"模块。

④ 累加。把职工今日报销的各类医疗费与以前报销的医疗费分类累加并算出总额。

2.7.3　数据字典与图形工具

数据字典与数据流图等图形工具应相辅相成、互相配合，既要互相补充，又要避免冗余。软件分析员在编写数据字典和数据流图等图形工具时应遵守以下约定：

（1）可以用图形工具描述的尽量用图形描述。

（2）有关数据的组成在数据字典中描述。

（3）有关数据的加工细节在数据字典中描述。

（4）编写数据字典时不能有遗漏和重复，要避免不一致性。

（5）数据字典中条目的排列要有一定规律，要能通过名字方便地查阅条目的内容。如按英文字母表顺序或按汉字笔画顺序排列，或按功能分类等。

（6）数据字典的编写要易于更新修改。

2.8　需求分析的其他图形工具

需求分析阶段除了使用实体-关系图、数据流图、状态转换图和数据字典外，还经常利用其他一些图形工具来描述复杂的数据关系和逻辑处理功能，本节介绍层次图、Warnier

图和 IPO 图等。

2.8.1 层次图

层次图是一系列多层次的树形结构矩形框，可用来描述数据的层次结构，也可用来描述程序结构。层次图的顶层是一个单独的矩形框，它代表数据结构的整体，下面各层的矩形框代表这个数据结构的子集，最底层的各个框代表组成这个数据的元素。随着结构描述的细化，层次图对数据结构的描述也越加详细，系统分析员从顶层数据开始分类，沿着图中各条路径反复细化，直到确定了数据结构的全部细节为止，这样的处理模式很适合需求分析的需要。

在进行需求分析时，层次图可以用来描述系统中的数据结构，也可以初步根据软件的功能需求来描述软件的结构。

【例 2.8】某企业组织结构层次图。

企业组织结构可用层次图加以描述，如图 2.8 所示。

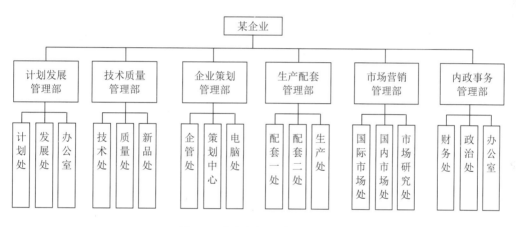

图 2.8　某企业组织结构层次图

2.8.2　Warnier 图

Warnier 图（Warnier Diagram）是法国计算机科学家 Warnier 提出的表示数据层次结构的另一种图形工具，又名 Warnier-Orr 图。它可以用来表达数据结构，也可用来表达程序结构或软件的系统结构，因而在需求分析和系统设计阶段都可使用。

Warnier 图使用的符号如下：

- {（大括号）：表示属于数据结构的同一层次。
- ⊕（异或符号）：表示在一定条件下才出现，符号上下方的两个名字代表的数据只能出现一个。
- ()（圆括号）：指明这类数据重复出现的次数。

【例 2.9】某企业组织结构的 Warnier 图。

例 2.8 中的企业组织结构也可用 Warnier 图表示，如图 2.9 所示。

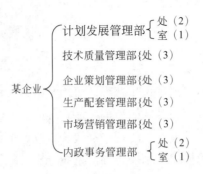

图 2.9　某企业组织结构 Warnier 图

2.8.3　IPO 图

IPO（Input Procedure Output，输入/处理/输出）图是由美国 IBM 公司发展完善起来的图形工具。

IPO 图的基本形式是画三个方框，左边框中列出有关的输入数据，中间框中列出主要的处理，右边框中列出产生的输出数据。处理框中列出的处理次序是按执行顺序书写的。IPO 图中用粗大的箭头指出数据通信的情况，在需求分析阶段可以用 IPO 图简略地描述系统的主要算法。

【**例 2.10**】画出例 2.3 中介绍的招聘考试成绩管理系统的 IPO 图。

例 2.3 中介绍的招聘考试成绩管理系统的 IPO 图如图 2.10 所示。

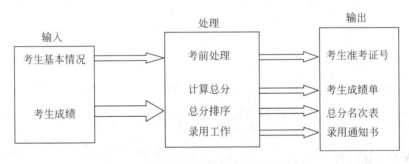

图 2.10　招聘考试成绩管理系统的 IPO 图

2.9　软件计划阶段文档

2.9.1　软件计划阶段文档的编写步骤

软件计划阶段编写文档的步骤如下：

（1）编写软件问题定义文档。

（2）书写可行性研究报告。

（3）编写软件需求说明书。

需求说明书是需求分析的结果，是软件开发、软件验收和软件工程管理的依据。必须特别重视它的准确性，不能有错误，否则将付出极大的代价。

软件需求说明书包含的内容如下：软件需求规格说明、实体-关系图、数据流图、数据字典、状态转换图、层次图和 IPO 图等。

（4）修改、完善项目开发计划。

在需求分析阶段，对系统有了更进一步的了解，因而能更加准确地估计软件开发成本和对资源的要求；对进度计划可以做适当的修正。

（5）制订初步的系统测试计划，作为今后软件确认和验收的依据。

（6）编写初步的用户手册。

（7）编写数据要求说明书。

软件工程这门新兴学科发展很快。在软件系统需求说明方面也有了新的发展，要求用非形式化、半形式化和形式化的规格说明来定义软件系统的需求。用自然语言描述需求规格说明是典型的非形式化方法。用数据流图、实体-关系图建立模型是典型的半形式化方法。形式化规格说明使用数学表示以达到其精确性。用自然语言描述系统需求虽有助于用户理解，但往往会因二义性导致误解，同时也难于检查其一致性和完备性。因此，今后要求将规格说明语言形式化。形式化的规格说明能对规格说明的内部一致性、准确性和完备性进行自动分析，但目前尚未完善，还不能很方便地证实规格说明真正符合用户要求。为了提高设计和实现的效率，规格说明应具有并发性，凡是可以并行完成的活动不应该仍以顺序方式来进行。软件规格说明应尽量减少错误，还要坚持软件测试等软件质量保证活动。软件重用是降低软件成本和提高软件质量的好办法。

2.9.2　软件计划实例

【例 2.11】制订展览会观众管理和信息分析系统的软件开发初步计划。

某展览公司要开发一个展览会观众管理和信息分析系统，从何处着手解决问题呢？如果立即开始考虑实现展览会观众信息管理系统的详细方案并且动手编写程序，显然不符合软件工程的开发思想。系统分析员首先要考虑开发这样一个系统是否可行，是不是能够产生经济效益，而不是要求马上实现它。还要进一步考虑，用户面临的问题究竟是什么？为什么会提出开发这样的系统？在软件计划时期，软件系统分析员的工作有问题定义、可行性研究和需求分析三个阶段。

1．问题定义

良好的问题定义应该明确地描述实际问题，而不是隐含地描述解决问题的方案。经调查后得知，目前绝大多数展览会仍然使用纸质门票，人工收取门票；对于需要向展会观众了解、统计的信息，则由工作人员发放调查问卷。随着展览会规模的扩大，工作量越来越大，不利于分析和统计参展观众的情况。因此，软件开发的目标是对展会观众的信息进行管理和分析。

分析员应该考虑的另一个关键问题是软件预期的目标规模。为了开发展会观众信息管理系统最多可以花多少钱呢？这肯定会有某个限度。应该考虑下述三个基本数字：目前用于展会管理所花费的成本、新系统的开发成本和运行费用。新系统的运行费用必须低于目前的成本，而且节省的费用应该能使公司在一个合理的期限内收回开发时的投资。

目前，每次展览会至少都要使用两名工作人员，收取展览会的门票和对观众人工发放调查问卷表并进行回收、统计工作。每名工作人员每个月的工资和岗位津贴共约 2000 元，每年为此项工作花费的人工费约 4.8 万元。因此，新系统每年最多可能获得的经济效益是 4.8 万元。

为了每年能节省 4.8 万元，对本系统投资多少钱是可以接受的呢？绝大多数单位都希望在 2~5 年内收回投资。假设 2 年收回投资，9.6 万元可能是投资额的一个合理的上限。虽然这是一个很粗略的数字，但是它确实能使用户对项目规模有一些了解。

系统分析员对所需要解决的问题和项目的规模进行分析后，写出"关于系统规模和目标的报告书"，如表 2.1 所示。系统分析员还应请系统用户（公司经理和展览会工作人员等）一起对此进行研究、讨论，双方达成共识，在经过有关领导的批准后再开发软件，这样才可能开发出确实能满足用户实际需要的软件系统。

表 2.1　关于展览会观众信息管理系统规模和目标的报告书

关于展览会观众信息管理系统规模和目标的报告书	2006.3.21
项目名称	展览会观众信息管理系统
项目执行者	某软件公司项目经理某某某
问题	目前人工分析和统计展览会观众情况的费用太高
项目目标	开发费用较低的展览会观众信息管理系统
项目规模	开发成本应不超过 9.6 万元（±30%）
初步设想	用计算机系统分析观众的基本情况和参观情况，生成分析和统计报表
可行性研究	为了更全面地研究展会观众信息管理项目的可行性，建议进行大约历时两周的可行性研究，成本不超过 6000 元

2．可行性研究

可行性研究是抽象和简化了的系统分析和设计的全过程，它的目标是用最小的代价尽快确定问题是否能够解决，以避免盲目投资带来的巨大风险。

本项目的可行性研究过程由下述几个步骤组成。

（1）复查系统规模和目标。

为了确保从一个正确的出发点着手进行可行性研究，首先通过访问经理和展会工作人员进一步验证上一阶段写出的"关于系统规模和目标的报告书"的正确性。

通过访问，系统分析员对人工统计展会观众情况存在的弊端有了更具体的认识，并且了解到观众对各参展商的关注时间和参观情况也应该计入信息系统。本系统应当含有参展商信息和观众对各参展单位的参观信息。

（2）研究现有的系统。

了解任何应用领域的最快速有效的方法一般都是研究现有的系统。通过访问具体处理展会事务的两名工作人员，可以知道处理展会事务的大致过程：观众购买门票，同时填写简单的情况调查表，工作人员发放磁卡门票给观众，同时回收调查表，将信息输入计算机中；观众在展会入口处刷卡入内参观，每到某参展商处都可以刷卡，以便数据库随时记录观众的走向，最终汇总并分析和统计得出本次展会所需要的报表。开始时，可把展会观众信息管理系统视为一个黑盒子，图 2.11 所示的系统流程图描绘了处理展会事务的大致过程。

（3）导出新系统高层逻辑模型。

系统流程图很好地描绘了具体的系统，但是，在这样的图中把"做什么"和"怎样做"

这两类不同范畴的知识混在了一起。我们的目标不是一成不变地复制现有的人工系统，而是开发一个能完成同样功能的系统，因此，下一步应该着重描绘系统的逻辑功能。在可行性研究阶段，还不需要考虑完成这些功能的具体算法，因此没必要把它分解成一系列更具体的数据处理功能，只需画出系统的高层逻辑模型，如图 2.12 所示。在数据流图上直接用数字标明关键功能的执行顺序很有必要，这在以后的系统设计过程中将起到重要作用，可以增加及时发现和纠正错误的可能性。必须请系统用户和有关人员仔细审查图 2.12 所示的系统流程图，有错误应及时纠正，有遗漏应及时补充。

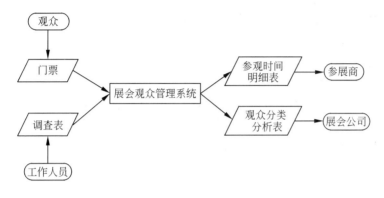

图 2.11　处理展会事务的大致过程

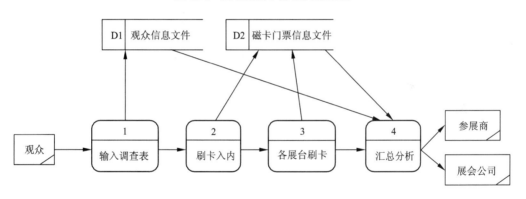

图 2.12　展会观众管理系统的数据流图

（4）进一步确定系统规模和目标。

分析员现在对展会观众管理系统的认识已经比问题定义阶段深入多了，根据现有的认识，可以更准确地确定系统规模和目标。如果系统规模有较大变化，则应及时报告给客户，以便做出新的决策。

可行性研究的上述步骤可以看做是一个循环：分析员定义问题，分析问题，导出试探性的逻辑模型，在此基础上再次定义问题，分析问题，修改逻辑模型……重复这个循环，直至系统逻辑模型得到用户的认可。

（5）导出和评价供选择的解法。

下一步分析员开始考虑如何实现这个系统，导出一些供选择的解决办法，并且分析这些解法的可行性。导出供选择解法的一个常用方法是从数据流图出发，设想几种划分模块的模式，并为每种模式设想一个系统。

44

在分析供选择的解法时，首先考虑的是技术上的可行性。显然，从技术角度看不可能实现的方案是没有意义的，但是，技术可行性只是必须考虑的一个方面，还必须能同时通过其他检验才是可行的。接下来考虑操作可行性。由于需要统计观众的出入情况，因此将纸质门票改为磁卡式门票，同时在入口处设置读卡器，这样可以及时统计观众的动态流向。因此需要为展会管理系统单独购置一台计算机作为服务器，并购买必要的外部设备，如磁卡读卡器等。

最后，必须考虑经济可行性问题，即"效益大于成本"。因此，分析员必须对已经通过了技术可行性和操作可行性检验的解决方案再进行成本/效益分析。

分析员在进行成本/效益分析的时候必须认识到，投资是现在进行的，效益是将来获得的，因此不能简单地比较成本和效益，还应该考虑货币的时间价值。

通常用利率的形式表示货币的时间价值。假设年利率为 i，如果现在存入 P 元，那么 n 年后可以得到的钱数为 F，则 $F=P(1+i)^n$。F 也就是 P 元钱在 n 年后的价值。

反之，如果 n 年后能收入 F 元钱，那么这些钱的现在价值是 P，则 $P=F/(1+i)^n$。

为了给客户提供在一定范围内的选择余地，分析员应该至少提出三种类型的供选择方案：低成本系统、中等成本系统和高成本系统。

如果不采用磁卡式门票，仍然使用纸质门票，只是将观众信息输入计算机，这样人工成本很低，大约可减少一半，即每年可减少1.2万元。除了已经进行的可行性研究的费用外，不再需要新的投资。这是一个很诱人的低成本方案，但是也必须认识上述低成本方案的缺点：没有对展会观众信息的分析和统计，不能记录观众感兴趣的参展项目及其关注时间。随着展会规模的扩大，人工处理展会事务的费用也将成比例地增加。

作为中等成本的解决方案，建议采用费用较为低廉的磁卡门票，不仅可以记录观众信息，还能在各参展商处设置读卡器，记录观众的关注时间。这样，基本实现了现有系统的功能：观众将信息调查表交给工作人员，操作员把这些数据通过终端送入计算机，观众在参观过程中在展台前刷卡，数据被搜集并存储在数据库中。最后运行系统程序，从数据库中读取数据，统计和分析观众分类统计表、参观时间明细表等，并可根据需要打印报表。图 2.13 所示的系统流程图描绘了上述展会观众信息管理系统的中等成本方案。

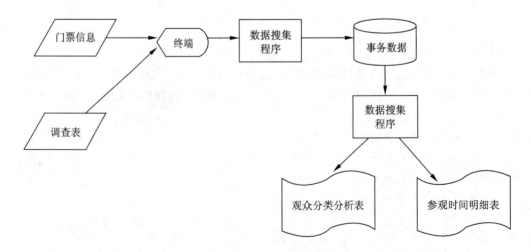

图 2.13　展会观众信息管理中等成本方案的系统流程图

上述中等成本方案比较现实，因此对它进行了完整的成本/效益分析，分析结果列在表 2.2 中。从分析结果可以看出，中等成本的解决方案是比较合理的，经济上是可行的。

表 2.2　展会观众信息管理中等成本方案的成本/效益分析

开发成本			
人力（6 人月，8000 元/人月）			4.8 万元
购买硬件			2.0 万元
总计			6.8 万元
新系统的运行费用			
人力和物资（250 元/月）			0.3 万元/年
维护			0.1 万元/年
总计			0.4 万元/年
现有系统的运行费用			4.8 万元/年
每年节省的费用			4.4 万元
年	节省	现在值（以 5%计算）	累计现在值
1	4.4 万元	4.19 万元	4.19 万元
2	4.4 万元	3.99 万元	8.18 万元
投资回收期			1.65 年
纯收入			1.38 万元

最后，考虑一种成本更高的方案：采用光盘式门票，其中预存所有参展商信息，让观众保留，建议建立一个中央数据库，为开发完整的管理信息系统做好准备，并且把展会的观众管理系统作为该系统的第一个子系统。这样做开发成本大约将增加到 15 万元，然而从观众管理这项应用中获得的经济效益不变。因此，如果仅考虑这一项应用，投资是不划算的，但是，将来其他应用系统（如参展商管理、物资管理等）能以较低的成本实现，而且这些子系统能集成为一个完整的系统。如果该公司经理对这个方案感兴趣，可以针对它完成更详尽的可行性研究（大约需要 1.5 万元）。

（6）推荐最佳方案。

低成本方案虽然诱人，但是很难付诸实现；高成本的系统从长远看是合理的，但是它所需要的投资超出了预算。从已经确定的系统规模和目标来看，显然中等成本的方案是最好的。

3. 制订软件开发初步计划

应该为所推荐的最佳方案草拟一份开发计划。把软件系统生命周期划分成阶段，有助于制订出相对合理的开发计划。当然，在开发阶段的早期制订出的开发计划是比较粗略的。表 2.3 给出了展会观众信息管理系统中等成本方案的初步开发计划。

表 2.3　展会观众信息管理系统中等成本方案的初步开发计划

阶　　段	需要用的时间/月
可行性研究	0.5
需求分析	1.0
概要设计	0.5
详细设计	1.0
系统实现	2.0
总计	5.0

系统分析员归纳整理本阶段的工作成果，写出正式的文档，其中成本/效益分析的内容可根据表 2.3 所示的实现计划进行适当修正，提交给由经理和展会全体工作人员参加的会议进行审查，在得到有关领导的正式批准后，才可进入正式的系统实施阶段。

小　　结

可行性研究阶段通过对用户进行详细的调查研究，确定所开发软件的系统功能、性能、目标、规模、该软件系统同其他系统或其他软件之间的相互关系。要从技术方面、经济方面、社会因素方面写出可行性研究报告。

需求分析是研究用户需求以得到系统或软件需求的定义的过程。

需求分析是理解、分析和表达"系统必须做什么"的过程。

数据字典用来描述软件使用或产生的所有实体。

建立模型是描述用户需求，为软件的设计奠定基础，定义一组需求，用以验收产品。

数据模型用实体-关系图来描述实体之间的关系；用层次图、Warnier 图描述数据结构。

功能模型用数据流图、IPO 图来描述。

行为模型用状态转换图来描述。

需求分析阶段除了建立模型之外，还应写出软件需求规格说明、系统测试计划，修订系统开发计划，有时还要附上可执行的原型及初步的用户手册。

软件需求规格说明的内容包括引言、信息描述、功能描述、行为描述、约束条件、确认标准等。

在复审阶段，要确保需求分析的结果经过分析员和用户的严格审查。

习　题　2

1. 选择填空题

需求分析的任务是　A　。进行需求分析可使用多种工具，但是　B　不适用。需求分析阶段开发人员要从用户那里解决的最重要的问题是　C　。需求规格说明书的内容不应包括对　D　的描述。

供选择的答案：

A：① 要回答"软件必须做什么"

②　可概括为理解、分析和表达"系统必须做什么"

③　要求编写需求规格说明书

④　以上都对

B：① 数据流图　　　　　　　② 判定表

③ PAD 图　　　　　　　　④ 数据字典

C：① 需要软件做什么　　　　② 需要给软件提供哪些信息

③ 要让软件具有何种结构　④ 软件的工作效率

D：① 主要功能　　　　　　　② 算法的详细过程

③ 用户界面及运行环境　　④ 软件的性能

2．拟开发房产经营管理系统，要求有查询、售房、租房和统计等功能，系统中存放经营公司现有房产的地点、楼房名称、楼房总层次、房间的层次、朝向、规格（一室一厅或两室一厅或三室一厅）和面积等数据。房间可以出售或租用，分别定出每平方米的单价和房间的总价。客户可随时查询未出售或未出租房间的上述基本情况。房产经营商可随时查询已出售或出租的房产的资金回收情况及未出售或未出租的房产的资金占用情况。试画出该系统的数据流图、数据字典和 IPO 图。

3．拟开发火车软席卧铺、硬席卧铺车票订票系统。列车运行目录上存放车次、始发站、终点站、途经站的站名。每次列车设软卧车厢、硬卧车厢若干，软卧分上铺、下铺，硬卧分上铺、中铺、下铺，铺位编号为车厢号、铺位号，如 8 车厢 5 号上铺。旅客可预订 5 天内车票。试写出系统需求说明、数据流图、数据字典和 IPO 图。

4．银行计算机储蓄系统的工作过程大致如下：储户填写的存款单或取款单由业务员输入系统，如果是存款则系统记录存款人姓名、住址（或电话号码）、身份证号码、存款类型、存款日期、到期日期、利率及密码（可选）等信息，并打印出存款单给储户；如果是取款，而且存款时留有密码，则系统首先核对储户密码，若密码正确或存款时未留密码，则系统计算利息并打印出利息清单给储户。请用数据流图描绘本系统的功能，并用实体-关系图描绘系统中的数据对象。

5．为方便旅客，某航空公司拟开发一个机票预订系统。旅行社把预订机票的旅客信息（姓名、性别、工作单位、身份证号码、旅行时间和旅行目的地等）输入该系统，系统为旅客安排航班，打印出取票通知和账单，旅客在飞机起飞的前一天凭取票通知和账单交款取票，系统校对无误即打印出机票给旅客。请用数据流图描绘本系统的功能。

6．某医院打算开发一个以计算机为中心的患者监护系统，医院对患者监护系统的基本要求是随时接收每个病人的生理信号（脉搏、体温、血压和心电图等），定时记录病人情况，以形成患者日志。当某个病人的生理信号超出医生规定的安全范围时，向值班护士发出警告信息。此外，护士在需要时还可以要求系统打印出指定病人的病情报告。请画出本系统的数据流图。

7．办公室复印机的工作过程大致如下：未接收到复印命令时处于闲置状态，一旦接收到复印命令则进入复印状态，完成一个复印命令规定的工作后又回到闲置状态，等待下一个复印命令；如果执行复印命令时发现缺纸，则进入缺纸状态，发出警告，等待装纸，装满纸后进入闲置状态，准备接收复印命令；如果复印时发生卡纸故障，则进入卡纸状态，发出警告，等待维修人员来排除故障，故障排除后回到闲置状态。请用状态转换图描绘复印机的行为。

8．某高校可用的电话号码有以下几类：校内电话号码由 4 位数字组成，第 1 位数字不是 0；校外电话又分为本市电话和外地电话两类，拨校外电话需先拨 0，如果是本地电话再接着拨 8 位电话号码（第 1 位不是 0）；如果是外地电话则先拨 3 位区码，再拨 8 位电话号码（第 1 位不是 0）。请用数据字典定义上述的电话号码。

第3章 | 结构化设计

需求分析阶段结束后，系统必须"做什么"的结论已经明确了，下一步就要考虑如何实现系统的需求。如果系统比较简单，要求一经确定就可以立即开始编程序。但对于大型软件系统来说，为了保证产品的质量，提高软件的开发效率，必须先制订系统设计方案，确定软件结构，然后根据系统的特点选择适当的设计方法，而不必急于进入编写程序的阶段。

传统的软件工程方法学采用结构化设计（Structured Design，SD）完成软件设计工作。结构化设计分为概要设计和详细设计两个过程。

结构化设计（SD）的基本要点：

- 软件系统由层次结构的模块构成；
- 模块是单入口、单出口的；
- 模块构造和联结的基本准则是模块独立；
- 软件系统结构用图来描述。

本章重点：

- 软件结构设计；
- 过程设计工具；
- 人机界面设计。

3.1 软件设计步骤

软件设计工作分为概要设计和详细设计两个阶段。概要设计也称为总体设计，概要设计过程通常有确定设计方案和结构设计两个阶段，与此同时要进行数据库设计和制订测试计划。详细设计的任务是软件过程设计、系统接口设计和数据设计。

本节先介绍软件设计步骤，使读者对软件设计过程有一个初步的了解，后面章节再详细介绍其主要步骤的设计原理、方法和规则等。

3.1.1 概要设计步骤

概要设计阶段的主要任务是确定设计方案和软件结构设计。在概要设计阶段，还要在需求分析阶段的基础上进行数据文件设计，制订测试计划，制订出详细的软件工程进度计划，修订用户手册。

1. 确定设计方案

系统结构设计是非常重要的，要经过系统分析员的仔细研究，并且要经过用户负责人的批准才能确定。一般先由系统分析员设计出供选择的方案，并推荐其中最佳的实现方案，再由用户确定系统设计方案。

1）设计供选择的方案

需求分析阶段得出的数据流图是总体设计的出发点。把数据流图中的处理逻辑地进行组合，不同的组合可能就是不同的实现方案。分析各种方案，首先抛弃行不通的方案，然后提供各个合理方案的以下几方面资料：

- 数据流程图、IPO 图等；
- 组成系统的元素清单、数据字典；
- 成本/效益分析；
- 实现该系统的进度计划。

成本/效益分析方法将在 9.2 节进行介绍。一般应提供低成本、中成本、高成本的不同方案供用户选择。

进度计划可参考曾经实现的相当规模软件系统的计划执行情况来估计，在软件工程的后面几个阶段再进行适当调整。

2）推荐最佳实现方案

系统分析员应比较各个合理方案的利弊，选择一个最佳方案向用户推荐，并为所推荐的方案制订详细的实现计划。

用户和有关专家应认真审查分析员所提供的几种方案，如果确认某方案为最佳方案，且在现有条件下完全能实现，则应提请用户进一步审核。在使用单位的负责人审批接受了分析员所推荐的方案后，方可进入软件工程的下一步，即软件结构设计阶段。

2. 软件结构设计

为了实现目标系统，必须设计出这个系统的所有程序和数据文件。对于大型系统，通常先进行结构设计，然后再进行详细设计。在概要设计阶段进行结构设计，确定系统由哪些模块组成，并确定模块之间的相互关系。在详细设计阶段确定每个模块的处理过程。

1）功能分解

为进行结构设计，首先把复杂的功能进一步分解为一系列比较简单的功能，此时数据流图和 IPO 图也可进一步细化。通常一个模块完成一个适当的子功能。

2）设计软件结构

分析员应把模块组织成层次结构，顶层模块能调用它的下一层模块，下一层模块再调用其下层模块，如此依次向下调用，最底层的模块能完成某项具体的功能。

3.2 节将介绍软件结构设计的基本原理、模块分割方法和模块设计准则等。软件的结构可用层次图或结构图来描绘。

3. 数据文件设计

需求分析阶段所绘制的 E-R 图和数据字典是数据文件设计的依据。软件系统中常用数据文件存放数据，供系统中各模块共享或与系统外部通信时使用。数据文件设计主要是数据结构设计。对于管理信息系统，通常都用数据库来存放数据。分析员在需求分析阶段对系统的数据要求做分析的基础上进行数据文件设计，主要是进行数据代码设计和数据库设计。

进行数据库设计时首先要确定数据库结构，还需要考虑数据库的完整性、安全性、一致性及优化等问题。数据库设计是计算机管理信息系统的一个重要阶段，应在数据库课程中介绍，本书不再赘述，这里只介绍有关数据代码设计的原则、分类和方法等。

4．制订测试计划

在软件开发的设计阶段提前考虑软件测试方案，有利于提高软件的可测试性。测试计划包括测试策略、测试方案、预期的测试结果和测试进度计划等。本书第 4 章将详细介绍软件测试的目标、步骤及测试方案的设计方法等。

5．书写概要设计文档

概要设计文档包括以下内容：

（1）系统说明：系统构成，成本/效益分析，对最佳方案的描述，细化的数据流图，用层次图或结构图描述的软件结构，IPO 图，需求、功能和模块之间的关系等。

（2）用户手册：根据概要设计结果，修订需求分析阶段产生的初步的用户手册。

（3）测试计划。

（4）详细的软件工程进度计划。

（5）数据文件设计结果：包括代码设计和数据库设计的结果。

3.1.2　详细设计的基本任务

详细设计阶段主要进行接口设计和过程设计，同时为每个模块设计测试用例（包括模块功能、输入数据和预期的输出结果）。

1．数据结构设计和数据库设计

在概要设计的基础上，确定每个模块使用的数据结构，进一步设计软件的数据库结构。

2．接口设计

接口设计包括软件模块间的接口设计、模块与外部实体的接口设计和人机界面设计。

3．过程设计

过程设计应在系统结构设计、数据结构设计、接口设计完成之后进行，它是详细设计阶段应完成的主要任务之一。软件过程设计规定运用方法的顺序、应该交付的文档、开发软件的管理措施和各阶段任务完成的标志。

过程设计并不是具体地编写程序，而是从逻辑上设计能正确实现每个模块功能的处理过程。

过程设计可以采用面向数据流设计方法，也可以采用面向数据结构设计方法。

过程设计一般只用三种基本控制结构：顺序结构、条件选择结构和循环结构。用并且仅用这三种结构可以组成任何一个复杂的程序。过程设计就是通过顺序、选择和循环三种结构的有限次组合或嵌套，描述模块功能的实现算法。

过程设计阶段应当尽可能简明易懂地设计处理算法，以便在程序设计阶段，程序员依据过程设计所描述的细节，可以直接而简单地编写程序代码。过程设计的结果基本上决定了程序的质量。

在进行过程设计时要描述程序的处理过程，可采用图形、表格或语言类工具。无论采用哪一类工具，都需对设计进行清晰、无歧义性的描述，应表明控制流程、系统功能、数据结构等方面的细节。过程设计可用流程图、N-S 图、PAD 图、判定表、判定树、过程设计语言（PDL）等进行描述。

4．代码设计、输入输出设计和网络设计等

代码是信息处理系统中使用的数字、文字等符号，用来代替自然语言，具有识别、分类和排序三项基本功能。代码的设计应当具有标准化、唯一性、可扩充性、简单性、规范化和可适应性。

数据输入设计需要对信息的发生、收集、介质化、输入和内容等方面进行详细的调查、研究后才能进行。同样，需要对用户的输出设备、输出介质、输出内容、输出方式（集中输出还是分散输出），以及数据通过什么途径、采用什么方式、什么周期、送给什么人等进行反复调查，然后才能进行数据的输出设计。设计时要防止数据的遗失、泄密和延误。

现在，很多软件系统之间相互连网、共享资源，因而网络设计往往是软件工程必不可少的。

5．编写详细设计说明书、软件系统的操作手册等文档

编写详细设计说明书时，可以根据实际需要包含以下内容：程序的功能、性能、输入项、输出项、算法、流程逻辑、接口、存储分配、注释设计、限制条件、测试计划、尚未解决的问题等。

在详细设计阶段，可以写出初步的用户操作手册，在程序编码阶段，再对其进行补充和修改。操作手册的内容含软件的结构、安装和初始化过程、每种可能的运行及其步骤、具体操作要求、输入输出过程、非常规过程、远程操作等。

6．复审

软件的详细设计完成以后，必须从软件的正确性和可维护性两方面对软件的逻辑结构、数据结构和人机界面等进行审查，以保证软件设计的质量。

3.2 软件结构设计

本节介绍与软件结构设计有关的基本概念、软件结构设计应遵循的基本原理及软件结构设计的启发规则等。

3.2.1 软件结构设计的基本原理

软件结构设计有以下基本原理：软件的模块化、模块独立性、抽象和逐步求精、信息隐蔽和局部化等。

1．模块

模块（Module）是能够单独命名，由边界元素限定的程序元素的序列。在软件的体系结构中，模块能独立地完成一定的功能，是可以组合、分解和更换的单元。

模块有以下基本属性：

（1）名称。模块的名称必须表达该模块的功能，指明每次调用它时应完成的功能。模块的名称由一个动词和一个名词组成，如计算成绩总评分、计算日销售额等。

（2）接口。模块的输入和输出。

（3）功能。模块实现的功能。

（4）逻辑。模块内部如何实现功能及所需要的数据。

（5）状态。模块的调用与被调用关系。

一般地，模块从调用者那里获得输入数据，然后把产生的输出数据返回给调用者。

模块是程序的基本构件。模块是由边界元素限定的程序元素的序列。Pascal 或 Ada 这样的块结构程序设计语言中的 Begin…End，或 C、C++和 Java 语言中的{…}就是边界元素的例子。过程、函数、子程序和宏等都可作为模块。面向对象方法中的对象、对象内的方法也是模块。

模块化是指把系统分割成能完成独立功能的模块，模块独立性要求模块之间低耦合和模块内部高内聚。

2．抽象和逐步求精

抽象是人们认识复杂事物过程中经常使用的思维方式，先抽出事物本质的共同特性，而暂时不考虑它的细节，也不考虑其他因素。

逐步求精就是先抓住并解决主要问题，然后分阶段逐步深入考虑问题的细节。

人们在认识事物过程中，普遍遵守 Miller 法则：一个人在任何时候都只能把注意力集中在（7±2）个知识点上。软件设计时要考虑的问题通常不只有 7 个，因而不可能一下子解决所有问题。应当先考虑整体解决方案，以后逐步深入地考虑细节问题。

软件工程实施过程中，首先用抽象概念来理解和构造一个复杂系统，此后的每一步都可以看作是对软件抽象层次的一次细化。在软件需求分析阶段，要采取逐步求精的方法，在软件系统结构设计时，同样要采取逐步求精的方法。软件结构顶层的模块控制了系统的主要功能，然后逐步求精，逐步揭示各模块的细节，软件结构底层的模块完成对数据的一个具体处理。用自顶向下、由抽象到具体的逐步求精方法进行软件的设计和实现。

3．信息隐蔽和局部化

Parnas 提出了在模块划分时应遵循的信息隐蔽和局部化原则。

所谓信息隐蔽，是指在设计和确定模块时，使得一个模块内包含的信息（过程或数据）对于不需要这些信息的其他模块来说是不能访问的。在定义和实现模块时，通过信息隐蔽，对模块的过程细节和局部数据结构进行存取限制。这里"隐蔽"的不是模块的一切信息，而是模块的实现细节。有效的模块化通过一组相互独立的模块来实现，这些独立的模块彼此之间仅仅交换为完成系统功能所必需的信息，而将自身的实现细节与数据"隐藏"起来。

局部化就是把关系密切的软件元素放在一起。局部化有利于信息隐蔽。

一个软件系统在整个生命周期中要经过多次修改，信息隐蔽对软件系统的修改、测试和维护都有好处，因此，在划分模块时要采取局部化措施，如采用局部数据结构，使得大多数过程（实现细节）和数据对软件的其他部分是隐藏起来的。这样，修改软件时偶然引入的错误所造成的影响只局限在一个或少量几个模块内部，不会影响其他模块，提高了软件的可维护性。

3.2.2　模块化

模块化（Modularization）是指把系统分割成能完成独立功能的模块，明确规定各模块及其输入输出规格，使模块的界面不会产生任何混乱。在软件工程中，模块化是大型软件设计的基本策略。

1. 模块化的效果

（1）减少复杂性。

对复杂问题进行分割后，每个模块的信息量小，问题简单，便于对系统的理解和处理。

设函数 C(X)定义问题 X 的复杂程度，函数 E(X)确定解决问题 X 所需要的工作量（时间）。对于问题 P1 和问题 P2，如果

$$C(P1) > C(P2)$$

显然有

$$E(P1) > E(P2)$$

根据一般经验，另一个有趣的规律是

$$C(P1+P2) > C(P1)+C(P2)$$

由问题 P1 和 P2 组合而成的问题的复杂程度大于分别考虑每个问题时的复杂程度之和。

从而得到不等式

$$E(P1+P2) > E(P1)+E(P2)$$

即独立解决问题 P1 和 P2 所需的工作量比把 P1 和 P2 合起来解决所需的工作量少。

由此可见，模块化是控制复杂性的最好办法。先独立地对各部分进行分析，确定解决问题的途径的正确性，最后才对整体进行验证，是行之有效的办法，有利于提高软件的开发效率。

（2）提高软件的可靠性。

程序的错误通常出现在模块内及模块间的接口中，模块化使软件易于测试和调试，有助于提高软件开发的可靠性。

（3）提高可维护性。

软件模块化后，即使对少数模块进行大幅度的修改，由于其他模块没有变动，对整个系统的影响较小，这样可使系统能适应各种环境变化，从而及时地进行维护。

（4）有助于软件工程的组织管理。

承担各模块设计的人员可以独立地、并行地进行开发，有利于软件开发团队的任务安排，可将设计难度大的模块分配给技术熟练的程序开发员。

（5）有助于信息隐蔽。

在设计和确定模块时，尽量设法将可变性因素隐蔽在一个或几个局部模块中。具体的做法是先将可能发生变化的因素列出，然后在划分模块时将这些因素隐蔽在某几个模块

内，使其他模块与这些可变因素无关。这样可避免软件维护时错误的传递，使得所列出的因素的任何一个变化，仅影响与其相关的模块，不会影响其他模块，从而提高软件的可维护性。

2．模块分割方法

模块化的关键问题是如何分割模块和如何设计系统的模块结构。

进行模块分割时，由于人们在认识问题时遵守 Miller 法则，一次最多只能有（7±2）个知识点，因而一个模块可分为 7 个左右的子模块，不要超过 9 个子模块。模块化的过程是自顶向下、由概括到具体的过程，软件结构顶层的模块控制系统的主要功能，每个功能模块可细分为若干个子模块，软件结构底层的模块完成对数据的一个具体处理。自顶向下分析和构造软件的层次结构。

模块的分割主要根据功能的各种差异来进行。根据系统本身的特点，可采用以下几种不同的分割方法。

1）横向分割

根据输入输出等功能的不同来分割模块，如绘图软件包 AutoCAD 可划分为绘实体、文件管理、外设配置、版本转换、绘图机输出、打印机输出等不同功能模块。

2）纵向分割

根据系统对信息进行处理过程中不同的阶段来分割。

例如，例 2.3 招聘考试成绩管理系统中数据处理要逐步进行，前一步结束了后一步才可进行，前一步数据有误会影响后一步工作的数据的正确性。该系统可划分为以下几个模块：输入考生基本情况，考前处理，输入考试成绩，计算考生成绩总分，排序，录用，输出录用名单，统计考试情况。

3．模块分割顺序

模块分割顺序是先确定中心控制模块，由控制模块指示从属模块，逐次进行。把各个功能层次化、具体化，各个功能模块最好只有一个入口，一个出口。例如，图书馆管理系统的用户有图书馆工作人员和读者。图书馆工作人员又分为采购、图书编码、读者管理、借书和还书等岗位，各司其职、职责分明。读者只能查询图书信息，不能进入图书流通和读者管理等图书馆工作人员才能进入的功能模块。在进入该系统时，要根据系统用户的权限，确定允许其进入哪个模块。该系统的模块分割方法就是先确定中心控制模块，再将每个从属模块的功能逐步细化。

3.2.3　模块独立性

在软件系统模块化时，最重要的原理是模块独立性。评价模块分割好坏的标准主要有以下 4 个方面。

（1）模块大小。模块的大小和问题的复杂程度相关，如果模块太大，过于复杂，会使设计、调试、维护工作十分困难。如果模块太小，使功能意义消失，反而会使模块之间的关系增强，影响模块的独立性，从而影响整个系统结构的质量。模块的大小以模块的功能意义、复杂程度、易于理解、便于控制为标准。

（2）模块之间的联系程度（Coupling，耦合）。

（3）模块内软件元素的联系程度（Cohesion，内聚）。

（4）模块信息的隐蔽程度。

其中，衡量模块独立程度的两个定性度量标准是耦合和内聚。

1．耦合

软件结构中模块之间互相依赖的程度用耦合来度量。耦合的强弱取决于模块间接口的复杂程度，一般由模块之间的调用方式、传递信息的类型和数量来决定。在设计软件结构时应追求尽可能松散的耦合。如果系统中两个模块彼此间完全独立，不需要另一个模块就能单独地工作，则这两个模块之间耦合程度最低。事实上，一个软件系统中不可能所有模块之间都没有任何联系。

模块之间传递的信息有以下三种：

（1）数据信息：记录某种事实，一般可用名词表示，如考生成绩。

（2）描述标志信息：描述数据状态或性质，如已录用、未被录用等。

（3）控制标志信息：要求执行非正常的动作或某个功能，如显示"准考证号超范围，重新输入"。

耦合包括以下几类：

1）数据耦合

两个模块彼此间交换的信息仅仅是数据，那么这种耦合称为数据耦合。数据耦合是低耦合。例如，当某个模块的输出数据是另一个模块的输入数据时，这两个模块是数据耦合。一般两个数据耦合的模块共同完成一个任务。

2）控制耦合

两个模块之间传递的信息中有控制信息，则称这种耦合为控制耦合。有时这种控制信息是以数据形式出现的。控制耦合是中等程度的耦合，它增加了系统的复杂程度。

例如，模块 B 用于打印会计收支账目统计报表，可以是日报表、月报表、年报表等不同报表。模块 A 用于调用模块 B，调用时必须传递的信息是要打印日报表、月报表，还是年报表。若是日报表，必须指明日期；若是月报表，必须指明年、月；若是年报表，必须指明年份。这是因为在调用数据库内容时三种报表所调用的内容是不同的。日报表只调出某日的所有收支情况，然后统计总共收入多少，支出多少，收支差额多少；而月报表是统计某月内所有收支情况；年报表则是将某年中每月收支的合计情况分别打印出来并汇总成年收支情况。这里三种报表的打印格式相同，但实际工作过程不同。模块 A 和模块 B 是控制耦合，如图 3.1 所示。

图 3.1　控制耦合

3）特征耦合

被调用的模块可以使用的数据多于它实际需要的数据，就是特征耦合。这将导致可能对数据的访问失去控制，从而给计算机犯罪提供机会。

4）公共环境耦合

两个或多个模块共享信息，这几个模块的耦合称为公共环境耦合。

这里公共环境可以是全程变量、内存的公共覆盖区、可供各个模块使用的数据文件、物理设备等。这种设计方案的复杂程度随耦合的模块个数的多少而不同，如果多个模块交叉共用大量的数据，那么设计方案是不易理解的：必须确定某个模块究竟用了哪些数据，某个数据究竟被哪几个模块使用（必须在数据字典里加以说明）。

这种设计方案不利于修改，当需要改动某个变量名字或类型时，难以确定这一改动会影响到哪几个模块，如果没有搞清楚改动所涉及的模块范围就进行修改，极易引发潜伏的错误。

这种设计方案可靠性差，当某个模块发生错误，而引起全程变量出错时，这些错误就会扩散到使用这些全程变量的其他模块，还会通过公共数据蔓延扩散到系统的其他部分。因此，通常应限制公共环境耦合的使用。

如果两个模块共享的数据很多，通过参数传递不方便，此时可以利用公共环境耦合，但应注意共享数据的命名，使其含义明确，变量名应适当地加长一些，避免不相干的模块使用相同名字的变量，从而引起不必要的麻烦。

5）内容耦合

两个模块之间有下列情况之一时产生内容耦合：

（1）某个模块直接访问另一个模块的内部数据。

（2）两个模块有相同的程序段。

（3）一个模块直接进入另一个模块的内部。

（4）一个模块有多个入口，即模块有多个功能。

耦合程度最高的是内容耦合，应避免使用内容耦合。

总之，为了降低模块间的耦合程度，应采用以下设计原则：

（1）在传递信息时尽量使用数据耦合，少用控制耦合和特征耦合。在耦合方式上，通过语句调用，用参数传递信息，不采用直接引用方式（内容耦合），尽量控制公共环境耦合。

（2）模块之间相互调用时，传递的参数最好只有一个，最多不超过4个。

（3）在设计模块时尽量做到把模块之间的连接限制到最少，确保模块环境的任何变化都不应引起模块内部发生改变。

2．内聚

一个模块内各个元素彼此结合的紧密程度用内聚来度量。理想的模块只完成一个功能，模块设计的目标之一是实现尽可能高的内聚。

内聚和耦合是进行模块化设计时应考虑的密切相关的两个工具，模块的高内聚往往会导致模块间的松耦合，但事实证明内聚更加重要，设计时应更多地考虑如何提高模块的内聚程度。

内聚包括以下7类：

1）偶然内聚（Contingent Cohesion）

模块完成一组任务，这些任务之间关系松散，实际上没有什么联系时称为偶然内聚。假如模块A、B、C、D中都含有某些相同的语句段，程序员将A、B、C、D放在同一模块T中，共同使用相同的语句段，则A、B、C、D将成为同一模块，即模块T的几个成分，这样就形成了偶然内聚的模块T。

2）逻辑内聚（Logical Cohesion）

将逻辑上相同或相似的一类任务放在同一模块中，称为逻辑内聚。例如，对某数据库中的数据可以按各种条件进行查询，这些不同的查询条件所用的查询方式也不相同，设计时将不同条件的查询放在同一个"查询"模块中，这就是逻辑内聚。

3）时间内聚（Temporal Cohesion）

将需要同时执行的成分放在同一模块中，称为时间内聚。

例如财务软件中，"年终结算"就是在年终时需要做的一系列任务，如第四季度结算、年结算、年底经费结余额转入下一年度的"经费来源"、下一年度的"支出"取初始值为零等，把这些任务放在同一模块中。

以上三种内聚的模块内部各成分并没有共用数据，属于很弱的块内联系。下面两种内聚则属于中等程度的内聚。

4）过程内聚

如果一个模块内的处理元素是相关的，必须以特定次序执行，则称为过程内聚。

通过数据流程图确定模块的划分，往往得到过程内聚的模块。

5）通信内聚（Communicational Cohesion）

模块中的各成分引用共同的数据，称为通信内聚。例如模块中含有 4 个部分，这 4 个部分使用同一数据文件产生不同的报表，属于通信内聚。例如财务软件的流水账文件中含有某个月内全部收支流水账记录，利用该文件可分别产生该月上旬、中旬、下旬的三种不同统计报表，以及该月总统计报表（如图 3.2 所示）。若模块中几个部分产生同一个输出数据，则也属于通信内聚。

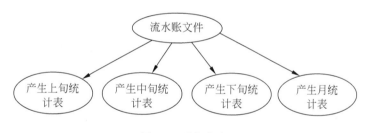

图 3.2 通信内聚

6）顺序内聚（Sequential Cohesion）

如果模块内某个成分的输出是另一成分的输入，因而这两个模块必须依次执行，则称为顺序内聚。图 3.3 中模块 A 和模块 B 都属于顺序内聚。

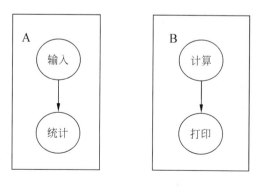

图 3.3 顺序内聚

结构化设计

7）功能内聚（Functional Cohesion）

一个模块内所有元素都是完成某一功能所必需的处理对象，由这些元素组成一个整体，从而完成一个特定的功能，则称为功能内聚。功能内聚是最高程度的内聚。

内聚的概念是由 Constantine、Yourdon 和 Stevens 等人提出的。按照他们的观点，把上述几种内聚按紧密程度从高到低排列次序为功能内聚、顺序内聚、通信内聚、过程内聚、时间内聚、逻辑内聚、偶然内聚，但紧密程度的增长是非线性的。偶然内聚和逻辑内聚联系松散，前面几种内聚相差不多；功能内聚最理想，一个模块完成一个功能，独立性强，内部结构紧密。

3.2.4 模块设计启发规则

长期以来人们在计算机软件开发的实践中积累了丰富的经验，总结这些经验可得出一些设计规则，这些规则往往能有助于软件设计师提高软件质量，下面介绍几条模块设计的启发规则。

1．尽力提高模块独立性

设计软件结构时，力求提高内聚、降低耦合，获得较高的模块独立性。

模块独立的重要性有以下两点：

（1）易于开发。

要使一个模块在总体设计中起到应有的作用，它必须满足一定的功能，对每一个模块的设计目标应能简明地理解该模块的功能，方便地掌握功能范围，知道模块应该做什么，这样才能有效地构造该模块。有时可以通过模块的分解或合并，减少控制信息的传递和对全程数据的引用，降低模块之间接口的复杂程度。

（2）易于测试和维护。

独立的模块修改所需的工作量较小，错误传播的范围小，要扩充功能时也较容易。

总之，模块独立是软件设计好坏的关键，也是决定软件质量的关键环节。

2．注意模块的可靠性、通用性、可维护性和简单性

（1）可靠性：模块运行应无差错，才可把它整体地加到系统中去。在设计时应先对模块做测试，使差错尽可能少。

（2）通用性：在设计模块时应尽可能使其通用化，扩大其应用性。

（3）可维护性：设计完善的模块应易于修改。可维护性在第 5 章还将进一步讨论。

（4）简单性：减少复杂性，有利于人们理解，使模块易于设计和使用。

3．模块应大小适中

模块不宜太大。根据经验，模块规模最好在一页以内（通常不超过 50 行语句），这种规模的模块易于阅读和理解。由于种种原因，一个模块可能会大于一页，只要不影响程序的清晰性，可允许大于一页，但应仔细分析一下，是否应进一步分解模块。不过不能以模块长度为绝对标准，还应根据具体情况仔细斟酌，最主要的是要使模块功能不太复杂且边界明确，模块分解不应降低模块独立性。

过小的模块有时不值得单独存在，可以把它合并到上级模块中去。模块数目过多会导致系统接口复杂。

4．模块的深度、宽度、扇出和扇入要适当

深度指软件结构中模块的层数，如果层数过多则应考虑是否有某些模块过于简单，应适当合并。

宽度指软件结构内同一层次的模块数的最大值。一般来说，宽度越大，系统结构越复杂。

扇出指一个模块所调用的模块数。扇出太大，会使模块过于复杂，所控制的下级模块太多。扇出过小也不好，有时可把下级模块合并到上级模块中去以减少扇出。

扇入指有多少上级模块调用它，扇入大，说明共享该模块的上级模块数目多，这是有好处的，但不要违背模块独立原理而一味追求高扇入。

通常设计的软件结构，顶层扇出大，中间扇出较小，下层调用公共模块。

5．模块接口要简单和清晰

模块接口要简单和清晰，便于理解，易于实现、测试与维护。

3.3 软件结构设计的图形工具

前面已经介绍了需求分析阶段使用的一些分析工具。在进行软件结构设计时也有一些设计工具可利用。进行软件系统结构设计需描绘系统模块的层次结构，可采用层次图、HIPO图（层次图加输入/处理/输出图）和结构图。

3.3.1 层次图（或 HIPO 图）

层次图适合于描绘软件的层次结构，特别适合于在自顶向下设计时使用。

在层次图（HIPO 图）里除了顶层之外，每个方框里都加编号。编号的规律是每个处理的下层处理的编号在其上层编号后加"．"号及序号，序号可用数字，也可用英文字母表示。像这样带编号的层次图称为 HIPO（Hierarchy plus Input Process Output，层次图加输入/处理/输出）图。

在系统设计时，一般最上层的模块含有退出、输入、处理、输出、查询和系统维护模块。根据系统的具体要求，下层再将功能进一步细化。例如，查询可以用多种方式，按不同的条件进行。数据库里存放的数据可以进行插入、修改、删除等操作；系统的状态或数据可以进行初始化；处理的过程可以逐步详细描述等。一般将类似的功能放在一个模块中，不同类型的功能放在不同的模块中。

【例3.1】 画出第 2 章例 2.4 医疗费管理系统的 HIPO 图。

如图 3.4 所示，该系统共有 4 个主要模块。数据输入（1.0）分为报销（1.A）、结算（1.B）和累加（1.C）三个子模块。系统维护（4.0）分为改医疗费限额（4.A）、初始化（4.B）和人员调动（4.C）三个功能。统计模块有 5 个功能。查询打印可以从 7 种内容中选择一种。主菜单还有"退出"系统的功能。

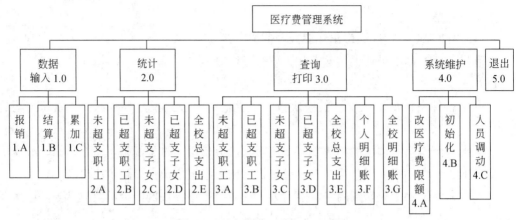

图 3.4　医疗费管理系统 HIPO 图

3.3.2　结构图

结构图和层次图相似，是用于描述软件结构的图形工具。

1974 年，美国的 W. Stevens、G. Myers 和 L. Constantine 三人联名在 *IBM System Journal*（《IBM 系统杂志》，Vol.13，No.2）上发表 *Structured Design*（《结构化设计》）的论文，第一次提出了结构系统设计的思想，指出可用一组标准的工具和准则进行系统设计。结构图（Structure Chart，SC）就是一项主要工具，用于表达系统内部各分量之间的逻辑结构和相互关系。

结构图的形态特征为深度、宽度、扇出和扇入。

1. 结构图的符号

结构图的主要内容有三个：模块、模块的调用关系和模块间的信息传递。

结构图的符号主要有方框、箭头及选择结构或循环结构的框图。

（1）方框代表模块，框内注明模块的名字和主要功能。

（2）方框之间的大箭头或直线表示模块的调用关系。

（3）带注解的小箭头表示模块调用时传递的信息及其传递方向。尾部加空心圆的小箭头表示传递数据信息，尾部加实心圆的小箭头表示传递控制信息。

（4）选择结构：如图 3.5 所示，条件符合时调用模块 A，条件不符合时调用模块 B。

（5）循环结构：如图 3.5 所示，模块 H 循环调用模块 A、B、C。

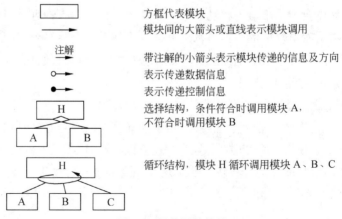

图 3.5　结构图的符号

2．绘制结构图

【例 3.2】 画出例 2.3 招聘考试成绩管理系统的初始结构图。

招聘考试成绩管理系统主要调用输入、处理和输出三个模块。该系统的初始结构图如图 3.6 所示，细化后的结构图如图 3.7 所示。

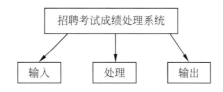

图 3.6　招聘考试成绩处理系统的初始结构图

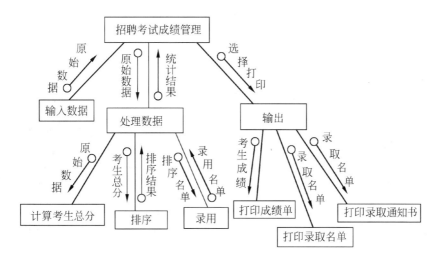

图 3.7　招聘考试成绩管理系统的结构图

结构图只描述一个模块调用哪些模块，没有描述调用次序，也没有表明模块内部的成分，通常上层模块除了调用下层模块的语句之外还可以有其他语句，结构图体现不出这种情况。

画结构图可以作为检查设计正确性和模块独立性的方法，通过检查数据传递情况，分析数据传递是否齐全，是否正确，是否有不必要的数据传递；还可分析模块分解或合并的合理性，以便选用最佳方案。

3.4　面向数据流的设计方法

过程设计不是具体地编写程序，而是从逻辑上设计正确实现每个模块功能的处理过程，过程设计应当尽可能简明易懂。传统方法采用结构化设计方法进行过程设计。

结构化设计是国际上应用最广，技术上也较完善的系统设计方法。SD 方法是由 L.L.Constantine 和 E.Yourdon 等人提出的，基于面向数据流的设计方法（Data Flow-Oriented Design）。数据流是软件开发者分析设计的基础，在需求分析（SA）阶段用数据流程图（Data

Flow Diagram，DFD）来描述数据从系统的输入端到输出端所经历的一系列变换或处理，在系统设计阶段要将 DFD 图表示的系统逻辑模型转化为软件结构设计的描述，可用结构图（SC 图）描述。这就是包括 SA 与 SD 在内的基于数据流的系统设计方法。结构化设计主张采用自顶向下、逐步求精的设计方法。SD 对系统的功能进行逐步的分解，能将复杂问题逐步分解为容易理解的较小问题。这些较小的问题具有良好的边界（目标和接口）定义。

结构化设计方法的步骤如下：

（1）对 DFD 图进行复审，必要时修改或细化。

（2）根据 DFD 图确定软件结构是变换型，还是事务型。

（3）把 DFD 图映射成 SC 图。

（4）改进 SC 图，使设计更完善。

这里可采用下面介绍的变换型或事务型设计方法来完成上述步骤（2），根据 3.2 节介绍的模块化设计原则和设计方法来完成上述步骤（3）和步骤（4）。

把 DFD 图映射成 SC 图要先区分 DFD 图的类型是变换型还是事务型。

1．变换型

变换型设计分为以下三个步骤：

（1）对变换型数据流图，要划分出数据输入、数据输出和变换中心三个部分，在 DFD 图上用虚线标明分界线。

（2）画出初始的 SC 图，顶层是主控模块，下层（第一层）一般包括输入、输出和变换三个模块。沿数据调用线标注数据流的名称。

（3）根据 DFD 图来逐步细化分解输入、输出和变换三个过程，将 SC 图也细化和优化。根据输入、输出、变换各需要几个模块，逐步由顶向下分解，直至画出每个底层模块为止。

【例 3.3】 画出例 2.3 招聘考试成绩管理系统的结构图。

该系统初始结构图如图 3.6 所示，细化后的结构图如图 3.7 所示。

2．事务型

事务型设计分为以下三个步骤：

（1）在 DFD 图中确定事务中心、接受数据和全部处理路径三个部分。

（2）画出初始 SC 图框架，把 DFD 图的三个部分分别转换为事务控制模块、接受模块和处理模块。

（3）分解和细化接受分支和处理分支。事务中心常是各条处理路径的起点，由事务中心通往受事务中心控制的所有处理路径。向事务中心提供启动信息的路径是系统接受数据的路径，有时不止一条路径。处理路径通常有多条，每条路径的结构可以不一样，有的可能是变换型，有的则是事务型。这一步主要是分解处理路径。在结构图画出后，要进行细化和优化。模块大小要适中，模块的扇入、扇出不能过大。

【例 3.4】 画出图书馆管理系统结构图。

该系统含有图书采编、读者管理、图书流通和查询等功能。

该系统执行时，先输入一个数据，根据此数据选择执行的路径：对购入图书进行登记；图书编目调用图书采编功能；借书、还书调用流通功能；查询调用查询功能。因而该系统属于事务型系统，如图 3.8 所示。其系统结构图如图 3.9 所示。

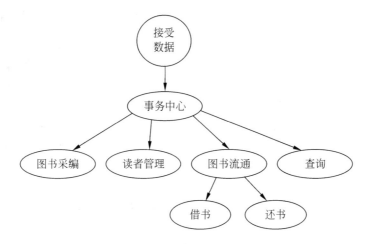

图 3.8　图书馆管理系统示意图

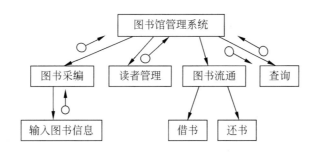

图 3.9　图书馆管理系统结构图

3.5　过程设计工具

在详细设计阶段进行过程设计时，要描述程序处理过程，可采用图形、表格、语言类工具，无论采用哪类工具，都需对设计进行清晰、无二义性的描述，应表明控制流程、系统功能、数据结构等方面的细节，以便在系统实现阶段能根据详细设计的描述直接进行编程。

本节介绍过程设计使用的工具：流程图、N-S 图、问题分析图（PAD 图）、判定表、判定树、过程设计语言（PDL）等。

3.5.1　流程图

流程图是对某一个问题的定义、分析或解法的图形表示，图中用各种符号表示操作、数据、流向及装置等。

传统的程序流程图又称为程序框图，用来描述程序设计，是历史最悠久、使用最广泛的方法。然而传统的程序流程图的一些缺点使得越来越多的人不再使用它。

传统的程序流程图的主要缺点如下：

（1）不利于逐步求精的设计。

（2）图中用箭头可随意地将控制进行转移，这是不符合结构程序设计精神的。

（3）不易表示系统中所含的数据结构。

中华人民共和国国家标准 GB/T 1526—1989《信息处理——数据流程图、程序流程图、系统流程图、程序网络图和系统资源图的文件编制符号及约定》等都采用国际标准 ISO 5807—985。根据此标准画的流程图避免了控制的随意转移。

1．流程图的分类

在国家标准 GB/T 1526—1989 中规定，流程图分为数据流程图、程序流程图、系统流程图、程序网络图和系统资源图 5 种。

1）数据流程图

数据流程图表示求解某一问题的数据通路，同时规定了处理的主要阶段和所用的各种数据媒体，包括以下几项：

- 指明数据存在的数据符号，这些数据符号也可指明该数据所使用的媒体；
- 指明对数据进行处理的处理符号，这些符号也指明该处理所用到的机器功能；
- 指明几个处理和（或）数据媒体之间数据流的流线符号；
- 便于读、写数据流程图的特殊符号。

在处理符号的前后都应是数据符号，数据流程图以数据符号开始和结束。

2）程序流程图

程序流程图表示程序中的操作顺序，包括以下几项：

- 指明实际处理操作的处理符号，它包括根据逻辑条件确定要执行路径的符号；
- 指明控制流的流线符号；
- 便于读、写程序流程图的特殊符号。

3）系统流程图

系统流程图表示系统的操作控制和数据流，包括以下几项：

- 指明数据存在的数据符号，这些数据符号也指明该数据所使用的媒体；
- 定义要执行的逻辑路径及指明对数据执行的操作的处理符号；
- 指明各处理和（或）数据媒体间数据流向的流线符号；
- 便于读、写系统流程图的特殊符号。

4）程序网络图

程序网络图表示程序激活路径和程序与相关数据流的相互作用。在系统流程图中，一个程序可能在多个控制流中出现，但在程序网络图中，每个程序仅出现一次。

程序网络图包括以下几项：

- 指明数据存在的数据符号；
- 指明对数据执行操作的处理符号；
- 表明各处理的激活和处理与数据间流向的流线符号；
- 便于读、写程序网络图的特殊符号。

5）系统资源图

系统资源图表示适合于一个问题或一组问题求解的数据单元和处理单元的配置，包括以下几项：
- 表明输入、输出或存储设备的数据符号；
- 表示处理器（中央处理机、通道等）的处理符号；
- 表示数据设备和处理器间的数据传送，以及处理器之间的控制传送的流线符号；
- 便于读、写系统资源图的特殊符号。

2．流程图符号

国家标准 GB/T 1526—1989《信息处理——数据流程图、程序流程图、系统流程图、程序网络图和系统资源图的文件编制符号及约定》中的信息处理流程图符号如表 3.1 所示。

表 3.1　信息处理流程图符号

符　号	名　称	符　号	名　称
▭	处理	⬠	显示
◇	判断	⬡	循环开始
⬡	准备	⬡	循环结束
▱	人工操作	○	连接符
▱	人工输入	⬭	端点
▱	数据符号	······	省略符
▱	数据存储	—	流线
▭	文件	▭	内存储器

3．流程图使用约定

（1）符号的用途是用图形来标识它所表示的功能，而不考虑符号内的内容。

（2）图中各符号均匀地分配空间，连线应保持合理长度，尽量少用长线。

（3）在符号内列出说明性文字时，不要改变符号的角度和形状，尽可能统一各种符号的大小。

（4）应把理解某符号功能所需的最少量的说明文字置于符号内。应按从左到右和自上而下的方式来书写，与流向无关。若说明文字太多，可使用一个注解符。

如果使用注解会干扰或破坏图形流程，应将正文写在另外一页上，并注明引用符号。

（5）符号标识符为赋予某个符号的标识符，其作用是便于其他文件引用该符号。符号标识符要写在符号的左上角。

（6）符号描述符用于交叉引用，表示一个符号的特定用途或进一步理解某个图形符号的功能。符号描述符要写在符号的右上角。在系统流程图中，一个描述数据媒体的符号在很多情况下既可表示输出媒体，又可表示输入媒体。表示输出媒体符号的流程图说明性文字要写在符号的右上角；表示输入媒体符号的流程图说明性文字要写在符号的右下角。

（7）分支符号如图 3.10 所示，多分支符号如图 3.11 所示。每个出口应加标识符，以反映其逻辑通路。

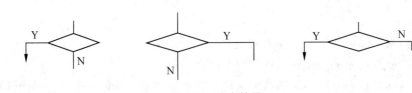

图 3.10　分支符号

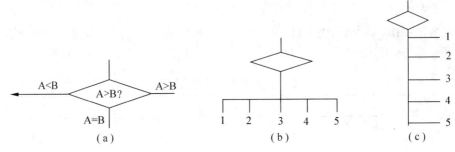

图 3.11　多分支符号

（8）流线。

- 流线可以表示数据流或控制流。流向一般从左到右，自上而下。否则要用箭头表示流向，无论何时都可以用箭头指示流程方向；
- 流线的交叉：应当尽量避免流线的交叉。即使出现流线交叉，也不表示它们有逻辑上的关系，不对流向产生任何影响；
- 两根或更多的进入流线可以汇集成一根输出线，各连接点应相互错开以提高表述清晰度，并在必要时使用箭头表示流向。

（9）连接符号。

在出口连接符号中和与它相对应的入口连接符号中应记入相同的文字、数字或名称等识别符号表示衔接（如图 3.12 所示）。

图 3.12 是流程图的一部分，图 3.12（a）中有一个分支 A，而分支 A 的详细流程在图 3.12（b）中画出。

（10）详细表示线。

在处理符、数据符或其他符号中画一横线，表示该符号在同一文件集的其他地方有更详细的表示。横线加在图形符号内靠顶端处，并在横线上方写上详细表示的标识符。详细表示处始末均应有端点符号，始端写上与加横线符号相同的标识符。图 3.13（a）所示流程图的 B4 中加有横线，表示该处理另有详细描述的流程图。B4 的详细流程图如图 3.13（b）所示，其开始和结束都有端点符号，始端标有 B4。

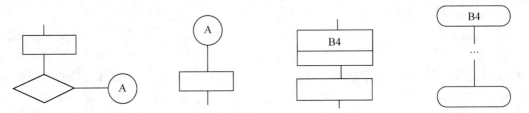

（a）流程图中有一分支 A　（b）分支 A 的流程图　　　（a）流程图中 B4 有一横线　（b）B4 的详细流程图

图 3.12　流程图连接符号　　　　　　　　　图 3.13　流程图符号加横线

（11）同类介质重复使用的表示。

同一符号按同一方向的多次重复依次写上序号，顺序一律从前往后，方向可向右上、右下、左上、左下，但使用介质的优先顺序不因此而改变，如图 3.14 所示。

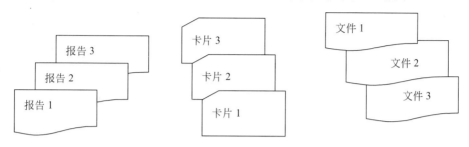

图 3.14　同类介质重复使用

4．流程图的三种基本结构

图 3.15 是用流程图表示的三种基本结构（顺序结构、条件选择结构、循环结构），图 3.15 中的 C 表示判定条件。图 3.15（a）是顺序结构；图 3.15（b）是 If-Then-Else 型的条件结构；图 3.15（c）是 Case 型分支结构；图 3.15（d）是先判断结束条件的 While 型循环结构；图 3.15（e）表示后判断结束条件的 Repeat-Until 型循环结构。

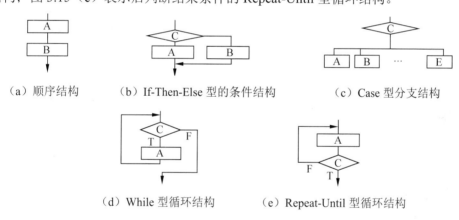

图 3.15　流程图的三种基本结构

为了克服流程图随意转移控制和不利于结构化的缺陷，在画流程图时，只用以上三种基本控制结构进行组合或完整的嵌套，不要出现基本结构相互交叉的情况，以此保证流程图是结构化的。

3.5.2　盒图

盒图是 Nassi 和 Shneiderman 提出的，又称为 N-S 图。盒图没有箭头，不允许随意转移，只允许程序员用结构化设计方法来思考问题、解决问题。

1．盒图的符号

（1）顺序结构，如图 3.16（a）所示。

（2）If-Then-Else 型分支，如图 3.16（b）所示。

（3）Case 型多分支，如图 3.16（c）所示。

（4）循环结构有 While 型和 Repeat-Until 型两种，如图 3.16（d）和图 3.16（e）所示。

（5）调用子程序 A，如图 3.16（f）所示。

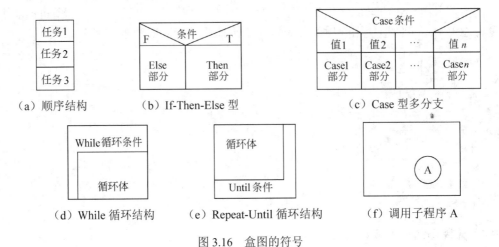

（a）顺序结构　　（b）If-Then-Else 型　　（c）Case 型多分支

（d）While 循环结构　　（e）Repeat-Until 循环结构　　（f）调用子程序 A

图 3.16　盒图的符号

2．N-S 图的特点

（1）清晰地描述功能域。

（2）不允许任意转移控制，因而只能表示结构化设计结构。

（3）易于确定数据的作用域是全局量还是局部量。

（4）易于描述系统的层次结构和嵌套关系。

【例 3.5】　将下述含有 Goto 语句的程序流程图改为 N-S 图。

该问题的程序流程图如图 3.17（a）所示。

Maxint/I 小于 S 时，能跳出循环，可以设置一个标记值 A=1。在上述条件不符合时，标记值不变，循环正常进行，直至算出 N!；满足该条件时，标记值变为 A=2，循环立即结束。该问题的 N-S 图如图 3.17（b）所示。

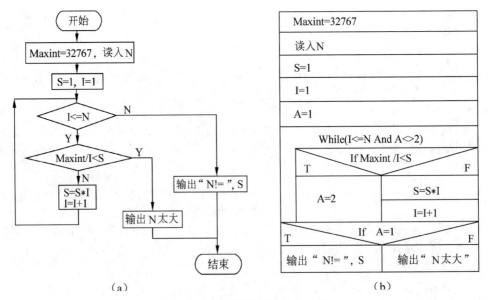

（a）　　　　　（b）

图 3.17　程序流程图改为 N-S 图

【例 3.6】　例 2.3 招聘考试成绩管理系统的 N-S 图。

画出招聘考试成绩管理系统的 N-S 图，如图 3.18 所示。

图 3.18 中，SUM1 是考生人数，SUM2 是录用人数。

图 3.18　例 2.3 招聘考试成绩管理系统的 N-S 图

3.5.3　PAD 图

PAD（Problem Analysis Diagram，问题分析图）图是日本日立公司于 1973 年发明的。按照中华人民共和国国家标准 GB/T 13502—1992《信息处理——程序构造及其表示的约定》的规定，PAD 图的符号和特点如下。

1．PAD 图的基本符号

PAD 图的基本符号如图 3.19 所示。

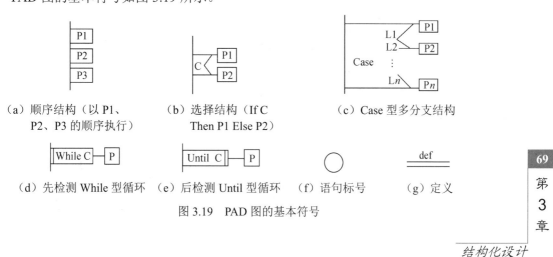

图 3.19　PAD 图的基本符号

2．PAD 图的特点

（1）用PAD 图表示的程序从最左边竖线的上端开始执行，自上而下、自左向右执行。

（2）用 PAD 符号设计的过程必然是结构化的程序结构。

（3）结构清晰、层次分明。

（4）既可表示程序逻辑，也可用于描绘数据结构。

（5）用 def 逐步详细描述，可支持自顶向下、逐步求精的设计方法。

PAD 图为常用高级程序设计语言的各种控制语句都提供了对应的图形符号，显然将 PAD 图转换为对应的高级语言程序是很容易的。

【例3.7】 例 2.2 学生成绩管理系统的 PAD 图。

例 2.2 学生成绩管理系统输入数据部分的 PAD 图如图 3.20 所示，其中 S1 是班级学生人数，S2 是课程数。每门课程都要输入全班级每位学生的成绩并算出成绩总评分。

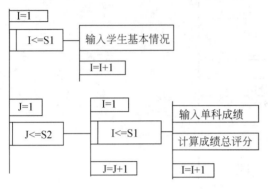

图 3.20　学生成绩管理系统的 PAD 图

3.5.4　判定表

有一类问题，其中含有复杂的条件选择，用前面介绍的程序流程图、盒图、PAD 图和结构图等都不易表达清楚。此时，可用判定表清晰地表示复杂的条件组合与应做的工作之间的对应关系。

（1）判定表的组成。左上部列出所有条件；左下部列出所有可能要做的工作；右上部每一列表示出各种条件的一种可能组合，所有列表示条件组合的全部可能情况；右下部的每一列是和每一种条件组合所对应的应做的工作。

（2）判定表中的符号。右上部用 T 表示条件成立，用 F 表示条件不成立，空白表示条件成立与否没有影响。右下部画 X 表示在该列上边规定的条件下做该行左边列出的那项工作，空白表示不做该项工作。

判定表不适合于用做通用的设计工具，不能表示顺序结构、循环结构。

【例3.8】 某校各种不同职称教师的课时津贴费判定表。

某校对各种不同职称的教师，根据其是本校专职教师还是外聘兼职教师，决定其讲课的课时津贴费。本校专职教师每课时津贴费：教授 80 元，副教授 60 元，讲师 50 元，助教 40 元。外聘兼职教师每课时津贴费：教授 90 元，副教授 80 元，讲师 60 元，助教 50 元。

用判定表表示，如表 3.2 所示。

表 3.2　教师课时津贴判定表

教授	T	F	F	F	T	F	F	F
副教授	F	T	F	F	F	T	F	F
讲师	F	F	T	F	F	F	T	F
助教	F	F	F	T	F	F	F	T
专职	T	T	T	T	F	F	F	F

90	X
80	X X
60	X X
50	X X
40	X

3.5.5 判定树

判定表可以清晰地表示复杂的条件组合所对应的处理。判定树和判定表一样，也能表明复杂的条件组合与对应处理之间的关系。由于判定树是一种图形表示方式，更易被用户理解。

【例3.9】 某校各种不同职称教师的课时津贴费判定树。

将例 3.8 改为用判定树表示各类教师课时津贴费，可先按职称分类，再按专职、兼职分类，如图 3.21（a）所示；也可先按专职、兼职分类，再按职称分类，如图 3.21（b）所示。

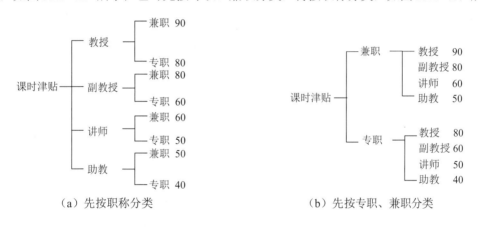

（a）先按职称分类　　　　　　　　　　　（b）先按专职、兼职分类

图 3.21　教师的课时津贴费判定树

3.5.6 过程设计语言

过程设计语言（Program Design Language，PDL）也称为伪码，是一种混杂语言，混合使用叙述性说明和某种结构化程序设计语言的语法形式。

PDL 应具有下述特点：

（1）关键字应有固定语法，提供结构化的控制结构和数据说明，并在控制结构的头尾都加关键字，体现模块化的特点，如 If-EndIf、While-EndWhile 和 Case-EndCase 等。

（2）用自然语言叙述系统处理功能。

（3）具有说明各种数据结构的手段。

（4）描述模块定义和调用及模块接口模式。

PDL 作为软件设计工具与具体使用哪一种编程语言无关，但能方便地转换为程序员所选择的任意一种编程语言（转换的难易程度有所区别）。

PDL 的缺点是描述算法不如图形工具那样形象直观，在描述复杂的条件组合及对应处理之间关系时不如判定表那样清晰。

3.6 系统人机界面设计

对于交互式软件系统来说，人机界面设计是接口设计的一个组成部分。现在人机界面设计在系统软件设计中所占的比例越来越大，个别情况甚至占了总量的一半。

人机界面设计的质量直接影响用户对软件产品的评价，从而影响软件产品的竞争力和寿命，应对人机界面设计给以足够的重视。

本节对以下几个方面进行介绍：人机界面设计问题、界面设计过程、界面设计指南。

3.6.1 人机界面设计问题

人机界面设计要考虑以下问题：系统响应时间、用户帮助设施、出错信息处理、命令交互。

1. 系统响应时间

从用户完成某个控制动作（按回车键或单击鼠标）到软件给出预期的响应（输出或做动作）之间的时间称为系统响应时间。响应时间有两个属性：长度和易变性。

（1）长度。响应时间过长，用户会不满意；响应时间过短，会迫使用户加快操作节奏，从而可能会犯错误。

（2）易变性。响应时间相对于平均响应时间的偏差。响应时间易变性低，有助于用户建立稳定的工作节奏。响应时间的变化暗示系统工作出现异常。

2. 用户帮助设施

几乎每个用户都需要帮助，用户帮助设施可使用户不离开用户界面就可解决问题。

常见的帮助设施有两类：

（1）集成的帮助设施。集成的帮助设施设计在软件里，对用户工作内容敏感，用户可从与操作有关的主题中选择一个，请求帮助。可以缩短用户获得帮助的时间，增加界面的友好性。

（2）附加的帮助设施。附加的帮助设施实际是一种查询能力有限的联机用户手册。

集成的帮助设施优于附加的帮助设施。具体设计时必须解决以下问题：

① 提供部分功能的帮助信息还是提供全部功能的帮助信息。

② 请求方式：帮助菜单、特殊功能键、HELP 命令。

③ 显示帮助信息方式：独立窗口、指出参考某文件、在屏幕固定位置显示提示。

④ 返回正常交互方式：屏幕上的返回按钮、功能键。

⑤ 帮助信息的组织方式：平面结构（通过关键字访问）、层次结构、超文本结构。

3. 出错信息处理

出错信息和警告信息是出现问题时给出的坏消息。出错信息设计得不好，会起不到作用或误导用户，增加用户的挫折感。出错信息和警告信息应具有以下属性。

（1）信息应以用户可理解的术语描述问题。

（2）信息应提供有助于从错误中恢复的建设性意见。

（3）信息应指出错误可能导致的负面后果（如破坏数据文件），以便用户检查是否出现了这些问题，并在问题出现时予以改正。

（4）信息应伴随听觉上或视觉上的提示，在显示信息的同时发出警告声或用闪烁方式显示，或用明显的颜色表示出错信息。

（5）信息不能指责用户。

有效的出错信息能提高交互系统的质量，减少用户的挫折感。

4．命令交互

面向窗口、单击和拾取方式的界面已减少了用户对命令行的依赖，但还是有些用户偏爱使用命令方式进行交互。提供命令交互方式时，应考虑下列设计问题：

（1）每个菜单项都应有对应的命令。

（2）命令形式：控制序列（如 Ctrl + P）、功能键、输入命令。

（3）学习和记忆命令的难度，忘记了命令怎么办。

（4）用户是否可以定制或缩写命令。

（5）命令宏：代表一个常用的命令序列。只需输入命令宏的名字就可以顺序执行它所代表的全部命令。

（6）所有应用软件都应有一致的命令使用方法。

例如设计时定义宏命令 Ctrl+D。假如有的定义其含义是删除，有的定义其含义为复制，则会使用户感到困惑，并往往会导致错误。

3.6.2　人机界面设计过程

人机界面的设计过程如下：

（1）先创建设计模型，实现模型—用户界面原型。

（2）用户试用并评估该原型，向设计者反馈对界面的评价。

（3）设计者根据用户的意见修改设计并实现下一级原型。

（4）不断进行下去，直到用户感到满意为止。

3.6.3　评估界面设计的标准

评估界面设计的标准如下：

（1）系统及其界面的规格说明的长度和复杂程度，预示了用户学习使用该系统所需的工作量。

（2）命令或动作的数量、命令的平均参数个数或动作中单个操作的个数，预示了系统的交互时间和总体效率。

（3）动作、命令和系统状态的数量，预示了用户学习使用系统时需要记忆的内容的多少。

（4）界面风格、帮助设施和出错处理协议，预示了界面的复杂程度和用户对该界面的接受程度。

3.6.4　界面设计指南

人机界面设计主要依靠设计者的经验。力求设计友好、高效的人机界面。下面介绍三类人机界面设计指南：一般交互、信息显示、数据输入。

1．一般交互

（1）保持一致性。菜单选择、命令输入、数据显示、其他功能要使用一致的格式。

（2）提供有意义的反馈。提供视觉、听觉的反馈，建立双向通信。

（3）要求确认。在执行有破坏性动作之前要求用户确认，如删除、覆盖信息、终止运行等，提示"是否确实要……"。

（4）允许取消操作。能方便地取消已完成的操作。

（5）尽量减少记忆量。

（6）提高效率。对话、移动和思考等要提高效率。尽量减少击键的次数，减少鼠标移动的距离，避免用户问"什么意思？"。

（7）允许用户犯错误。系统应保护自己不受致命错误的破坏。

（8）按功能对动作分类。如下拉菜单。应尽力提高命令和动作的内聚性。

（9）提供帮助设施。

（10）命令名要简单。用简单动词或动词短语作为命令名。

2．信息显示

（1）人机界面显示的信息应完整、清晰、易于理解。

（2）可用不同方式显示信息：用文字、图片、声音表示信息；按位置、移动、大小来显示信息；使用颜色、分辨率和省略。

（3）只显示与当前工作内容有关的信息。

（4）使用一致的标记、标准的缩写、可预知的颜色，显示的含义应非常明确。

（5）允许用户保持可视化语境。若对图形进行放缩，原始图形应一直显示着。

（6）产生有意义的出错信息。

（7）使用大小写、缩进和文本分组帮助理解。

（8）使用窗口分隔不同类型的信息。

（9）使用模拟显示方式表示信息。例如，垂直移动的矩形表示温度、压力等，用颜色变化表示警告信息等。

（10）高效率地使用显示屏。使用多窗口时，应使每个窗口都有空间显示信息。屏幕大小应选择得当。

3．数据输入

用户的绝大部分时间用在选择命令、输入数据和向系统提供输入上。

（1）尽量减少用户的输入动作。用鼠标从预定的一组输入中选择一个；然后在给定的值域中指定输入值；利用宏命令把一次击键转变为复杂的输入数据集。

（2）保持信息显示和数据输入的一致性，如文字大小、颜色、位置与输入一致。

（3）允许用户自己定义输入，如定义专用命令、警告信息和动作确认等。

（4）允许用户选择输入方式（键盘、鼠标）等。

（5）使当前不适用的命令不起作用。

（6）让用户控制交互流程。例如，跳过不必要的动作，改变工作的顺序，从错误状态中恢复正常。

（7）对所有的输入动作提供帮助。

（8）消除冗余的输入。绝对不要要求用户提供程序可以自动获得或计算出来的信息。例如，当前日期、时间等可以自动获得；又如姓名、性别、部门和职称等信息预先存放在数据库里，只要输入职工号，就可以立即通过程序调用显示其对应的姓名、性别、部门和职称等信息；整数后面不要求用户输入".00"。

3.7 数据代码设计

在计算机软件系统中如果存放的数据量很大，则需要对数据进行代码设计。在实际应用中常常会因为软件人员缺乏代码设计知识而出现代码设计不合理的现象。本节介绍数据代码设计的目的、代码的功能和性质、代码的种类及代码设计方法等。

3.7.1 代码设计的目的

代码设计的目的是将自然语言转换成便于计算机处理的、无二义性的形态，从而提高计算机的处理效率和操作性能。

下面介绍代码的定义、功能和代码的性质。

1．代码的定义和功能

代码是为了对数据进行识别、分类、排序等操作所使用的数字、文字或符号。

代码具有识别、分类和排序三项基本功能。尤其是在信息处理系统中，代码应用涉及的面广、量大，必须从系统的整体出发，综合考虑各方面的因素，精心设计信息代码。

在一个系统中，如果使用的代码复杂、量大，人们无法准确地记忆，可以用代码词典记录代码与数据之间的对应关系，必要时可以设计代码联机查询功能，以方便用户的使用和查找。有时代码需要随时进行增加、删除、修改或查询等，可以设计相应的代码管理功能。

2．代码的性质

代码具有简洁性、保密性、可扩充性和持久性。

（1）简洁性。代码可以减少存储空间，要求消除二义性。

（2）保密性。不了解编码规则的人不知道代码的含义。

（3）可扩充性。设计代码时要留有余地，以便在软件生命期内增加代码。

（4）持久性。代码应在软件生命期内可以长久使用。要考虑到代码的变换会影响数据库和程序。

3.7.2 代码设计的原则

代码的设计原则是标准化、唯一性、可扩充性、简单性、规范化和适应性。

- 标准化：尽可能采用国际标准、国家标准、部颁标准、行业标准或遵循惯例，以便于信息的交换和维护。如会计科目编码、身份证号码、图书资料分类编码等，要根据国家标准来编码。

- 唯一性：一个代码只代表一个信息，每个信息只有一个代码。
- 可扩充性：设计代码时要留有余地，方便代码的更新、扩充。
- 简单性：代码结构简单、尽量短，便于记忆和使用。
- 规范化：代码的结构、类型和缩写格式要统一。
- 适应性：代码要尽可能反映信息的特点，唯一地标识某些特征，如物体的形状、大小、颜色，或材料的型号、规格和透明度等。

另外，有一些实用规则可供参考：

（1）只有两个特征值的，可用逻辑值代码，如电路的闭合、断开。

（2）特征值的个数不超过 10 时，可用数字代码。

（3）特征值的个数不超过 20 时，可用字母代码。

（4）数字、字母混用时，要注意区分相似的符号。

例如：

数字	字母
1	I
0	O、D
8	B
5	S
2	Z
9	q

（5）若代码会出现颠倒使用的情况，要注意区分数字 6 和数字 9、字母 M 和字母 W。

（6）代码可能会正反使用时，要注意区分字母 p 和字母 q。

3.7.3 代码种类

在代码设计中，可用数字、符号的组合构成各种编码方式，一般分为顺序码、信息块码、归组分类码、助记码、数字式字符码和组合码等。

1. 顺序码

按数字的大小或字母的前后次序排列的组合作为代码使用称为顺序码。

这是最简单的代码体系，例如在财务凭证、售票发票、银行支票等票据类数据中用顺序码表示单据号。

2. 信息块码

将代码按某些规则分成几个信息块，在信息块之间留出一些备用码，每块内的码是按顺序编排的，这样编成的代码称为信息块码。

例如，中华人民共和国行政区划代码（GB2260.1995）就是典型的信息块码，其代码结构由 6 位数字组成，形式如 XXYYZZ。其中：

（1）前两位 XX 代表省、直辖市：如 11 代表北京市、12 代表天津市、31 代表上海市、32 代表江苏省等。

（2）中间两位 YY：01～20、50～70 表示省辖市，21～49 表示地、州、盟。

（3）后两位 ZZ：01~18 表示市辖区或地辖区，21~80 表示县、旗，81~99 表示省直辖县级市。如 320106 表示江苏省南京市鼓楼区。

学生的学号也可以用信息块码来编码。将学号分为几个信息块：学生的入学年份、系的代码、专业代码、班级代码等，每个信息块内部按顺序排列，信息块之间留出备用码。

3．归组分类码

将信息按一定的标准分为大类、中类、小类，每类分配顺序代码，就构成归组分类码。

与信息块码不同的是，不是按整个代码分组，而是按代码的代号分组，对各组内的位数没有限制。表 3.3 是归组代码的例子。

表 3.3　归组代码的例子

信　　息	代　　码
哲学	100
宗教	200
社会科学	300
法律	320
商法	325
公司法	3252
股份公司法	32524
合股公司法	32525

4．助记码

助记码是将数据的名称适当压缩组成代码，以便于记忆。

助记码多由汉语拼音、英文字母和数字等混合组成。例如，12 英寸电视机的代码是 12TV，29 英寸电视机的代码为 29TV。

5．数字式字符码

按规定的方式，将字符用数字表示，所形成的代码称为数字式字符码。

计算机中通用的 ASCII 码就是数字式字符码，表 3.4 列出了部分 ASCII 码。

表 3.4　部分 ASCII 码

ASCII 码	字　　符	ASCII 码	字　　符
048	0	065	A
049	1	066	B
050	2	067	C
051	3	068	D
052	4	069	E
053	5	070	F
054	6	071	G
055	7	072	H
056	8	073	I
057	9	074	J

6．组合码

在很多应用中，如果仅选用一种代码形式进行编码往往不能满足要求，而选用几种形态的代码合成编码会产生很好的效果。这样的代码使用起来十分方便，只是代码的位数较多。

3.7.4 代码设计方法

代码设计时一定要遵循简单、唯一、标准化、可扩充、规范化的设计原则。记住设计代码的目的是提高信息的处理效率。

对于软件系统中的主要数据，尤其是汉字词语，一般都要编码，这样有利于识别、分类和检索。

代码设计的基本步骤如下。

1．确定编码对象

选择采用代码后可以提高输入、输出、查询效率的数据作为编码的对象，如学校的学生、教师、图书和设备，商场的商品、供货单位、财务科目等。

2．明确编码目的

确定编码后需要进行识别、分类、排序等的重要性，编码目的不同则所选用的代码种类也不相同。

3．确定代码的个数

确定当前的代码数目和将来可能扩充的代码数目。

4．确定代码使用范围和使用期限

确定代码可以使用的范围及使用期限。

5．确定代码体系和代码位数

这是编码的关键，要使设计的代码简短、易记、不易混淆。要根据代码使用的目的来确定采用哪种编码和代码位数。

6．确定编码规则

编码规则的确定要通过与使用人员密切合作、认真讨论，根据使用的需求、计算机处理的方便、容易记忆和维护综合考虑。

7．编写代码

在明确编码目的、编码对象、确定编码规则、代码的个数、代码的使用范围和期限、代码体系和位数等问题后，就可以进行代码编写。

8．编写代码词典

对于数据量小的代码，要在数据字典中将代码与数据的对应关系一一列出。

对于数据量较大的代码，应当编写代码词典。代码词典应记录数据与代码的对应关系、代码使用方法和示例、修改代码的手续及规则、代码管理的部门和权限等。

3.8 面向数据结构的设计方法

面向数据结构的设计方法是按输入、输出及计算机内部存储信息的数据结构进行软件结构设计的，把对数据结构的描述变换为对软件结构的描述。

在许多应用领域中，信息的结构层次清楚，输入数据、输出数据及内部存储的信息有一定的结构关系。数据结构不仅影响软件的结构设计，还影响软件的处理过程。例如，重复出现的数据通常由循环结构来控制；一个数据结构具有选择特性，既可能出现也可能不出现，就采用条件选择程序来控制；如果一个数据结构为分层次的，软件结构也必然为分层次的。因此，数据结构充分地揭示了软件结构。使用面向数据结构的设计方法，首先需要分析确定数据结构，并用适当的工具清晰地描述数据结构，最终得出对程序处理过程的描述。

面向数据结构的设计方法有两种：Jackson 方法和 Warnier 方法。这两种方法只是使用的图形工具不同。本节只介绍 Jackson 方法，Warnier 方法可参考本书 2.8.2 节介绍的 Warnier 图进行分析设计。

Jackson 方法由英国的 M. Jackson 提出，在欧洲较为流行，它特别适合于设计企事业管理类的数据处理系统。Jackson 方法的主要图形工具是 Jackson 图，它既可以表示数据结构，也可以表示程序结构。

Jackson 把数据结构（或程序结构）分为以下三种基本类型，如图 3.22 所示。

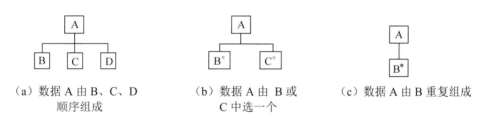

（a）数据 A 由 B、C、D　　（b）数据 A 由 B 或　　（c）数据 A 由 B 重复组成
　　　顺序组成　　　　　　　　C 中选一个

图 3.22　数据结构的三种基本类型

1．顺序结构

顺序结构的数据由一个或多个元素组成，每个元素依次出现一次。图 3.22（a）表示数据 A 由 B、C、D 三个元素顺序组成。

2．选择结构

选择结构的数据包含两个或多个元素，每次使用该数据时，按一定的条件从这些元素中选择一个。图 3.22（b）表示数据 A 根据条件从 B 或 C 中选择一个。B 和 C 的右上方加符号"。"表示从中选择一个。

3．重复结构

重复结构的数据，根据条件由数据元素出现 0 次或多次组成。图 3.22（c）表示数据 A 由 B 出现 0 次或多次组成。数据 B 的右上方加符号"*"表示重复。

Jackson 图有以下特点：

- 能对结构进行自顶向下的分解，可以清晰地表示层次结构。
- 结构易读、形象、直观。
- 既可表示数据结构，也可表示程序结构。

Jackson 设计方法采用以下 4 个步骤：

结构化设计

（1）分析并确定输入数据和输出数据的逻辑结构。

（2）找出输入数据结构和输出数据结构中有对应关系的数据单元。

（3）从描述数据结构的 Jackson 图导出描述程序结构的 Jackson 图。

（4）列出所有的操作和条件，并把它们分配到程序结构图中去。

下面结合具体例子进一步说明 Jackson 结构设计方法。

【例 3.10】 用 Jackson 方法对学生成绩管理系统进行结构设计。

例 2.2 学生成绩管理系统在学生入学时输入学生基本信息。每次单科成绩是按班级内学生学号的顺序依次输入每位学生的平时成绩和考试成绩，成绩输入格式如表 3.5 所示。然后由计算机计算每位学生的单科成绩总评分。输出的学生个人成绩单格式如表 3.6 所示，班级各科成绩汇总表格式如表 3.7 所示。

表 3.5　班级单科成绩表格式

上海××大学

2004—2005 年第一学期

成绩表

课程号：1090　课程名：计算机网络基础　系：计算机科学与技术　班级：04104111

学　号	姓　名	性　别	平 时 成 绩	考 试 成 绩	总　评

分数段	人数	百分比
90 分以上		
80～89 分		
70～79 分		
60～69 分		
不及格		

任课教师签名：

日期：　　年　月　日

表 3.6　学生个人成绩单格式

上海××大学

2004—2005 年第一学期

学生成绩单

学号：041011116　姓名：王力　系：计算机科学与技术　班级：0410111

课 程 名	平 时 成 绩	考 试 成 绩	总　评	考试/考查

表 3.7　班级各科成绩汇总表格式

上海××大学 2004—2005 年第一学期 班级成绩汇总表						
系：计算机科学与技术　　班级：0410111						
学　　号	姓　　名	高等数学	计算机网络基础	英　　语	政　　治	体　　育

根据以上输入数据和所需的输出表格，可写出输入数据结构、输出数据结构及程序结构的 Jackson 图，步骤如下：

（1）输入数据结构的 Jackson 图如图 3.23（a）所示。

（2）输出数据结构的 Jackson 图如图 3.23（b）所示。

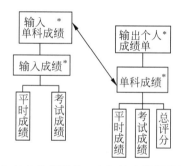

（a）输入数据结构　（b）输出数据结构

图 3.23　学生成绩管理系统输入、输出数据结构的对应关系图

（3）根据输入、输出数据结构的 Jackson 图用双向箭头画出对应关系图，如图 3.23 所示。

（4）从输入、输出数据结构关系导出程序结构 Jackson 图。

（5）列出所有操作和条件，并把它们分配到程序结构图的适当位置，如图 3.24 所示。

- 输入学生基本情况；
- 输入学生单科成绩；
- 计算单科成绩总评分：总评分＝平时成绩×0.3+考试成绩×0.7；
- 输出班级单科成绩表；
- 输出学生个人成绩单；
- 输出班级成绩汇总；
- 输出重修名单；
- 输出留级名单。

重复条件 sum1：对所有学生都执行一次。

重复条件 sum2：总评成绩不及格人数。

重复条件 sum3：留级人数。

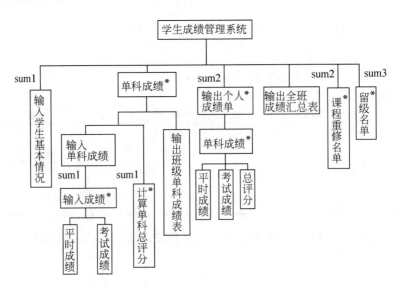

图 3.24　学生成绩管理系统程序结构 Jackson 图

3.9　软件设计文档

3.9.1　概要设计说明书

本节介绍概要设计说明书编写提示和概要设计的复审。

1．概要设计说明书的内容

概要设计说明书的内容如下：

1）引言

- 编写目的。
- 背景说明。
- 定义。
- 参考资料。

2）总体设计

- 需求规定。
- 运行环境。
- 基本设计概念和处理流程。
- 结构。
- 功能需求与程序的关系。
- 人工处理过程。
- 尚未解决的问题。

3）接口设计

- 用户接口。
- 外部接口。

- 内部接口。

4）运行设计

- 运行模块组合。
- 运行控制。
- 运行时间。

5）系统数据结构设计

- 逻辑结构设计要点。
- 物理结构设计要点。
- 数据结构和程序的关系。

6）系统出错处理设计

- 出错信息。
- 补救措施：后备技术、降低效果技术、恢复及再启动技术。
- 系统维护设计。

2. 概要设计复审

概要设计复审的参加人员包括结构设计负责人、设计文档的作者、课题负责人、行政负责人、对开发任务进行技术监督的软件工程师、技术专家，以及其他方面代表。

概要设计复审的主要内容是审查软件结构设计。要充分彻底地评价数据流图，严格审查结构图中参数传输情况、检查全局变量和模块间的对应关系，对系统接口设计进行检查。纠正设计中的错误和缺陷，使有关设计者了解和任务有关的接口情况。

3.9.2 数据库设计说明书

数据库设计说明书的编写目的是对所设计的数据库中所有的标识、逻辑结构和物理结构做出具体的设计规定。数据库设计说明书的编写内容如下：

1. 引言

（1）编写目的。

（2）背景说明。

（3）定义。

（4）参考资料。

2. 外部设计

（1）标识符和状态。

（2）使用它的程序。

（3）约定。

（4）专门指导。

（5）支持软件。

3. 结构设计

（1）概念结构设计。

（2）逻辑结构设计。

（3）物理结构设计。

4．运用设计

（1）数据字典设计。

（2）安全保密设计。

3.9.3 详细设计说明书

本节介绍详细设计说明书的内容和详细设计的复审。

1．详细设计说明书内容

1）引言

- 编写目的。

- 背景说明。

- 定义。

2）程序系统的结构

用一系列图表列出本软件系统内每个程序（包括每个模块和子程序）的名称、标识符和它们之间的层次结构关系。每个程序根据实际需要说明以下内容，并不是每个程序都需要写出下列全部内容。

- 程序描述。

- 功能。

- 性能。

- 输入项。

- 输出项。

- 算法。

- 流程逻辑。

- 接口。

- 存储分配。

- 注释设计。

- 限制条件。

- 测试计划。

- 尚未解决的问题。

2．详细设计的复审

软件的详细设计完成后，必须从软件的正确性和可维护性两个方面对它的逻辑、数据结构和界面等进行审查。

详细设计的复查可用下列形式之一完成：

（1）设计者和设计组的另一个成员一起进行静态检查。

（2）由检查小组进行较正式的软件结构设计检查。

（3）由检查小组进行正式的设计检查，对软件设计质量给出评价。

实践证明，正式的详细设计复审工作，在发现设计错误方面的作用与软件测试同样有效，并且其发现设计错误更加容易。

3.9.4 操作手册编写提示

在详细设计阶段描述了系统功能如何实现的具体算法，因而可以写出初步的用户操作手册，在程序编码阶段再对操作手册进行补充和修改。操作手册的编写内容如下：

1. 引言

（1）编写目的。

（2）背景说明。

（3）定义。

（4）参考资料。

2. 软件概述

1）软件的结构

结合软件系统所具有的功能，包括输入、处理和输出提供该软件的总体结构图表。

2）程序表

列出本系统内每个程序的标识符、编号和简称。

3）文卷表

列出将由本系统引用、建立或更新的每个永久性文卷，说明它们各自的标识符、编号、简称、存储媒体和存储要求。

3. 安装和初始化

具体说明为使用本软件而需要进行的安装与初始化过程，包括程序的储存形式、安装与初始化过程中的全部操作命令、系统对这些命令的反应与答复、表明安装工作完成的测试实例等。如果有的话，还应说明安装过程中所需用到的专门软件。

4. 运行说明

所谓运行是指提供一个启动控制信息后，直到计算机系统等待另一个启动控制信息时为止的计算机系统执行的全部过程。

1）运行表

列出每种可能的运行，说明每个运行的目的，指出每个运行所执行的程序。

2）运行步骤

逐个说明每个运行及完成整个系统运行的步骤。

以对操作人员最方便、最有用的形式说明运行的有关信息。例如，运行控制、操作信息和运行目的。

操作要求：启动方法、预定时间启动等，预计的运行时间和解题时间，操作命令，与运行有联系的其他事项。

输入输出文卷，占用硬设备的优先级及保密控制等。

输出：提供本软件输出的有关信息、输出媒体、文字容量、分发对象、保密要求。

输出的复制：提供有关信息、复制的技术手段，纸张或其他媒体的规格，装订要求，分发对象，复制份数。

5. 非常规过程

提供有关应急操作或非常规操作的必要信息，如出错处理操作、向后备系统的切换操作，以及其他必须向程序维护人员交代的事项和步骤。

6. 远程操作

如果本软件能够通过远程终端控制运行，则说明操作过程。

小　　结

概要设计阶段通常完成确定设计方案和结构设计两个任务。

详细设计阶段完成三个任务：过程设计、接口设计和数据设计。

结构化设计的基本要点如下：

（1）软件系统由层次结构的模块构成。

（2）模块是单入口、单出口的。

（3）模块构造和联结的基本准则是模块独立。

（4）软件系统结构用图来描述。

软件结构设计基本原理：软件的模块化，模块独立性，抽象和逐步求精，信息隐蔽和局部化等。

评价模块分割好坏的标准主要有以下4个方面：

（1）模块的大小。

（2）模块之间的联系程度——耦合。尽量使用数据耦合，少用控制耦合和特征耦合，不采用内容耦合，控制公共环境耦合。

（3）模块内的联系程度——内聚。内聚按紧密程度从高到低排列次序为功能内聚、顺序内聚、通信内聚、过程内聚、时间内聚、逻辑内聚、偶然内聚。

（4）模块信息的隐蔽程度。

模块设计启发式规则如下：

（1）尽力提高模块独立性。

（2）注意模块的可靠性、通用性、可维护性、简单性。

（3）模块的大小应适中。

（4）模块的深度、宽度、扇出和扇入要适当。通常顶层扇出高，中间扇出较少，下层调用公共模块。

进行软件系统结构设计可采用层次图、HIPO图和结构图描绘系统模块的层次结构。

对于交互式软件系统来说，人机界面设计是接口设计的一个组成部分。人机界面设计的质量直接影响用户对软件产品的评价，应对人机界面设计给予足够的重视。

详细设计阶段使用的工具有流程图、N-S图、问题分析图（PAD图）、判定表、判定树、过程设计语言（PDL）等。

习　题　3

1. 什么是概要设计？其基本任务是什么？

2. 什么是模块？模块有哪些属性？

3. 什么是模块化？划分模块的原则是什么？

4. 什么是软件结构设计？

5．画例 2.2 学生成绩管理系统的 HIPO 图。

6．画例 3.4 图书馆管理系统的 HIPO 图。

7．选择填空

在众多设计方法当中，结构化设计（SD）方法是最广泛应用的一种，这种方法可以同分析阶段的 A 方法及编码阶段的 B 方法前后衔接。SD 方法是建立良好程序结构的方法，它提出衡量模块结构质量的标准是模块间联系与模块内部联系的紧密程度，SD 方法的最终目标是 C 。用于表示模块间调用关系的图叫 D 。划分模块的信息隐蔽原则方法称为 E 方法。

供选择的答案：

A，B：① Jackson　　② 结构化分析 SA　　③ 结构化程序设计 SP　　④ Parnas

C：　① 模块间联系紧密，模块内联系紧密

　　② 模块间联系紧密，模块内联系松散

　　③ 模块间联系松散，模块内联系紧密

　　④ 模块间联系松散，模块内联系松散

D：　① PAD　　② SC　　③ N-S　　④ HIPO

E：　① Jackson　　② Parnas　　③ Turing　　④ Wirth

8．选择填空

模块内聚性是衡量模块内各成分之间彼此结合的紧密程度。若一组语句在程序多处出现，为节省内存而把这些语句放在一个模块中，该模块的内聚性称为 A 。而将几个逻辑上相似的成分放在同一个模块中，该模块的内聚性是 B 。如果模块中所有成分引用共同的数据，该模块的内聚性是 C 。而模块内某个成分的输出是另一个成分的输入，该模块内聚性是 D 。当模块中所有成分结合起来完成一项任务，该模块的内聚为 E 。

供选择的答案：

A，B，C，D，E：① 功能内聚　　② 顺序内聚　　③ 通信内聚　　④ 过程内聚

　　　　　　　　⑤ 偶然内聚　　⑥ 瞬时内聚　　⑦ 逻辑内聚

9．选择填空

结构化分析方法（SA）、结构化设计方法（SD）和 Jackson 方法是软件开发过程中应用的方法。人们使用 SA 方法可以得到 A ，该方法的基本手段是 B ；使用 SD 方法可以得到 C ，并可以实现 D ；而使用 Jackson 方法可以实现 E 。

供选择的答案：

A，C：① 程序流程图　　　　　　　　　② 具体的语言程序

　　　③ 模块结构图及模块功能说明书　④ 分层数据流图和数据字典

B：　① 分解与抽象　　② 分解与综合　　③ 归纳与推导　　④ 试探与回溯

D，E：① 从数据结构导出程序结构　　② 从数据流图导出初始结构图

　　　③ 从模块结构导出数据结构　　④ 从模块结构导出程序结构

10．某旅行社根据旅游淡季、旺季及是否团体订票，确定旅游票价的折扣率。具体规定如下：人数在 20 人以上的属团体，20 人以下的是散客。每年的 4～5 月、7～8 月、10 月为旅游旺季，其余为旅游淡季。旅游旺季，团体票优惠 5%，散客不优惠。旅游淡季，团体票优惠 30%，散客优惠 20%。试分别用判定表和判定树表示旅游订票的优惠规定。

11. 下面是用 PDL 写的程序段，请分别画出对应的 N-S 图和 PAD 图。

```
While  C  do
       If  A>0  Then   A1  Else  A2    Endif
       If  B>0  Then   B1
                       If  C>0  Then  C1  Else  C2    Endif
               Else  B2
           Endif
       B3
EndwhileS
```

12. 请画出下列伪码程序对应的盒图。

```
START
IF P THEN
  WHILE q DO
  f
  END DO
 ELSE
  BLOCK
  g
  n
  END BLOCK
  END IF
  STOP
```

13. 研究下面的伪码程序：

```
LOOP:
    Set I to (START+FINISH) / 2
    If  TABLE(I)=ITEM goto F()UND
    If  TABLE(I)<ITEM Set START to(I+1)
    If  TABLE(I)>ITEM Set FINISH to(I-1)
    If(FINISH—START)>1 goto LOOP
    If TABLE(START)=ITEM goto FOUND
    If TABLE(FINISH)=ITEM goto FOUND
    Set FLAG to 0
    Goto DONE
    FOUND: Set FLAG to 1
    DONE: Exit
```

要求：

（1）画出程序流程图。

（2）程序是结构化的吗？说明理由。

（3）若程序是非结构化的，请设计一个等价的结构化程序并且画出程序流程图。

（4）此程序的功能是什么？它完成预定功能有什么隐含的前提条件吗？

第4章　软件编码和软件测试

把软件设计的结果用程序设计语言书写为程序称为编码。

在软件编码的同时要进行模块测试，然后在模块集成时进行多种方法的综合测试，因而软件编码和软件测试统称为软件实现。良好的编码风格有利于写出高质量的程序，高效的测试、调试能发现错误、改正错误，从而保证软件的质量。

本章重点：

- 程序设计风格；
- 设计软件测试方案。

4.1　结构化程序设计

需求分析阶段和系统设计阶段产生的文档都不能直接在计算机上执行。只有完成了程序设计后，再产生可执行代码，才能使系统的需求真正实现。

系统的分析和设计是程序设计（编码）的前导，实践表明，编码中出现的问题主要是由设计中存在的问题引起的。因而我们主张在编码之前进行分析、设计，尽可能在编码之前保证设计的正确性和高质量。然而这并不是说编码阶段无足轻重。相反，程序员应该能像优秀的译员，在编码时简明清晰、高质量地将系统设计付诸实施。即使前面阶段分析、设计的质量再高，如果在程序设计时质量不高的话，最后得到的软件质量仍得不到保证。

结构化程序设计（Structure Programming，SP）有三个基本要点：

（1）结构化程序设计采用自顶向下、逐步求精的程序设计方法。

（2）结构化程序设计的定义是只使用顺序、选择和循环三种基本控制结构构造程序。结构化程序设计用顺序、选择和循环三种结构的有限次组合或嵌套，描述模块功能的实现算法。这三种基本结构的共同特点是每个代码块只有一个入口和一个出口。结构化程序设计主张以容易理解的形式和避免使用 GOTO 语句等原则进行程序设计。

（3）采用主程序员组的组织形式：用经验多、能力强、技术好的程序员作为主程序员。其他人多做事务性工作，为主程序员提供充分的支持，而所有的联络工作都通过程序管理员来进行。

结构化程序设计技术是实现结构化设计（过程设计）的关键技术。程序设计语言的选择和编码的风格会对程序的可读性、可靠性、可测试性和可维护性产生直接的影响。

4.1.1　程序设计语言的选择

进行软件编码之前的一项重要工作是选择适当的程序设计语言。1960 年以来已出现了数千种不同的程序设计语言，但只有一小部分得到了广泛的应用。目前应用较多的程序设计语言主要可分为两大类：面向机器语言和高级程序设计语言。应当优先选用高级程序设计语言，在选用程序设计语言时有一些实用标准。

1. 程序设计语言的分类

1）面向机器语言

面向机器语言包括机器语言和汇编语言。机器语言和汇编语言都依赖于计算机硬件结构，指令系统因机器而异，难学难用。其缺点是编程效率低、容易出错、维护困难；其优点是易于实现系统接口，执行效率高。

2）高级程序设计语言

高级程序设计语言使用的概念和符号与人们通常使用的概念和符号比较接近，它的一个语句往往对应若干条机器指令。高级语言的特性一般不依赖于计算机，通用性强。

一般在设计应用软件时，应当优先选用高级程序设计语言，只有下列三种情况选用汇编语言。

（1）软件系统对程序执行时间和使用空间都有严格限制。

（2）系统硬件是特殊的微处理机，不能使用高级程序设计语言。

（3）大型系统中某一部分，其执行时间非常关键，或直接依赖于硬件，这部分用汇编语言编写。其余部分用高级程序设计语言编写。

2. 高级语言选用的实用标准

选用程序设计语言的实用标准，主要是考虑项目应用领域、软件开发环境、用户的知识及程序员的知识等。

1）项目的应用领域

各种高级程序设计语言的实际应用领域是不同的，如科学计算、人工智能和实时控制领域的问题算法较复杂，而数据处理、数据库应用、系统软件领域内的问题，数据结构比较复杂。要根据应用领域选择适当的程序设计语言。

（1）科学计算。

FORTRAN 语言适用于工程和科学计算，目前的新版本数据处理能力极强。

PASCAL 语言是第一个体现结构化编程思想的语言，用其编程有助于培养良好的编程风格。应用于教学、管理、系统软件的开发。

C 语言最初用于 UNIX 操作系统，支持复杂数据结构，可大量运用指针，具有丰富灵活的操作运算符及数据处理操作符，还具有汇编语言的某些特性，使程序运行效率高。适用于系统软件和实时控制等应用领域。

PL/1 适用于多种不同应用领域，但由于太庞大，难以推广使用，目前它的一些子集被广泛使用。

（2）数据处理与数据库应用。

COBOL 语言广泛用于商业数据处理。

SQL 是描述性语言，最初为数据库查询语言，只支持简单的数值运算，目前有了不同的扩充版本，适合于对数据库进行操作。

Access 是数据库语言。

（3）实时处理。

汇编语言是面向机器的语言，可以对外部设备的一些接口进行操作。

Ada 适合于实时并行系统。

（4）系统语言。

对于操作系统、编译系统等系统软件，可以选用 C 语言、汇编语言、PASCAL 语言和 Ada 语言来编写。

（5）人工智能。

LISP 语言适合于人工智能领域的应用。

PROLOG 语言适合于表达知识和推理方面人工智能领域的应用。

（6）面向对象语言。

C++、Smalltalk、Eiffel、Actor 和 Ada 是面向对象型语言。

Object Pascal、Objective-C 是混合型面向对象语言。

Java 在网络上应用广泛，可编制跨平台的软件。

（7）第四代语言 4GL。

FORTRAN 是第二代语言，PASCAL、C 语言等是第三代语言，上述两种语言受硬件和操作系统的局限，其开发工具不能满足新技术发展的要求。

4GL 称为第四代语言，其主要特征如下：

- 可视化的、友好的用户界面。操作简单，使非计算机专业人员也能方便地使用它。
- 兼有过程性和非过程性双重特性。非过程性语言只需告诉计算机"做什么"，不必描述怎么做，"怎么做"由计算机语言来实现。
- 高效的程序代码。能缩短开发周期、减少维护的代价。
- 完备的数据库管理功能。
- 应用程序生成器。提供一些常用的程序来实现文件的维护、屏幕管理、报表生成、查询等任务，从而有效地提高软件生产率。

Uniface、Power Builder、Informix 4GL 及各种扩充版本的 SQL 都不同程度地具有上述特征。

2）软件开发环境

Visual Basic、Visual C、Visual FoxPro（VFP）、Delphi 等都是可视化的软件开发工具，提供了强有力的调试功能，提高了软件生产率，减少了错误，有效地提高了软件质量。

3）根据系统用户的要求来选择

当系统交付使用后由用户负责维护时，应该选择用户所熟悉的语言书写程序。

4）程序员的知识

如果和其他标准不矛盾，则应选择一种程序员熟悉的语言，使开发速度更快，质量更有保证，但是程序员应仔细分析软件项目的类型，敢于学习新知识、掌握新技术。

4.1.2 程序设计风格

程序设计风格即编码风格（Coding Style），正如作家、画家在创作中喜欢和习惯使用的表达作品题材的方式。

20 世纪 70 年代以来，程序设计的目标从强调运算速度、节省内存，转变到强调程序的可读性和可维护性，与此同时，程序设计风格也从追求"技巧"变为提倡"简明"。良好的编码风格有利于写出高质量的程序。在多个程序员联合编写一个大的软件产品的程序时，良好的、一致的风格有利于相互通信，避免因不协调而产生问题。

1974年，Kernighan 和 Plauger 合著的书 *The Elements of Programming Style* 中介绍了编码风格和程序设计指导原则。下面简要介绍编码风格。

1. 结构化程序设计

结构化程序设计（SP）强调模块采用自上而下、逐步求精的设计方法，只使用顺序、选择和循环三种基本控制结构构造程序。结构化程序设计用顺序、选择和循环三种结构的有限次组合或嵌套，设计出每个模块都是单入口、单出口的结构化程序。结构化程序设计主张避免使用 GOTO 语句进行程序设计。

2. 程序内部文档书写规则

（1）选用含义鲜明的标识符。

（2）适当的注解。

注解是程序员和程序读者之间通信的重要手段。通常在每个模块开始处用注解简述模块的功能、主要算法、接口特点、重要数据含义、开发简史等。注解内容一定要正确，程序有变动时，注解要与程序始终保持一致性。要用空格或空行区分注解和程序。

（3）程序布局阶梯式。

适当利用阶梯形式，使程序的层次结构清晰明显。

3. 数据说明易于理解、便于查阅

（1）数据说明的次序应标准化。如按数据类型或数据结构来确定数据说明的次序。次序的规则在数据字典中加以说明，以便在测试调试阶段和维护阶段可方便地查找数据说明情况。

（2）当对在同一语句中的多个变量加以说明时，应按英文字母的顺序排列。

（3）在使用一个复杂的数据结构时，最好加注释语句。

（4）变量说明不要遗漏，变量的类型、长度、存储及初始化要正确。

4. 语句构造应简单明了

（1）不要为了节省空间而把多个语句写在同一行。

（2）尽量避免复杂的条件测试。

（3）尽量减少对"非"条件的测试。

（4）对于多分支语句，尽量把出现可能性大的情况放在前面，把较少出现的分支放在后面，这样可以加快运算时间。

（5）避免大量使用循环嵌套语句和条件嵌套语句。

（6）利用括号使逻辑表达式或算术表达式的运算次序清晰直观。

（7）每个循环要有终止条件，不要出现死循环，也要避免不可能被执行的循环。

5. 输入输出语句要合理

（1）对输入数据加校验可以避免用户误输入。

（2）对重要的输入项组合的合法性加检查语句。

（3）提示输入的请求，并简明地说明可用的选择或边界数值。

（4）输入格式简单，并可在提示中加以说明或用表格方式提供输入位置，方便用户使用。

（5）尽量保持输入格式的一致性。

（6）使用数据输入结束标志。

（7）输出信息中不要有文字错误，要保证输出结果的正确性。

（8）输出报表的设计要符合用户要求，在因输出设备的条件有限而不能满足用户要求时，应提出可行的方案供用户选择，用户满意时再采用某种方案。

（9）给所有的输出数据加注标志。

6．程序效率满足用户需求

程序效率主要指处理机工作时间和内存容量这两方面的利用率，在符合前面各规则的前提下，提高效率也是必要的。

在目前计算机硬件设备运算速度大大提高、内存容量增加的情况下，提高效率不是主要的，程序设计主要应考虑的是程序的正确性、可理解性、可测试性和可维护性。

4.2 软件测试目标

软件分析、设计过程中难免存在各种各样的错误，需要通过测试查找错误，以保证软件的质量。软件测试（Software Testing）是由人工或计算机来执行或评价软件的过程，验证软件是否满足规定的需求或识别期望的结果和实际结果之间有无差别。

大量统计资料表明，软件测试工作量往往占软件开发总工作量的40%以上，在极端情况下，如测试有关人的生命安全的软件所花费的成本，可能会高达软件工程其他阶段总成本的3～5倍。软件测试首先要明确目标，然后要掌握测试方法策略，确实做到尽可能地将软件中存在的问题找出来，以保证软件质量。

G.J.Myers 在《软件测试技巧》一书中对测试提出以下规则，不妨可看做软件测试的目标。

（1）测试是为了发现程序中的错误而执行程序的过程。

（2）好的测试方案使测试很可能发现尚未发现的错误。

（3）成功的测试是发现了尚未发现的错误的测试。

如果认为测试是为了表明程序是正确的，那么从主观上就不是为了查找错误而进行测试，这样的测试是不大会发现错误的，因为测试者没有发现错误的愿望。

如果认为"成功的测试是没有发现错误的测试"，则很可能存在着没有发现的错误而自以为测试成功了，就像医生没有查出病人的病就自以为此人无病。

人类的活动具有高度的目的性，如果我们的目的是要证明程序中有错，就会选择一些容易发现程序错误的测试数据来进行测试。相反，如果目的是要证明程序无错，我们就会选择使程序不易出错的数据来进行测试。

如果医生检查确诊某人患有某种疾病，使病人能及时地对症治疗，我们会认为检查是成功的。同样，发现了软件中的错误，我们认为这样的测试是"成功"的。从心理学角度看，编写程序者在进行阶段测试以后，再进行综合测试时，若由编写者自测是不适当的，因为编写者主观上往往自认为没有问题了，通常由其他人员组成的测试小组来完成测试工作才能检查出问题。

总之，软件测试是指通过人工或计算机执行程序来有意识地发现程序中的设计错误和编码错误的过程。

4.3 软件测试方法

软件测试方法很多，按照测试过程是否执行程序来分，有静态分析与动态测试；按照测试数据的设计依据可分为黑盒法与白盒法。

4.3.1 静态分析与动态测试

1. 静态分析

静态分析不执行被测试软件，而是通过对需求分析说明书、软件设计说明书及源程序做结构检查、流程图分析、编码分析等来找出软件错误，这是十分有效的软件质量控制方法。

2. 动态测试

动态测试通过执行程序并分析程序来查错。

为了进行软件测试，需要预先准备好两种数据：输入数据和预期的输出结果。

把以发现错误为目标的用于软件测试的输入数据及与之对应的预期输出结果称为测试用例。怎样设计测试用例是动态测试的关键。一个设计良好的测试用例应具有较高的发现错误的概率。

如果想要以某种方法查出程序中所有的错误，就把所有可能的输入情况都作为测试情况来进行，这就是所谓的穷尽测试（Exhaustive Testing）。穷尽测试往往是做不到的，因为需要测试的次数太多。例如要测试"输入的三个数据能否组成三角形？"，用户在键盘上可以输入三个各种各样的数据，每一组任意组合的三个数据都是可能的输入，如1、2、3，3、4、5，1、1、1，12、13、14等，要用穷尽测试进行检查是绝对做不到的。

由于穷尽测试不可能做到，因此必须设法用有限次的测试获得最大的收益，用尽可能少的测试次数尽量多地找出程序中潜在的各个错误。

4.3.2 黑盒法与白盒法

设计测试用例时，尽可能以最少的测试用例集合找出更多的潜在错误。设计测试用例的方法可分为黑盒法和白盒法两类。这两类测试法测试用例的设计是不同的。下面分别介绍黑盒法和白盒法。

1. 黑盒法

黑盒法（Black Box Testing）又称为功能测试，其测试用例完全是根据程序的功能说明来设计的。在应用这种测试法时，测试者完全不考虑程序的内部结构和内部特性，把软件看成是一个黑盒，测试时仅仅关心如何寻找出可能使程序不按要求运行的情况，因而测试是在程序接口进行的。

黑盒法是最基本的测试法，主要测试软件能否满足功能要求，用于检查输入能否被正确地接收，软件能否正确地输出结果。

2. 白盒法

白盒法（White Box Testing）又称为结构测试，其测试用例是根据程序内部的逻辑结构和执行路径来设计的。用白盒法测试时，从检查程序的逻辑着手。

在进行软件测试时，常把黑盒法和白盒法结合起来进行，这也称为灰盒法。

4.4 软件测试步骤

一个大型软件系统通常由若干子系统构成，每个子系统又由若干个模块构成。一开始就对整个系统进行测试是行不通的。一般软件测试有以下几个步骤：模块测试、集成测试、程序审查会、人工运行、确认测试和平行运行等。

4.4.1 模块测试

模块测试也称为单元测试，其目的是集中检验软件设计的最小单元——模块，检查每个模块是否能独立、正确地运行。软件系统中，每个模块有单独的子功能，各个模块之间相互依赖关系较少，检查模块正确性的测试方案也较容易设计。在这个阶段所发现的错误往往是在编码和详细设计时产生的。通常，在编码阶段就进行模块测试。进行单元测试时，在正式测试之前必须先通过编译程序检查并且改正所有语法错误，然后用详细设计描述做指南，对重要的执行通路进行测试，以便发现模块内部的错误。单元测试常用白盒测试法，而且对多个模块的测试可以并行地进行。在单元测试期间，主要评价模块的下述 5 个特性：模块接口、局部数据结构、重要的执行通路、出错处理通路以及影响上述各方面特性的边界条件。

由于模块并不是独立的程序，因此在模块测试时要增加少量程序段，使模块能够接收数据，或输出一些数据来代替模块之间的接口。在模块连接后再将这些临时增加的程序段去掉。这些临时性程序段可称为测试模块，这需要增加软件成本，但也是必不可少的成本。测试模块主要有测试驱动程序（也称为驱动模块）和存根程序（也称为桩模块）两种。驱动程序相当于主程序，主要用来接收测试数据，调用被测试模块，输出测试结果。存根程序也称为"虚拟子程序"，使用被它代替的模块的接口，做最少量的数据操作，输出对入口的检验或操作结果，并把控制还给调用的模块，是被测试模块调用的模块。驱动程序和存根程序是模块测试中的主要成本开销，是必须编写的测试软件，但是在测试结束后，通常不把它交给用户。

4.4.2 集成测试

子系统的组装称为集成化。集成测试是测试和组装软件的系统化技术，在把模块按照设计要求组装起来的同时进行测试，主要目标是发现与接口有关的问题。集成测试分为子系统测试和系统测试两种。

子系统测试是把经过模块测试运行正确的模块放在一起形成子系统后再测试。这个步骤着重测试模块的接口，测试模块之间能否相互协调及通信时有没有问题。

系统测试就是把经过测试运行正确的子系统组装成完整的系统后再进行测试。系统测试是测试整个硬件和软件系统，验证系统是否满足规定的需求。这个阶段发现的问题往往是需求说明和软件系统设计时产生的错误。

由模块组装成程序时有两种测试方法。一种方法是先分别测试每个模块，再把所有模块按设计要求放在一起结合成所要的程序，这种方法称为非渐增式测试方法；另一种方法是把下一个要测试的模块同已经测试好的那些模块结合起来进行测试，测试完以后再把下一个应该测试的模块结合进来测试。这种每次增加一个模块的方法称为渐增式测试，这种方法实际上同时完成单元测试和集成测试。

渐增式集成测试所需要开发的测试软件要多一些，但可及时发现接口错误，已测试的软件在增加新模块时也受到测试，测试较为彻底。进行非渐增式集成测试时用于开发测试软件的开销要少一些，但发现问题后要找到产生问题的原因比较困难。因此，在进行集成测试时普遍使用渐增式测试方法。

有两种不同的渐增式集成策略：自顶向下集成和自底向上集成，下面对它们进行比较。

1. 自顶向下集成

从主控模块开始，把附属的模块组装到软件结构中去，可使用深度优先的策略，或使用宽度优先的策略。

在组装模块的同时进行测试，能在早期实现和验证系统主要功能，早期发现上层模块的接口错误，低层模块中的错误发现较晚，需要使用存根程序，不需要驱动程序。

在众多模块中我们分析出一种可称为关键模块的程序段，关键模块的设计质量对系统影响较大。例如，模块与多项软件需求有关，或含高层控制，或本身复杂容易发生错误，或有确定的性能需求。关键模块如果含有错误，可能会使软件功能与软件需求完全不符合，因此必须特别注重对关键模块的测试。

每当新的模块加进来时，系统发生了变化，有可能产生新的错误。重新执行已经做过测试的某个子集，以保证集成没有带来错误，称为回归测试。进行回归测试时测试用例应设计成能测试程序每个主要功能中的一类或多类错误，并着重测试关键模块。

2. 自底向上集成

从软件结构最底层的模块开始组装和测试。不需要存根程序，需要驱动程序。其优缺点与自顶向下集成刚好相反。

4.4.3 程序审查会和人工运行

1. 程序审查会

程序审查会成员通常由软件程序员和不参加设计的测试专家及调解员（当程序员与测试专家意见有分歧时从中进行调解、裁决）组成，开会之前先把程序清单和设计文档分发给审查小组成员。会议内容如下：

（1）程序员逐句讲述程序的逻辑结构，然后由大家提问研究，判断是否有错误存在。经验表明，程序员在对听众大声讲解程序时往往自己就发现了问题，这是相当有效的检测方法。

（2）审查会成员根据常见程序错误分析程序。为了确保会议的效率，应使参加者集中精力查找错误，而不是改正错误。会后再由程序员自己来改正错误。审查会的时间每次最好在 90～120 分钟之间，时间太长了会导致效率不高。

程序审查会的优点是一次审查会可以发现许多错误。而用计算机测试方法发现错误时，通常需要先改正这个错误才能继续测试，因此错误是一个个地被发现并改正的。

2. 人工运行

人工运行（Walkthroughs）也是阅读程序查错的一种方法，开会之前先分发程序和文档。人工运行小组的成员由编程人员及其他有丰富经验的程序员、其他项目的参加者等人员组成。

人工运行时，要求与会者模拟计算机运行程序，把各种测试情况沿着程序逻辑走一遍，通过向程序员询问程序的逻辑设计情况来发现错误。与会者应该评论程序，不要把错误看成由于程序员的弱点而造成的，而应看成是由于程序开发的困难而造成的。人工运行对与会者在程序设计风格、技巧方面的经验积累是很有益的。

4.4.4　确认测试

确认测试的目的是验证所有的软件需求是否均被正确实现。它是在软件开发过程结束时对软件进行评价，以确认它和软件需求分析阶段确定的指标是否一致。软件确认（Validation）测试也称为验收（Verification）测试，其目标是验证软件的有效性。

1．确认测试必须有用户积极参与或以用户为主进行

程序员经过反复测试检查不出问题后，在交付给用户使用之前，应该在用户的参与下进行验收测试。为了使用户能积极主动地参与确认测试，特别是为了让用户能有效地使用系统，通常在软件验收之前由开发部门对用户进行培训。

进行验收测试时主要使用实际数据进行系统运行，目的是验证系统能否满足用户的需求。这里常常会发现需求说明书中的一些错误。验收测试常使用黑盒法测试。验收测试若不能满足用户需要，需在与用户充分协商后，确定解决问题的方案，在修改软件后仍需再次进行验收测试。只有在验收测试通过后才能进入下一阶段的工作。

2．软件配置复审

确认测试的一个重要内容是复审软件配置。复审的目的是保证软件配置的所有成分都齐全，各方面的质量都符合要求，文档与程序一致，要编排好目录，有利于维护。

确认测试过程要严格遵循用户指南及其他操作程序，以便仔细检验用户手册的完整性和正确性。一旦发现遗漏或错误必须记录下来，并且进行补充或改正。

3．Alpha 测试和 Beta 测试

如果软件是为一个客户开发的，则由用户进行一系列验收测试，以便用户确认所有的需求都得到了满足。

如果一个软件是为许多客户开发的，则让每一个用户都进行正式的验收测试是不切实际的。大多数软件厂商使用 Alpha 测试和 Beta 测试的过程来发现往往只有最终用户才能发现的错误。

Alpha 测试由用户在开发者的场地、在开发者的指导下进行。开发者负责记录错误和运行中遇到的问题。

Beta 测试由软件的最终用户在客户场所进行。用户记录测试过程遇到的一切问题，并定期报告开发者。开发者对软件进行修改，准备发布最终产品。

4.4.5　平行运行

比较重要的软件需要一段试运行时间。此时新开发的系统与原先的旧系统（或手工操作）同时运行，这称为平行运行。平行运行时要及时比较系统的处理结果，这样做有以下3 个好处：

（1）让用户熟悉系统运行情况，并验证用户手册的文档的正确性。

（2）若发现问题及时对系统进行修改。

（3）对系统的性能指标进行全面测试，以保证系统的质量。

G.M.Weinberg 在《计算机程序设计心理学》（*The Psychology of Computer Programming*）一书中提出了读程序的必要性，20 世纪 70 年代以后，人们不仅在机器上测试程序，而且还进行人工测试，即用程序审查会（Program Inspections）和人工运行（Walkthroughs）的方法查找错误。实践证明，这两种基本的人工测试方法相当有效。对逻辑设计和编码错误，上述方法能有效地发现其中 30%～70%的错误，有的程序审查会能查出程序中 80%的错误。

以上介绍的测试步骤，可根据系统的规模大小、复杂程度来适当选用。一般先进行模块测试再进行集成测试。对规模较小的系统，子系统测试可与系统测试合并；人工运行可在模块测试及系统测试过程中进行。对于任何系统来说，验收测试是必不可少的。对于较大的系统，应召开程序审查会；对于重要的软件系统应采用平行运行，以免软件的错误造成不良后果。

4.5 设计软件测试方案

测试阶段最关键的技术问题是设计测试方案。测试方案包括要测试的功能，准备输入的数据及其对应的预期输出结果。

不同的测试数据在发现程序错误上起的作用差别很大。前面介绍过的，不可能进行穷尽测试，因而要选用少量高效的测试数据，尽可能完善地进行测试。

本节介绍适用于黑盒法测试的等价类划分法、边界值分析法、错误推测法及适用于白盒法测试的逻辑覆盖法、因果图法。通常先用黑盒法设计基本测试方案，再用白盒法补充。

4.5.1 等价类划分法

1. 方法

等价类划分法（Equivalence Partitioning）是黑盒法设计测试方案的一种。它把所有可能的输入数据划分成若干个等价类，每类中的一个典型值在测试中的作用与这一类中所有其他值的作用相同，因此在每个等价类中只用一组数据作为代表进行测试来发现程序中的错误。如果一个等价类中的数据是有效的，则称这个等价类是有效等价类；反之，就称为无效等价类。

2. 等价类划分法步骤

（1）研究程序的功能说明，以确定输入数据是有效等价类还是无效等价类。

（2）分析输出数据的等价类，以便根据输出数据的等价类导出相应的输入数据等价类。

3. 等价类划分的规则

（1）如果输入数据有规定的范围，则范围内的数据为一个有效等价类，小于最小值或大于最大值分别为两个无效等价类。

（2）如果输入数据有规定的个数，则符合规定个数是一个有效等价类，不输入数据或输入超出规定个数是两个无效等价类。

（3）如果输入数据有一个规定的集合，而且程序对不同的输入数据有不同的处理，则集合中的元素是一个有效等价类，集合外的元素是一个无效等价类。

（4）如果输入数据有一定的规则，则符合规则的数据组成一个有效等价类，各种不符合规则的数据组成不同的无效等价类。

4.5.2 边界值分析法

实践表明，处理边界情况时程序最易发生错误。这里所说的边界是指输入与输出等价类直接在边界值上及稍大于边界值和稍小于边界值的数据。

边界值分析法（Boundary Value Analysis）与等价类划分的区别为边界值分析要把等价类的每个边界都作为测试数据，而等价类划分法只需在每一个等价类中任选一个作为代表进行测试。

通常在设计测试方案时总是联合使用等价类划分和边界值分析这两种技术。

（1）如果输入值有规定范围，则测试这个范围内，以及两个边界情况和刚刚超出范围的两个无效情况。例如，输入值范围是[1，2]，应测试 0.99、1、1.01、1.99、2、2.01 这几个输入数据的执行情况。

（2）如果输入数据有规定的个数，分别对最多个数、最少个数、稍大于最多个数和稍小于最少个数的情况进行测试。例如，某旅馆管理系统中对每个客房住宿情况进行管理。某房间有 3 个床位，那么这个房间可以住 1～3 人。对在这个房间没有人住、有 1 个人住、有 3 个人住时，有人想住这个房间，系统能否正确处理，都应进行测试。

（3）在输入值有一定规则或有规定的集合时，要多动脑筋，找出各种边界条件，对它们进行测试，尽量不要遗漏对可能产生错误的情况进行测试。

（4）对输出数据等价类的边界情况，要分析出与其对应的输入数据，对它们也应进行测试。边界值分析看起来很简单，若能正确地掌握这种分析法，往往会是最有效的测试方法之一。

4.5.3 错误推测法

错误推测法主要是通过列出某些容易发生错误的特殊情况来选择测试方案。错误推测法主要靠直觉和经验进行。等价类划分法和边界值分析法都只孤立地考虑单个数据输入后的测试效果，而没有考虑多个数据输入时不同的组合所产生的后果，有时可能会遗漏容易出错的输入数据的组合情况。有效的办法是用判定表或判定树把输入数据各种组合与对应的处理结果列出来进行测试。

还可以把人工检查代码与计算机测试结合起来，特别是几个模块共享数据时，应检查在一个模块中改变共享数据时，其他共享这些数据的模块是否能正确处理。

4.5.4 逻辑覆盖法

白盒法根据程序逻辑结构进行测试，逻辑覆盖法（Logic Coverage Testing）是一系列测试过程的总称，这些测试是逐渐地、越来越完整地进行通路测试。要想穷尽路径测试往往做不到，但是尽可能选择最有代表性的通路，尽量完整地进行各种通路测试是可以做到的。从覆盖程序的详细程度来考虑，逻辑覆盖有以下几种不同的测试过程。

- 语句覆盖：选择足够多的测试数据，使被测的程序中每条语句至少执行一次。
- 判定覆盖（又叫分支覆盖）：不仅每条语句都必须至少执行一次，而且每个判定的可能结果都至少执行一次，即每个分支都至少执行一次。
- 条件覆盖：不仅每条语句都至少执行一次，而且使每个判定表达式中的每个条件都取到各种可能的结果，从而可测试比较复杂的路径。
- 判定/条件覆盖：判定/条件覆盖要求选取足够多的测试数据，使每个判定表达式都取到各种可能的结果，并使每个判定表达式中的每个条件都取到各种可能的值。
- 条件组合覆盖：条件组合覆盖要求选取更多的测试数据，使每个判定表达式中条件的各种可能组合都至少出现一次，从而达到更强的逻辑覆盖标准。
- 点覆盖：把程序流程图中每个符号看成一个点，将原来连接不同处理符号的箭头改为连接不同点的有向弧，就可得到一个有向图，称为程序图。点覆盖测试要求选取足够多的数据，使得程序执行时至少经过程序图中的每个点一次。显然，点覆盖和语句覆盖的要求是相同的。
- 边覆盖：边覆盖要求选取足够多的测试数据，使程序执行路径至少经过程序图中的每条边一次。
- 基本路径覆盖：基本路径覆盖要求选取足够多的测试数据，使程序的每条可能执行路径都至少执行一次。

【例4.1】对以下用PDL表示的程序进行测试。

```
Begin
    IF  (A=3)  OR  (B>1)  Then   X:=A*B Endif
    IF  (A>2)  AND  (B=0)  Then  X:=A-3 Endif
End
```

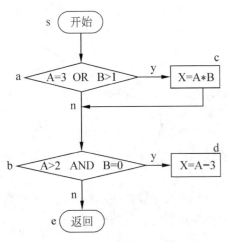

图4.1 例4.1的程序流程图

先画出程序流程图，如图4.1所示。再按不同逻辑覆盖法设计测试数据。

（1）语句覆盖。

测试数据为 A=3，B=0 时，执行路径 sacbde，所有语句都执行一次。

（2）判定覆盖。

可用两组测试数组，当测试数据为A=3，B=0时执行路径为sacbde；当测试数据为A=2，B=0时执行路径为 sabe。

这样分支 a→c、a→b、b→d 及b→e 都执行了一次，符合判定覆盖要求，也符合语句覆盖条件，但其中 B>1 的条件没有满足过。

（3）条件覆盖。

要求每个判定表达式中每个条件都取到不同可能情况，一般来讲要比判定覆盖强，但有时会不如判定覆盖所经过的路径多，如本题条件为 A=3 或 A≠3，B>1 或 B≤1，A>2 或 A≤2，B=0 或 B≠0。

当测试数据为 A=2，B=2 时（A≠3，B>1，A≤2，B≠0），执行路径为 sacbe。

当测试数据为A=3，B=0时（A=3，B≤1，A>2，B=0），执行路径为sacbde。

这里a→b这条路径未走，比判定覆盖少走了一条路径。

（4）判定/条件覆盖。

从例4.1中看出判定覆盖不一定包含条件覆盖，条件覆盖不一定包含判定覆盖。判定/条件覆盖选取足够多的测试数据，使每个判定表达式都取到各种可能的结果，并使每个判定表达式中的每个条件都取到各种可能的值。这样一来，既做到判定覆盖，也做到条件覆盖。

如例4.1可取测试数据为A=3，B=0（A=3，B≤1，A>2，B=0），执行路径为sacbde；A=2，B=0（A≠3，B≤1，A≤2，B=0），执行路径为sabe；A=2，B=2（A≠3，B>1，A≤2，B≠0），执行路径为sacbe。

此时判定覆盖和条件覆盖都满足了，从而语句覆盖肯定也是满足的。

如果满足条件覆盖标准时，各种判定情况也都包含了，那么也就符合判定/条件覆盖条件。

（5）条件组合覆盖。

条件组合覆盖如表4.1所示。

表4.1 例4.1测试数据的条件组合及对应的执行路径

序　号	条件组合	执行路径	序　号	条件组合	执行路径
1	A>3，B<0	sabe	7	2<A<3，B<0	sabe
2	A>3，B=0	sabde	8	2<A<3，B=0	sabde
3	A>3，0<B≤1	sabe	9	2<A<3，0<B≤1	sabe
4	A>3，B>1	sacbe	10	2<A<3，B>1	sacbe
5	A=3，B≠0	sacbe	11	A≤2，B≤1	sabe
6	A=3，B=0	sacbde	12	A≤2，B>1	sacbe

显然，满足条件组合覆盖要求的测试数据，也一定满足判定覆盖、条件覆盖和判定/条件覆盖的要求。可见，条件组合覆盖是前面介绍的几种覆盖中最强的逻辑覆盖。在满足条件组合覆盖要求的测试进行后，仍需检查一下执行路径，看看是否遗漏测试路径。

测试数据可以检测的程序路径的多少也是对程序测试是否详尽的反应。为了分析对程序路径的覆盖程度，可提出下列逻辑覆盖要求。

（6）点覆盖。

把图4.1中程序流程图的每个符号看成一个点，将原来连接不同处理符号的箭头改为连接不同点的有向弧，就可得到程序图，如图4.2所示。点覆盖测试要求选取足够多的数据，使得程序执行时至少经过程序图中的每个点一次。如本题选A=3，B=0即可。显然，点覆盖和语句覆盖的要求是相同的。

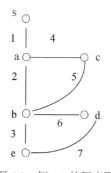

图4.2 例4.1的程序图

（7）边覆盖。

选取测试数据为：

① A=3，B=0：执行路径为1-4-5-6-7。

② A=2，B=-1：执行路径为 1-2-3。

或选取测试数据为：

① A=3，B=2：执行路径为 1-4-5-3。

② A=4，B=0：执行路径为 1-2-6-7。

可使程序执行路径至少经过图 4.2 中程序图的每条边一次。

（8）基本路径覆盖。

图 4.2 中可能执行的路径有 4 条：1-2-3，1-2-6-7，1-4-5-3，1-4-5-6-7。为了做到路径覆盖，需设计 4 组测试数据。

例如：

① A=1，B=1（执行路径为 1-2-3）；

② A=4，B=0（执行路径为 1-2-6-7）；

③ A=1，B=2（执行路径为 1-4-5-3）；

④ A=3，B=0（执行路径为 1-4-5-6-7）。

路径覆盖是相当强的逻辑覆盖测试标准，用这个标准测试程序可保证程序中每条可能的路径都至少执行一次，因而测试数据有代表性，检错能力较强。但路径覆盖只考虑每个判定表达式的取值，并不考虑表达式中各种可能的组合情况。

基本路径覆盖测试技术设计测试用例的步骤如下：

① 根据过程设计结果画出程序图。

② 计算程序图的环形复杂度（4.5.5 节介绍）。

③ 确定线性独立路径的基本集合。

④ 设计可强行执行基本集合中每条路径的测试用例。

⑤ 执行每个测试用例，并把实际输出结果与预期结果相比较。

若把基本路径覆盖和条件组合覆盖相结合，可以设计出更加完善的测试方案。

4.5.5 程序环形复杂度的度量

对于详细设计阶段设计出的模块质量，不仅可以用前面介绍的基本原理进行衡量，而且可以用比较可行的定量度量的方法进行。目前许多定量度量软件的方法还处在研究之中，本节介绍比较成熟的、使用比较广泛的 McCabe 方法。

McCabe 方法根据程序控制流的复杂程度，定量度量程序复杂程度。首先画出程序图，然后计算程序的环形复杂度。由于程序的环形复杂度决定了程序的独立路径个数，因而在进行路径测试前，可以先计算程序的环形复杂度。

1. 程序图

McCabe 方法首先画出程序图（也称流图）。这是一种简化了的流程图，把程序流程图（如图 4.3 所示）中每个框都画成一个圆圈并将流程图中连接不同框的箭头变成程序图中的有向弧，这样得到的有向图称为程序图，如图 4.4 所示。

程序图仅描述程序内部的控制流程，完全不表现对数据的具体操作及分支或循环的具体条件。

2. 程序环形复杂度

用 McCabe 方法度量得出的结果称为程序的环形复杂度。程序环形复杂度的计算方法有三种。

（1）程序的环形复杂度计算公式为

$$V(G)=m-n+2$$

其中，m 是程序图 G 中的弧数；n 是有向图 G 中的节点数。

（2）如果 P 是程序图中判定节点的个数，则

$$V(G)=P+1$$

源代码中 IF 语句及 While、For 或 Repeat 循环语句的判定节点数为 1，而 Case 型等多分支语句的判定节点数等于可能的分支数减去 1。

（3）环形复杂度等于强连通的程序图中线性无关的有向环的个数。

根据图论，在一个强连通的有向图中，线性无关环的个数按下式计算：

$$V(G)=m-n+1$$

其中，V(G) 是强连通的有向图 G 中的环数；m 是有向图 G 中的弧数；n 是有向图 G 中的节点数。

所谓强连通图是指从图中任一节点出发都可以到达所有其他节点。通常称程序图中开始点后面的节点为入口点，称停止点前面的节点为出口点。程序图通常不是强连通的，从靠近出口的节点往往不能到达较高的节点。如果从出口点到入口点画一条虚弧，则程序图必然成为强连通的，其理由如下：

① 从入口点总能到达图中任何一点。

② 从图中任何一点总能到达出口点。

③ 经过从出口点到入口点的弧，可以从出口点到达入口点。

由于要从程序图构成线性无关有向环，需要添加一条虚弧，所以实际计算环形复杂度的计算公式为

$$V(G)=m-n+2$$

其中，V(G) 是强连通的有向图 G 中的环数；m 是有向图 G 中的弧数；n 是有向图 G 中的节点数。

V(G) 越大，说明该程序越复杂。McCabe 研究了大量程序后发现，V(G) 越大程序越容易出错，测试难，维护也难。实践证明，模块规模以 V(G)≤10 为宜。

【例 4.2】计算程序环形复杂度。

现有对计算机应用能力考试成绩进行统计的程序。连续输入考试成绩，最后以输入 0 分或负分为结束。规定成绩在 60 分以下的属于不及格、60 分以上的属于及格、80 分以上的属于优秀。该程序统计并分别输出成绩不及格、及格、优秀的人数及总人数。先画出本例的程序流程图（如图 4.3 所示），再画出对应的程序图，如图 4.4 所示。计算此程序的环形复杂度。

方法 1：图 4.4 中，实线弧数为 14，节点数为 12。因此，环形复杂度为

$$V(G)=14-12+2=4$$

方法 2：图 4.4 中，判定节点的个数为 3，环形复杂度为

$$V(G)=3+1=4$$

方法 3：先画出该题的程序流程图，如图 4.3 所示。得出程序图，如图 4.4 所示。图 4.4

中增加了一条从出口点到入口点的虚线有向弧。可见，图中有 4 个线性无关的有向环 R1、R2、R3、R4，因此环形复杂度为 4。

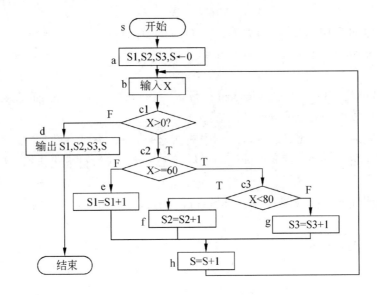

图 4.3　例 4.2 的程序流程图

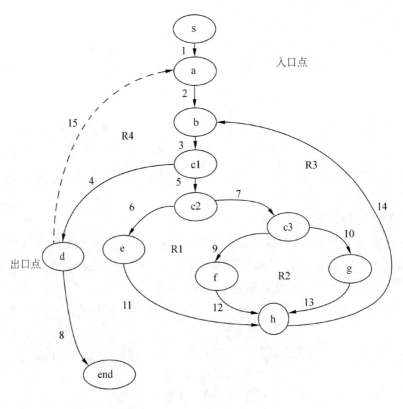

图 4.4　例 4.2 对应的程序图

由此可见，利用三种环形复杂度计算公式得到的计算结果相同。

4.5.6 因果图法

等价类划分法和边界值分析法的测试用例还不能检查组合输入条件可能引起的软件错误。因果图法可弥补这个不足。

因果图测试用例设计步骤如下：

（1）将规格说明中的输入作为因，输出作为果。

（2）画出因果图。

（3）标出因果图的约束条件。

（4）把因果图转化为判定表。

（5）在判定表的每一列设计一个测试用例。

因果图中原因和结果分别写在一个圆圈中。通常，左部的圆中写原因，右部的圆中写结果，中间以直线连接，连接线上再加符号表示因与果的不同关系。如图 4.5 所示因果图基本符号，其中 c1、c2、c3 表示原因，e1 表示结果，有以下 4 种逻辑关系。

- 恒等：若 c1 是 1，则 e1 也是 1，否则 e1 为 0。
- 非：若 c1 是 1，则 e1 是 0，否则 e1 为 1。
- 或：若 c1 或 c2 或 c3 是 1，则 e1 是 1，否则 e1 为 0。
- 与：若 c1 和 c2 都是 1，则 e1 是 1，否则 e1 为 0。

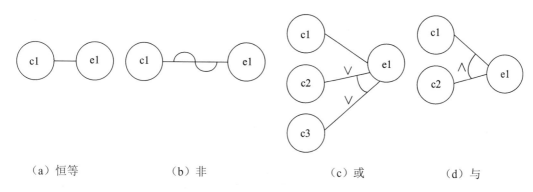

（a）恒等　　　　　　（b）非　　　　　　　（c）或　　　　　　（d）与

图 4.5　因果图的基本符号

在实际问题中，输入条件相互之间可能存在某些依赖关系，称为"约束"。输出条件之间往往也存在约束。

输入条件的约束有以下几种。

- 异约束（E）：a 和 b 只有一个可能为 1，不能同时为 1。
- 或约束（I）：a、b、c 中至少有一个必须为 1，a、b、c 不能同时为 0。
- 唯一约束（O）：a、b 中必须有一个为 1，且只有一个为 1。
- 要求约束（R）：a 是 1 时，b 必须是 1，不可能为 0。
- 输出条件的约束是强制约束（M）：若结果 a 是 1，则结果 b 强制为 0。

因果图中，以特定的符号标明这些约束。因果图约束符号如图 4.6 所示。

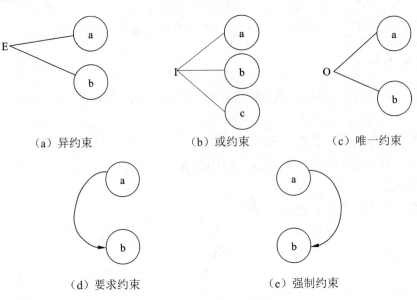

（a）异约束　　　　　　（b）或约束　　　　　　（c）唯一约束

（d）要求约束　　　　　　　　（e）强制约束

图 4.6　因果图约束符号

【例 4.3】用因果图法设计测试用例。

某规格说明规定：输入的第一列字符必须是 A 或 B，第二列字符必须是一个数字。第一、二列都满足条件时执行操作 H；如果第一列字符不正确，则给出信息 L；如果第二列字符不正确，则给出信息 R。根据上述要求画出因果图，并设计测试用例。

（1）分析因果。

① 列出原因并编号。

条件原因 1：第一列字符是 A。

条件原因 2：第一列字符是 B。

条件原因 3：第二列字符是一数字。

由于原因 1 和原因 2 不可能同时成立，可用 E 约束或 O 约束。

② 列出结果并编号。

结果 21：执行操作 H。

结果 22：给出信息 L。

结果 23：给出信息 R。

如果第一列符合条件，还应检查第二列是否正确。这里将第一列正确的情况编号为 11，作为中间结果。

（2）画出因果图，如图 4.7 所示。

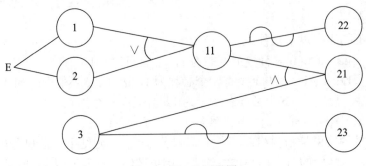

图 4.7　例 4.3 因果图

（3）根据因果图建立判定表，如表 4.2 所示。

表 4.2　例 4.3 判定表

组合条件		1	2	3	4	5	6	7	8
条件原因	1	1	1	1	1	0	0	0	0
	2	1	1	0	0	1	1	0	0
	3	1	0	1	0	1	0	1	0
	11			1	1	1	1	0	0
结果	22			0	0	0	0	1	0
	21			1	0	1	0	0	0
	23			0	1	0	1	0	1
测试用例				A5	A?	B2	BN	C1	DA
				A3	AC	B7	B!	F6	PE

在表 4.2 中，用 1 表示条件成立，用 0 表示条件不成立。

条件原因 1 为第一列字符是 A；条件原因 2 为第一列字符是 B；条件原因 3 为第二列字符是数字；条件原因 11 为第一列是 A 或 B。

结果 22，给出信息 L；结果 21，执行操作 H；结果 23，给出信息 R。

判定表中原因 1 和原因 2 不可能同时成立，因而无须测试。表的下方列出针对可能出现的 6 种情况而设计的测试用例：A5、A?、B2、BN、C1、DA 或 A3、AC、B7、B!、F6、PE。

请注意，这是软件工程中判定表的第二个用法。判定表的第一个用法见 3.5.4 节。

4.5.7　用基本路径覆盖法设计测试用例

基本路径覆盖测试是 Tom McCabe 提出的一种白盒测试技术。使用这种技术设计测试用例时，首先计算程序的环形复杂度，然后以此复杂度为指南，定义执行路径的基本集合。从该基本集合导出的测试用例，可以保证程序中的每条语句至少执行一次，而且每个条件在执行时都将分别取 true（真）和 false（假）值。

下面以一个用 PDL 描述的过程 average 为例，说明如何画出程序图、计算环形复杂度、确定线性独立路径的基本集合、最后设计可强制执行基本集合中每条路径的测试用例。该题的算法虽然很简单，但其中包含了复合条件与循环。

【例 4.4】用基本路径覆盖法设计测试用例。

下面这个过程用来计算不超过 100 个在规定值域内的有效数字的平均值，同时计算有效数字的总和及个数。用基本路径覆盖法为该过程设计测试用例的步骤如下：

```
PROCEDURE average;
    INTERFACE RETURNS  average,total.Input,total.valid;
    INTERFACE ACCEPTS  value,minimum,maximum;
    TYPE  value〔1...100〕IS SCALAR ARRAY;
    TYPE average,total.input,total.valid;
    Minimum,maximum,sum IS SCALAR;
    TYPE i IS INTEGER;
    1: i=1;
```

```
   total.input=total.valid=0;
   sum=0;
2:DO WHILE value(i)<>-999
3:AND total.input<100
4:increment  total.input by 1;
5:IF value(i)>=minimum
6:AND value(i)<=maximum
7:THEN increment total valid by 1;
   sum=sum+value(i);
8:ENDIF
   increment i by 1;
9:ENDDO
10:IF total valid>0
11:THEN average=sum/total valid;
12:ELSE average=-999;
13:ENDIF
END average
```

1. 根据过程设计结果，画出相应的程序图

为了正确地画出程序图，把映射为程序图节点的 PDL 语句都编了号。由此可画出程序图，如图 4.8 所示。

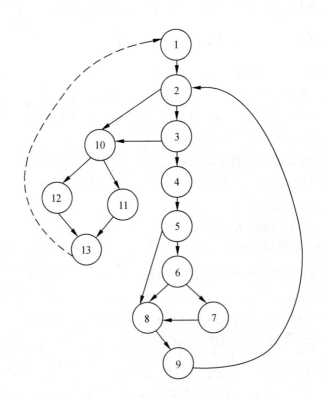

图 4.8　求平均值过程的程序图

2．计算程序图的环形复杂度

用环形复杂度来定量度量程序的逻辑复杂性。有了描绘程序控制流的程序图之后，可以用下述三种方法之一来计算环形复杂度。

$$V(G)=17（边数）-13（节点数）+2=6$$
$$V(G)=5（判定节点数）+1=6$$
$$V(G)=6（有向环数）$$

3．确定线性独立路径的基本集合

使用基本路径覆盖测试法设计测试用例时，程序的环形复杂度决定了程序中独立路径的数量，而且这个数是确保程序中所有语句至少被执行一次所需的测试数量的上界。

对于图 4.8 所描述的求平均值过程来说，由于环形复杂度为 6，因此共有 6 条独立路径。下面列出这 6 条独立路径。

路径 1：1-2-10-11-13
路径 2：1-2-10-12-13
路径 3：1-2-3-10-11-13
路径 4：1-2-3-4-5-8-9-2…
路径 5：1-2-3-4-5-6-8-9-2…
路径 6：1-2-3-4-5-6-7-8-9-2…

注意，每条独立路径引入一条新的边，路径 4、5、6 后面的省略号（…）表示可以在后面连接通过控制结构其余部分的任意路径（如 10-11-13）。

通常在导出测试用例时，识别程序图中的判定节点是很有必要的。本例中节点 2、3、5、6 和 10 是判定节点。

4．设计可强制执行基本集合中每条路径的测试用例

在选取测试数据时，应该使每条测试路径都适当地设置好各个判定节点的条件。可以设计上述基本集合的测试用例如下：

1）路径 1 的测试用例

value [i] = −999，其中 2≤i≤100
value [k] = 有效输入值，其中 k< i

预期的执行结果：基于 k 的输入数据的正确平均值、总和及个数。

注意，路径 1 无法独立测试，必须作为路径 4、5 和 6 的一部分来测试。

2）路径 2 的测试用例

value [1] = −999

预期的测试结果：average = −999，其他都保持初始值。

3）路径 3 的测试用例

试图处理 101 个或者更多个值。前 100 个数值应该是有效输入值。

预期测试结果：与测试用例 1 相同。

注意，路径 3 也无法独立测试，必须作为路径 4、5 和 6 的一部分来测试。

4）路径 4 的测试用例

value[i]=有效输入值，其中 i<100
value[k]<minimum，其中 k<i

预期的测试结果：基于 k 的输入数据的正确平均值、总和及个数。

5）路径 5 的测试用例

$$value [i]=有效输入值，其中 i<100$$

$$value [k]>maximum，其中 k<I$$

预期的测试结果：基于 k 的输入数据的正确平均值、总和及个数。

6）路径 6 的测试用例

$$value [i]=有效输入值，其中 i<100$$

预期的测试结果：输入数据的正确平均值、总和及个数。

在测试过程中，执行每个测试用例并把实际输出结果与预期结果相比较。一旦执行完所有测试用例，就可以确保程序中所有语句都至少被执行了一次，而且每个条件都分别取过 true 值和 false 值。

应该注意，某些独立路径不能以独立的方式测试，如本例中的路径 1 和路径 3。程序的正常流程，不能形成独立执行该路径所需的数据组合。例如，为了执行本例中的路径 1，需要满足条件 total.valid>0。在这种情况下，这些路径必须作为另一个路径的一部分来进行测试。

4.6 软件测试原则和策略

本节介绍进行软件测试时的一些测试原则和实用测试策略。

4.6.1 软件测试原则

进行软件测试时，人们的心理因素很重要。下面确定一些测试原则（Testing Principles），将一些容易被人们忽视的、实际上又是显而易见的问题作为原则来加以重视。

（1）最好不要由设计、编写某个软件的部门来测试该软件系统，但在发现错误之后，要找出错误的根源并纠正它（"排错"）时，则应由程序的作者来进行。

（2）测试用例既要有输入数据，又要有对应的预期结果。如果得到的输出结果与预期的正确结果不一致，就可断定程序中有错误。如果没有对照的结果，人们会下意识地认为只要结果出来，程序就通过了。

（3）不仅要选用合理的输入数据，还应选用不合理的输入数据作为测试用例。这样才可测试出程序排错能力。

（4）除了检查程序是否做了应做的工作外，还应检查程序是否做了它不应做的工作。程序做了不应做的工作仍然是一个大错。

（5）穷尽测试不可能，要精心设计测试方案，尽量把软件中的错误测试出来。测试只能证明程序中有错误，不能证明程序中没有错误。

（6）Pareto 原理：测试发现的错误中 80%很可能是由程序中 20%的模块造成的。因而，对于已经发现错误越多的模块，并不能肯定其中尚未发现的错误就越少。

（7）在软件需求分析阶段就应制订测试计划。

（8）应长期保存所有的测试用例，直至该程序被废弃。

测试用例对以后的使用有参考价值,当程序改错或改进后,可以检查一下原先能正确运行的部分现在是否有错,若出错,说明修改不当。

4.6.2 实用测试策略

前面介绍了几种基本测试方法,不同方法各有所长。在对软件系统进行测试时,应联合使用各种测试方法进行综合测试。通常用黑盒法设计基本测试方案,再用白盒法进行补充。

具体测试策略如下:

(1)用因果图法检查规范。

(2)使用边界值分析方法。既包括输入数据的边界情况,又包括输出数据的边界情况。

(3)用等价类划分法补充测试方案。

(4)必要时用错误推断法补充测试方案。

(5)用逻辑覆盖法检查现有测试方案,若没有达到逻辑覆盖标准,再补充一些测试方案。

软件测试是十分繁重的工作。以尽量低的成本查找到尽量多的错误是设计测试方案应追求的目标。

4.7 软件调试、验证与确认

软件实现阶段往往要经过测试、调试、验证和确认才能交付给用户。

4.7.1 软件调试

软件调试往往在软件测试后进行。软件调试是查找、分析和纠正程序中错误的过程。

软件调试可将软件测试和纠错结合起来。第一步是进行软件测试,找出错误所在的"面",发现哪个模块、哪段程序有错;第二步是纠错,要确定错误发生的"点",确定错误的确切位置和发生错误的原因并改正错误。

纠错主要靠分析与错误有关的信息来进行。可对已查出的错误,先列出所有可能的错误原因,利用测试数据排除一些原因,然后证明、确定错误原因。也可把错误情况收集起来,分析它们之间的相互关系,找出其中的规律,以便找出错误原因。如果没有找到错误的原因,调试人员可以猜想一个原因,然后验证这个假设,反复进行此过程直到找到原因。纠错时也可采用一些自动纠错工具作为辅助手段。

常用软件调试辅助方法如下:

(1)对计算机工作过程进行模仿或跟踪,记录中间结果,发现错误立即纠正。

(2)设置打印语句。在程序中设置打印语句,可打印某些标记或变量值以确定错误的位置。

① 在调用其他模块或函数之前、之后打印信息,以便确定错误发生在调用之前还是之后。

② 在程序循环体内的第一个语句设置打印信息用以检查循环执行情况。

③ 在分支点之前打印标记或变量的当前值。

④ 抽点打印，在程序员认为必要的地方设置打印语句。

（3）逐层分块调试。软件调试可先调试底层小模块再调试上层模块，最后调试整个程序。

（4）对分查找调试。如果已知程序内若干个关键部位的某些变量的正确值，则可在程序的中点附近用赋值语句或输入语句对这些变量给以正确值，然后检查程序的输出结果。如果输出结果正确，则可认为程序的后半段无错，接着到程序前半段查找错误，否则应在程序的后半段查错。反复使用此法，缩小查找范围直到找出错误位置。

（5）回溯法。回溯法是常用的调试方法，调试小程序时这种方法很有效。具体做法是从发现问题的地方开始，人工沿程序的控制流往回追踪源程序代码，直到找出错误原因为止。但是，当程序规模扩大后，应该回溯的路径数目变大，回溯就变得不可能了。

调试不仅修改了软件产品，还改进了软件过程；不仅排除了现有程序中的错误，还避免了今后程序中可能出现的错误。

4.7.2　软件验证

为了保证软件质量，在软件开发的整个过程中要坚持遵守软件开发的规范，自始至终重视保证软件质量的问题。在软件生命期每一阶段结束时都要进行复审，在软件测试的每一阶段都要对软件进行验证。

软件的测试可以发现程序中的错误，但不能证明程序中没有错误，即不能证明程序的正确性。因而要保证软件的可靠性，测试技术是一种重要的技术，但也是一种不完善的技术。如果能研制一种行之有效的程序正确性证明技术，那么软件测试的工作量将显著地减少。

软件验证是确定软件开发周期中一个给定阶段的产品是否达到需求的过程。软件验证的方法如下：

（1）断定软件操作正确。

（2）指示软件操作错误。

（3）指示软件执行时产生错误的原因。

（4）把源程序和软件配置的其他成分自动输入系统。

在软件测试（模块测试，集成测试）阶段，软件开发人员用尽可能少的测试数据，尽可能多地发现程序中的错误。软件验证要进行评审、审查、测试、检查、审计等活动，或对某些项、处理、服务或文件等是否和规定的需求相一致进行判断并提出报告。

4.7.3　软件确认

软件确认是指在软件开发过程结束时，对所开发的软件进行评价，以确定它是否和软件需求相一致的过程。在时间允许的条件下，用尽量多的测试方法对软件进行测试。在软件开发人员自认为软件能保证质量时可进行软件确认。

软件确认的方法如下：

（1）软件确认工作应在用户直接参与下，在最终用户环境中进行软件的强度测试，即在事先规定的时期内运行软件的全部功能，考查软件运行有无严重错误。系统功能和性能满足需求说明书中的全部要求，得到用户认可。

（2）完成测试计划中的所有要求，分析测试结果，并书写测试分析报告和开发总结。

（3）按用户手册和操作手册进行软件实际运行，验证软件的实用性和有效性并修正所发现的错误。

软件确认结束时应完成的文档有：

- 测试分析报告；
- 经修改并确认的用户手册和操作手册；
- 软件开发总结。

软件确认工作最好由未参加设计或实现该软件的人员来进行，并有用户及领导人士参加。为了使用户能有效地操作软件系统，通常由开发部门对用户进行操作培训，以便使用户积极地参加确认工作。

软件确认必须从用户的立场出发，对测试结果进行评审，看软件是否确实满足用户需要。还要评审软件配置，这是软件生命周期中维护阶段的主要依据。要确保软件配置齐全、正确、符合要求。软件确认评审通过，意味着软件产品可以移交。

4.8 软件测试文档

计算机软件测试文件编制规范 GB 8567.88 规定了有关测试的文件有测试计划、测试说明和测试报告。每个软件项目可以根据需要选择文件的种类。测试计划和测试说明在需求分析阶段制订，在软件设计阶段进一步完善，测试报告在软件实现阶段完成。

1．软件测试计划

软件测试计划描述测试活动的范围、方法、资源和进度。它规定被测试的项、特性、应完成的测试任务、承担各项工作的人员职责及与本计划有关的风险等。

每项测试活动包括：

（1）测试内容。

（2）进度安排。

（3）设计考虑。

（4）测试数据的整理方法及评价准则等。

2．测试说明文件

测试说明文件包括：

（1）测试设计说明。每项测试的控制、输入、输出、过程、评价准则、范围、数据整理、评价尺度等。

（2）测试用例说明。输入值及对应的输出结果，在使用具体测试用例时对测试规程的限制。

（3）测试规程说明。规定对于系统和执行指定的测试用例来实现测试设计所要求的所有步骤。

3．软件测试分析报告

测试分析报告内容包括：

（1）测试项传递报告。测试项的位置、状态等。

（2）测试日志。记录测试执行过程发生的情况，如活动和事件的条目、描述。

（3）测试事件报告。测试执行期间发生的一切事件的描述和影响。

（4）测试总结报告。总结与测试设计说明有关的测试活动、差异、测试充分性、结果概述、评价、活动总结、批准者等。

小　结

在设计应用软件时，应优先选用高级程序设计语言，只有三种情况选用汇编语言。

结构化程序设计将顺序、选择和重复三种基本控制结构进行组合和嵌套，以容易理解的形式和避免使用 GOTO 语句等原则进行程序设计。

结构化程序设计使软件易于理解、易于修改，便于重复使用。

软件设计的风格直接影响软件的质量，从而影响软件的可维护性和可移植性。

软件编码阶段应对源程序进行静态分析和模块测试，以保证程序的正确性。

软件测试是由人工或计算机来执行或评价系统的过程，用于验证软件是否满足规定的需求。

测试的根本任务是发现软件中的错误。

测试过程的早期使用白盒法，后期使用黑盒法。

设计测试方案的基本目标是选用尽可能少的高效测试数据，从而尽可能多地发现软件中的错误。

具体测试策略如下：

（1）用因果图法检查规范。

（2）使用边界值分析方法。既包括输入数据的边界情况，又包括输出数据的边界情况。

（3）用等价类划分法补充测试方案。

（4）必要时用错误推断法补充测试方案。

（5）用逻辑覆盖法检查现有测试方案，若没有达到逻辑覆盖标准，再补充一些测试方案。

软件调试是查找、分析和纠正程序中错误的过程。

调试不仅修改软件产品，还应改进软件过程，避免今后程序中可能出现的错误。

测试和调试常常交替进行。

软件确认是指在软件开发过程结束时，对所开发的软件进行评价，以确定它是否和软件需求相一致的过程。

习　题　4

1. 软件测试目标是什么？

2. 黑盒法和白盒法测试软件有何区别？

3. 叙述设计测试数据分别满足语句覆盖、条件覆盖、路径覆盖、条件组合覆盖的原则。

4. 某校拟对参加计算机应用水平考试成绩好的学生进行奖励，成绩合格的奖励 20 元，成绩在 80 分以上者奖励 50 元，成绩在 90 分以上者奖励 100 元，并公布获奖同学名单、成绩及所获奖金。要求编写一个软件，输入每位学生的姓名、成绩，自动输出奖励金额。画出该软件的程序流程图，设计测试数据并写出对应的测试路径及所满足的覆盖条件。

5．从供选择的答案中选出应填入空格中的内容号码。

程序的三种基本结构是 <u>A</u> ，它们的共同点是 <u>B</u> ，结构化程序设计的一种基本方法是 <u>C</u> 。软件测试的目的是 <u>D</u> ，软件排错的目的是 <u>E</u> 。

供选择的答案：

A：① 过程，子程序，分程序　　　② 顺序，条件，循环

　　③ 递归，堆栈，队列　　　　　④ 调用，返回，转移

B：① 不能嵌套使用　　　　　　　② 只能用来写简单程序

　　③ 已经用硬件实现　　　　　　④ 只有一个入口和一个出口

C：① 筛选法　　　　　　　　　　② 递归法

　　③ 归纳法　　　　　　　　　　④ 逐步求精法

D：① 证明程序中没有错误　　　　② 发现程序中的错误

　　③ 测量程序的动态特性　　　　④ 检查程序中的语法错误

E：① 找出错误所在并改正　　　　② 排除存在错误的可能性

　　③ 对错误性质进行分类　　　　④ 统计出错的次数

6．从供选择的答案中选出正确的编号填入空格中。

软件测试的目的是 <u>A</u> 。为提高测试的效率，应该 <u>B</u> 。使用黑盒法测试时，测试用例应根据 <u>C</u> 。使用白盒测试方法时，测试数据应根据 <u>D</u> 和指定的覆盖标准。一般来说，与设计测试数据无关的文档是 <u>E</u> ，软件集成测试工作最好由 <u>F</u> 承担，以提高集成测试的效果。

供选择的答案：

A：① 评价软件的质量　　　　　② 发现软件的错误

　　③ 找出软件中所有的错误　　④ 证明软件是正确的

B：① 随机地选取测试数据

　　② 取一切可能的输入数据作为测试数据

　　③ 在完成编码后制订软件测试计划

　　④ 选择发现错误可能性大的数据作为测试数据

C，D：① 程序的内部逻辑　　　② 程序的复杂程度

　　　　③ 使用说明书　　　　　④ 程序的功能

E：① 需求规格说明书　　　　　② 总体设计说明书

　　③ 源程序　　　　　　　　　④ 项目开发计划

F：① 该软件的设计人员　　　　② 该软件开发组的负责人

　　③ 该软件的编程人员　　　　④ 不属该软件开发组的软件设计人员

7．从供选择的答案中选择正确编号填入下列对应空格内。

软件测试中常用的静态分析方法是 <u>A</u> 和 <u>B</u> 。 <u>B</u> 用来检查模块或子程序间的调用是否正确。分析方法（白盒法）中常用的方法是 <u>C</u> 方法。非分析方法（黑盒法）中常用的方法是 <u>D</u> 方法和 <u>E</u> 方法。 <u>F</u> 方法根据输出对输入的依赖关系设计测试用例。

供选择的答案：

A，B：① 引用分析　　② 算法分析　　③ 可靠性分析　　④ 效率分析

　　　　⑤ 接口分析　　⑥ 操作性分析

C，D，E，F：① 路径测试　② 等价类　③ 因果图　④ 归纳测试　⑤ 综合测试
　　　　　　⑥ 追踪　⑦ 深度优化　⑧ 排错　⑨ 相对图

8．选择正确的编号填入对应空格内。

软件测试方法可分为测试的分析方法和测试的非分析方法两种。测试的分析方法是通过分析程序 A 来设计测试用例的方法。除了测试程序外，它还适用于对 B 阶段的软件文件进行测试。测试的非分析方法是根据程序的 C 来设计测试用例的方法。除了测试程序外，它也适用于对 D 阶段的软件文件进行测试。白盒法测试程序时常按照给定的覆盖条件选取测试用例。 E 覆盖比 F 覆盖严格，它使得每一个判定获得每一种可能的结果。 G 覆盖既是判定覆盖，又是条件覆盖，它并不保证各种条件都能取到所有可能的值。 H 覆盖比其他条件都要严格，但它不能保证覆盖程序中的每一条路径。单元测试一般以 I 为主，测试的依据是 J 。

供选择的答案：

A，C：① 应用范围　　② 内部逻辑　　　③ 功能　　　　④ 输入数据

B，D：① 编码　　　　② 软件详细设计　③ 软件总体设计　④ 需求分析

E，F，G，H：① 语句　② 判定　③ 条件　④ 判定/条件　⑤ 条件组合　⑥ 路径

I：① 白盒法　② 黑盒法

J：① 模块功能说明书　　② 系统模块结构图　　③ 系统规格说明书

9．判别正误，正确的画"√"，错误的画"×"，填入方框内。

□（1）测试最终是为了证明程序无错误。

□（2）在进行同等测试后，若发现 A 部分有错误并改正了 10 个错误，B 部分发现并改正了 5 个错误，则重新再测试 A、B 两部分时，A 部分发现错误的可能性比 B 部分中的要大。

□（3）对一个模块进行测试的根本依据是测试用例。

□（4）用黑盒法进行测试时，测试用例是根据程序内部逻辑设计的。

□（5）一组测试用例是判定覆盖，则一定是语句覆盖。

□（6）一组测试用例是条件覆盖，则一定是语句覆盖。

□（7）如果 A、B 是两个测试等价类，M 是 A、B 中的一个实例，取 M 做测试用例，测试效率一定是高的。

□（8）在整个测试过程中，增式组装测试所需时间比非增式测试时间多。

□（9）验收测试依据系统说明书。

□（10）按结构图的组装测试策略自顶向下与自底向上结合起来比增式组装测试速度快。

10．判别正误，正确的画"√"，错误的画"×"，填入方框内。

□（1）Pascal、COBOL、FORTRAN 中任何一种语言的任何程序都可以变换成另外两种语言的功能上等价的程序。

□（2）信息隐蔽原则禁止在模块外使用在模块接口说明中所没有说明的关于该模块的信息。

□（3）递归过程可以用队列结构实现。

□（4）目标代码优化是指对翻译好的目标代码重新加工。

□（5）有 GOTO 语句的程序一般无法机械地变成功能等价的无 GOTO 语句的程序。

□（6）据统计，软件测试的费用约占软件开发费用的 1/2。

□（7）对程序的穷举测试在一般情况下是可以做到的。

□（8）因果图法可以用来系统地设计测试用例。

□（9）程序模块的内聚度应尽可能地小。

11．从供选择的答案中挑选出与下列关于测试各条叙述相关的字句号填到空格中。

对可靠性要求很高的软件，如操作系统，由第三者对原代码进行逐行检查。　　　A

已有的软件被改版时，由于受到变更的影响，改版前正常的功能可能发生异常，性能也可能下降。因此，对变更的软件进行测试是必要的。　　　B

在了解被测试模块的内部结构或算法的情况下进行测试。　　　C

为了确认用户的需求，先做出系统的主要部分，提交用户试用。　　　D

在测试具有层次结构的大型软件时，有一种方法是从上层模块开始，自上而下进行测试。此时，有必要用一些模块来替代尚未测试过的下层模块。　　　E

供选择的答案：

A，B，C，D，E：① 白盒测试　　② 回归测试　　③ 模拟器　　④ 存根程序
　　　　　　　　　⑤ 驱动程序　　⑥ 静态分析　　⑦ 黑盒测试　　⑧ 原型方法

12．在一个关于判别三角形种类的程序中，输入三个整数，作为三角形的三条边，程序根据输入值判定这三条边可以组成的是一般三角形、等腰三角形、等边三角形还是不能组成三角形，将判定结果输出。请根据这个程序的功能要求编写测试用例。

13．判定表作为软件工程的工具有哪些用途？

14．什么是单元测试和集成测试？它们各有什么特点？

15．请根据下列伪代码程序画出程序图，计算环形复杂度，写出独立路径。

```
Start
Input (X,Y,Z)
If  X<12
then    Z=Z+1
Else        Y=Y+1
End if
If  Y>12
Then  Z=1
End if
If  Z>1
    Then    X=X+12
    Else    Y=Y+1
End if
Print (X,Y,Z)
End
```

第 5 章　　　软 件 维 护

软件维护（Software Maintenance）就是指在软件产品交付之后对其进行修改，以排除故障，或改进性能和其他属性，或使产品适应改变了的环境。

软件维护阶段是软件生命周期中持续时间最长的一个阶段，也是需要花费的精力和费用最多的一个阶段。

软件的可维护性指软件被理解、改正、调整和改进的难易程度。可维护性是指导软件工程各阶段工作的一条基本原则，提高可维护性、减少维护的工作量、降低软件的总成本是软件工程的一个重要任务。

本章重点：

如何提高软件的可维护性。

5.1　软件维护的种类、过程和副作用

5.1.1　软件维护的种类

软件维护是软件生命期的最后一个阶段。说来也许令人难以相信，软件的维护可以占到软件开发全部工作量的一半以上。在软件运行过程中，由于种种原因，计算机程序经常需要改变。除了要纠正程序中的错误外，还要增加功能及进行优化。而在修改程序解决现有问题的时候，程序变动本身又会不断产生新的问题，还需要对软件进行修改。

软件维护分为以下 4 种。

1．改正性维护

软件测试不大可能找出一个大型软件系统的全部隐含错误。也就是说，几乎每一个大型程序在运行过程中都会不可避免地出现各种错误。为克服现有软件故障而进行的维护叫做改正性维护（Corrective Maintenance）。

2．适应性维护

计算机技术的发展十分迅速，计算机的软件、硬件环境在不断发生变化，而应用软件的使用寿命往往比原先开发时的系统环境更为长久，因此，常常需要对软件加以修改，使之适应改变了的环境。为使软件产品适应环境的变化而进行的软件维护称为适应性维护（Adaptive Maintenance）。

3．完善性维护

软件交给用户使用后，用户往往会因为工作流程、应用环境的变化，要求增加新的功能和完善性能等。这些为增加软件功能、增强软件性能、提高软件运行效率而进行的维护

是完善性维护（Perfective Maintenance）。

4．预防性维护

为了进一步提高软件的可维护性和可靠性，为改进创造条件，需要对软件进行的其他维护称为预防性维护。

综上所述，所谓软件维护就是指在软件交付使用之后，为了改正错误或满足新的需要而修改软件的过程。

据有关资料统计，各类维护的工作量占总的维护工作量的百分比大致如图5.1所示。

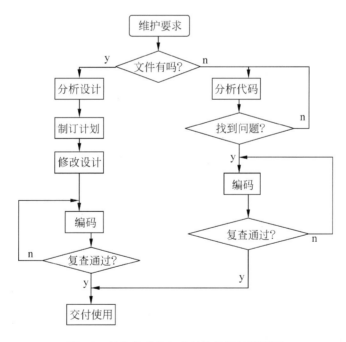

图 5.1　各类维护工作量占总的维护
工作量的百分比

5.1.2　软件维护的特点

进行软件维护时常见的问题有：根据软件设计时是否有文档，软件的维护分为结构化维护和非结构化维护两类；软件的维护有可以量化的费用和不明显的代价；维护会产生其他一些问题。

1．结构化维护与非结构化维护

图 5.2 描绘了因维护要求而引起的可能的事件流程。

图 5.2　结构化维护与非结构化维护流程图

图 5.2 中右边的流程表示的是"非结构化维护"。在这种情况下，由于所掌握的软件文件只有源程序，维护工作只能从分析源程序开始。源程序内部注解和说明一般不会很详尽，而软件结构、全程数据结构、系统接口、性能和设计约束等细微的特征往往很难完全搞清。令人遗憾的是，维护工作往往正是在进行这种非结构化维护，并为此而付出代价。这种代

价是因没有使用良好定义的方法论来开发软件而造成的。

图 5.2 中左边的流程表示的是"结构化维护"。在这种情况下，由于掌握完整的软件文档，维护任务就可从分析设计文件开始，进而确定软件的结构特性、功能特性和接口特性，确定要求的修改将会带来的影响并计划实施方法。然后修改设计、编写相应的源程序代码、对所做的修改进行复查，并利用在测试说明书中包含的信息重复过去的测试，以确保没有因修改而把错误引入到先前运行的软件中。最后把修改后的软件再次交付使用。

与非结构化维护相比，结构化维护能减少工作量并提高维护的总体质量。这是在软件开发的早期就运用软件工程方法论的结果。

2．维护的费用和代价

有关资料表明，软件维护的费用在不断上升。1970 年用于维护的费用占软件总预算的 35%～40%，1980 年上升为 40%～60%，而 1990 年则已增至 70%～80%。

维护费用仅仅是软件维护的明显代价，还有其他许多不明显的代价：

（1）由于可用的资源必须供维护任务使用，导致耽误甚至丧失开发良机。

（2）有关改错或修改的要求不能及时满足，引起用户不满。

（3）在所维护的软件中，由于修改软件而引入潜伏的新的错误，导致软件质量下降。

（4）当必须把从事开发的软件人员调去从事维护工作时，可能打乱开发过程。

（5）由于维护每条指令的成本数十倍于开发每条指令的成本，造成生产率的大幅度下降。

3．维护的困难性

在软件生命周期的最初两个阶段如果不进行严格而又科学的管理和规划，必然会造成其生命周期的最后阶段——维护阶段产生困难。

下面列举一些软件维护的困难：

（1）理解他人编写的程序往往是非常困难的。软件文档越少，困难越大。如果只有程序代码而没有说明文档，更将出现严重困难。

（2）软件开发人员经常流动，因而当需要进行维护时，往往无法依赖开发者本人来对软件做解释说明。

（3）需要维护的软件往往没有足够的、合格的文档。请注意，光有文档是不够的，容易理解的并且和程序代码完全一致的文档才对维护真正有价值。

（4）由于维护工作十分困难，又容易受挫，因而难以成为一项吸引人的工作。

在用没有采用软件工程的思想方法开发出来的软件时，总是会出现上述维护阶段的问题，而采用软件工程的思想方法，则可避免或减少上述问题。

5.1.3　软件维护的过程

软件维护的过程实际上也是软件问题定义和开发的过程。维护活动和软件开发一样，要有严格的规范，才能保证质量。软件开发机构应建立维护组织，当用户需要软件维护时，应填写维护申请表，维护组织对此进行评价，安排维护活动。软件人员的维护过程要详细记录，并填写维护报告，最后要进行复审。

1．维护组织

软件开发机构应当建立正式的维护组织，或设立专门负责维护工作的非正式组织。维护组织由维护管理员、系统管理员和维护人员组成。系统管理员必须对软件产品程序或将被修改的那类程序相当熟悉。每当软件开发机构收到用户的维护申请后，交给负责此事的维护管理员，由他把维护申请交给系统管理员评价，再由维护人员决定如何进行修改。

2．维护文件

维护要有书面文件：用户填写维护申请表，维护管理员填写维护报告，维护人员填写维护记录。

1）维护申请表

软件开发机构的维护组织向用户提供空白的维护申请表，由要求维护的用户填写，该表应能完整地描述软件产生错误的情况（包括输入数据、输出数据及其他有关信息）。对于适应性或完善性的维护要求，则应提出简单明了的维护要求规格说明。

维护申请表由维护管理员和系统管理员负责研究处理。

2）软件维护报告

软件开发组织在收到用户的维护要求表后，维护管理员应写一份软件维护报告。该报告应包含下述内容：

- 按照维护要求表进行维护所需要的工作量；
- 维护要求的性质；
- 该项要求与其他维护要求相比的优先程度；
- 预计软件维护后的状况。

3）维护记录

维护记录可以有如下内容：

- 程序名称；
- 维护类型；
- 所用的编程语言；
- 程序行数或机器指令条数；
- 程序开始使用的日期；
- 已运行次数、故障处理次数；
- 程序改变的级别及名称；
- 修改程序所增加的源语行数、所删除的源语行数；
- 各次修改耗费的人时数、累计用于维护的人时数；
- 软件工程师的姓名；
- 维护要求表的标识；
- 维护开始和结束的日期；
- 维护工作的净收益。

3．维护工作流程

维护工作流程如下：

（1）用户提出维护申请。

（2）维护组织审查申请报告并安排维护工作。

（3）进行维护并做详细的维护记录。

（4）复审。

用户的维护申请提出后，引起的工作流程如图 5.3 所示。

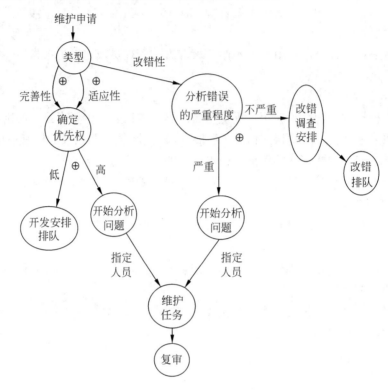

图 5.3　维护工作流程

首先要确定维护属于哪种类型。

如果属于改错性维护，则需要评价其出错的严重性。如果错误严重，就进一步指定人员，在系统管理员的指导配合下，分析错误的原因，进行维护。

对不太严重的错误，则该项改错性的维护和其他软件开发的任务一起统筹安排。

如果属于完善性或适应性维护，则先确定各个维护要求的优先次序，并且安排所需的工作时间。从其意图和目标来看，此种维护属于开发工作，因此可将其视同开发任务。

如果某项维护要求的优先次序特别高，可立即开始维护工作。

不管是改错性、完善性还是适应性维护，都需要进行同样的技术工作，包括修改软件设计、对源程序进行修改、单元测试、组装、进行有效性测试及复审等。

参加软件维护工作的人员并不是越多越好。一般对需要维护的软件比较熟悉的人员，其维护工作的效率往往比较高。

维护人员在维护过程中要做好详细的记录。对于不同类型的维护，其工作的侧重点会有所不同，但总的处理方法基本上是相同的。

当然，有时维护申请的处理过程并不完全符合上述事件流，例如软件出现紧急问题时，就出现所谓的"救火"维护要求。在这种情况下，就需要立即投入人力进行抢救。

维护工作流程中最后一个事件是复审。维护的复审可以由同事进行，也可以由同行进行。即再次检验软件文档的各个成分的有效性，并保证实际上满足了维护申请表中的所有要求。

软件维护的复审要明确下列问题：

（1）在目前的状况下，设计、编程和测试等方面有什么可改进的？

（2）哪些维护资源应该有，而实际上却没有？

（3）什么是这项维护工作中最主要的障碍？

（4）是否需要预防性维护？

维护情况下的复审对将来的维护工作有重要意义，可为提高软件组织的管理效能提供重要意见。

4．对维护的评价

在维护过程中，如果缺乏详尽、可靠的数据，要评价软件维护工作就很困难。如果有良好的维护记录，就可对维护工作做一些定量的评价，可计算以下一些指标：

（1）每次程序运行的平均出错次数。

（2）用在各类维护上的总的人时数。

（3）平均每个程序、每种语言、每种类型的维护所做的程序变动数。

（4）维护过程中每增加或减少一个源语句平均花费的人时数。

（5）维护每种语言平均花费的人时数。

（6）处理一张维护要求表平均所需的时间。

（7）各类维护申请的百分比。

在上述 7 种指标的基础上，可以做出有关开发技术、语言选择、维护工作计划、资源分配等方面的决定。

5.1.4　软件维护的副作用

维护是为了延长软件的寿命，让软件创造更多的价值，但是维护会产生潜在的错误或其他不希望出现的情况，这称为维护的副作用。维护的副作用有编码副作用、数据副作用和文档副作用三种。

1．编码副作用

使用程序设计语言修改源程序时可能会引入错误。在修改程序的标号、标识符、运算符、边界条件和程序的时序关系等时要特别仔细，避免引入新的错误。

2．数据副作用

修改数据结构时可能会造成软件设计与数据结构不匹配，因而导致软件错误。如在修改局部量、全局量、记录或文件的格式、初始化控制或指针、输入输出或子程序的参数等时，容易导致设计与数据不一致。

3．文档副作用

对数据流、软件结构、模块逻辑或其他任何特性进行修改时，必须对相关的文档进行相应的修改，否则会导致文档与程序功能不匹配，文档不能反映软件当前的状态。因此，必须在软件交付之前对软件配置进行评审，以减少文档的副作用。

5.2 软件的可维护性

软件可维护性是指软件功能被理解、改正、适应和增强的难易程度，可维护性是维护人员对该软件进行维护的难易程度。可维护性是指导软件工程各阶段的一条基本原则，提高可维护性是软件工程追求的目标之一。

5.2.1 决定可维护性的因素

使软件的维护工作变得困难的原因是多方面的，有维护人员素质的因素，也有技术条件和管理方面的因素等。可维护性与开发环境有关的因素如下：

- 是否拥有一组训练有素的软件人员；
- 系统结构是否可理解，是否合理；
- 文档结构是否标准化；
- 测试用例是否合适；
- 是否已有嵌入系统的调试工具；
- 是否使用合适的程序设计语言；
- 是否使用标准的操作系统。

以上影响软件可维护性的因素中，结构合理性是软件设计时应当考虑的。系统结构若不合理，对其维护当然困难较大。所谓结构的合理性主要是以下列几点为基础的：模块化、层次组织、系统文档的结构、命令的格式和约定、程序的复杂性等。

其他影响维护难易程度的因素还有应用的类型、使用的数据库技术、开关与标号的数量、IF 语句的嵌套层次、索引或下标变量的数量等。

此外，软件开发人员是否能参加维护也是值得考虑的因素。

5.2.2 可维护性的度量

软件的可维护性是难以量化的，然而借助维护活动中可以定量估算的属性，能间接地度量可维护性。例如进行软件维护所用的时间是可以记录、统计的，可以从下列维护工作所需的时间来度量软件的可维护性：

- 识别问题的时间；
- 修改规格说明书的时间；
- 分析、诊断问题的时间；
- 选择维护工具的时间；
- 纠错或修改软件的时间；
- 测试软件的时间；
- 维护评审的时间；
- 软件恢复运行的时间。

软件维护过程所需的时间越短，说明维护越容易。

软件的可维护性主要表现在它的可理解性、可测试性、可修改性和可移植性等方面。

因而，对可维护性的度量问题，也可分解成对可理解性、可测试性、可修改性和可移植性的度量问题。

1．可理解性

软件的可理解性表现为维护人员理解软件的结构、接口、功能和内部过程的难易程度。模块化、结构化设计或面向对象设计，与源程序一致、完整、正确、详尽的设计文档，源代码内部的文档和良好的高级程序设计语言等，都能提高软件的可理解性。

也可以通过对软件复杂性的度量来评价软件的可理解性。软件越复杂，理解起来就越困难。可参考4.5.5节程序环形复杂度的度量。

2．可测试性

可测试性代表软件容易被测试的程度。它与源代码有关，要求程序易于理解；还要求有齐全的测试文档，要求保留开发时期使用的测试用例。好的文档资料对诊断和测试至关重要。

可测试性要求软件需求的定义便于对需求进行分析并易于建立测试准则；还要便于就这些准则对软件进行评价。可测试性是指证实程序正确性的难易程度。

此外，有无可用的测试、调试工具及测试过程的确定也非常重要。在软件设计阶段就应该注意使差错容易定位，以便维护时容易找到纠错的办法。

3．可修改性

可修改性是指程序容易被修改的程度。一个可修改的程序往往是可理解的、通用的、灵活的和简明的。所谓通用，是指不需要修改程序就可使程序改变功能；所谓灵活是指程序容易被分解和组合。

要度量一个程序的可修改性，可以通过对该程序做少量简单的改变来估算对这个程序改变的困难程度，例如对程序增加新类型的作业、改变输入输出设备、取消输出报告等。如果对于一个简单的改变，程序中必须修改的模块超过30%，则该程序属难于修改之列。

模块设计的内聚、耦合和局部化等因素都会影响软件的可修改性。模块抽象和信息隐蔽越好，模块的独立性越高，则修改时出错的机会也就越少。

4．可移植性

可移植性就是指软件不加改动地从一种运行环境转移到另一种运行环境下运行的能力，即程序在不同计算机环境下能够有效地运行的程度。可移植性好的软件容易维护。

5.2.3 如何提高软件的可维护性

要提高程序的可维护性，应从下列5方面入手。

1．明确软件的质量目标

在软件开发的整个过程中，始终应该考虑并努力提高软件的可维护性，尽力将软件设计成容易理解、容易测试和容易修改的软件。

2．利用先进的软件技术和工具

软件工程在不断发展，新的技术和工具在不断出现，对软件工程的新技术和新工具应及时学习并应用。

3．选择便于维护的程序设计语言

机器语言、汇编语言不易理解，难以维护。一般只有在对软件的运行时间和使用空间有严格限制或系统硬件有特殊要求时才使用机器语言或汇编语言。

高级语言容易理解，可维护性较好。查询语言、报表生成语言、图像语言更容易理解、使用和维护。选择适当的程序设计语言非常重要，要慎重、综合地考虑各种因素，并征求用户的意见。

4. 采取有效的质量保证措施

在软件开发时需要确定中间及最终交付的成果，以及所有开发阶段各项工作的质量特征和评价标准。在每个阶段结束前的技术审查和管理复审中，也应着重对可维护性进行复审。加强软件测试工作，保证软件的质量。用户要求确保质量，如果做不到这一点，软件开发人员就不称职。本书第9章将进一步介绍软件质量保证问题。

5. 完善程序的文档

软件文档的好坏直接影响软件的可维护性，软件文档应满足下列要求：

（1）描述如何使用系统，没有这种描述系统就无法使用。

（2）描述怎样安装和管理系统。

（3）描述系统需求和设计。

（4）描述系统的实现和测试。

在软件工程生命周期的每个阶段的技术复审和管理复审中，应对文档进行检查，对可维护性进行复审。

在维护阶段，利用历史文档可大大简化维护工作。历史文档有三种：系统开发文档、错误记录和系统维护文档。

为了从根本上提高软件的可维护性，在开发时明确质量目标、考虑软件的维护问题是必需的、重要的。在开发阶段提供完整的、一致的文档，采用先进的软件开发方法和软件开发工具是提高软件可维护性的关键。

小　　结

软件维护就是指在软件产品交付之后对其进行修改，以排除故障，或改进性能和其他属性，或使产品适应改变了的环境。

软件维护分为4种：改正性维护、适应性维护、完善性维护和预防性维护。

软件可维护性就是指维护人员对该软件进行维护的难易程度，具体包括理解、改正、改动和改进该软件的难易程度。

可维护性是指导软件工程各阶段的一条基本原则，提高可维护性是软件工程追求的目标之一。

在开发时明确质量目标、考虑软件的维护问题是必需的、重要的。在软件开发阶段提供完整、一致的文档，采用先进的软件开发方法和软件开发工具是提高软件可维护性的关键。

习　题　5

1. 什么是软件维护？它有哪几种类型？

2. 非结构化维护和结构化维护的主要区别是什么？

3．软件维护有哪些主要的副作用？

4．什么是软件的可维护性？它主要由哪些因素决定？

5．如何度量软件的可维护性？

6．如何提高软件的可维护性？

7．从下面选项中选出关于软件可维护性的正确论述：_____。

（1）在进行需求分析时就应该同时考虑软件可维护性问题。

（2）在完成测试作业之后，为缩短源程序长度，应删去源程序中的注解。

（3）尽可能在软件生产过程中保证各阶段文件的正确性。

（4）编码时应尽可能使用全局量。

（5）选择时间效率和空间效率尽可能高的算法。

（6）尽可能利用硬件的特点。

（7）重视程序的结构设计，使程序具有较好的层次结构。

（8）在进行概要设计时应加强模块间的联系。

（9）提高程序的易读性，尽可能使用高级语言编写程序。

（10）为了加快维护作业的进程，应尽可能增加维护人员的数量。

8．填空题

（1）维护阶段是软件生命周期中，持续时间_____的阶段，花费精力和费用_____的阶段。

（2）软件维护的副作用有三种：_____、_____、_____。

（3）软件维护的工作流程为_____，_____，_____，_____。

（4）在软件交付使用后，由于软件开发过程产生的_____没有完全彻底在_____阶段发现，必然有一部分隐含错误带到_____阶段。

（5）软件的可维护性是指软件功能被_____、_____、_____的难易程度。

第6章 | 面向对象方法学与 UML

面向对象方法有许多优点，是目前广泛使用的软件开发方法之一。面向对象方法的要素是对象、类、继承和用消息通信。

软件工程领域在1995—1997年期间取得的最重要的成果之一是统一建模语言（Unified Modeling Language，UML）。UML 是一种直观的、通用的、可视化建模语言。

要用面向对象的方法进行软件的分析和设计，首先要懂得UML 的概念、符号和使用规则，然后再学习面向对象的分析和设计的方法和原则；学习如何灵活应用 UML 进行软件分析设计的原则和步骤等。

在用面向对象的方法进行分析和设计时，本书采用统一建模语言来描述系统。

本章重点：
- 面向对象方法的概念；
- UML 图。

6.1 面向对象方法概述

软件工程学自问世以来，已出现过多种分析方法。传统软件工程方法（结构化分析方法）是其他软件技术的基础，曾经是主要使用的系统分析设计方法。结构化分析方法将结构化分析和结构化设计人为地分离成两个独立的部分，将描述数据对象和描述作用于数据上的操作分别进行。实际上数据和对数据的处理是密切相关、不可分割的，分别处理会增加软件开发和维护的难度。

面向对象（Objected Oriented，OO）方法是 1979 年以后发展起来的，是当前软件方法学的主要发展方向，也是目前最有效、最实用和最流行的软件开发方法之一。面向对象方法是在汲取结构化思想和优点的基础上发展起来的，是对结构化方法的进一步发展和扩充。

OO 方法与传统方法的不同之处是，其目的是有效地描述和刻画问题领域的信息和行为，以全局的观点来考虑系统中各种对象的联系，考虑系统的完整性和一致性，是对问题域的完整、直接的映射。

面向对象设计方法和传统方法一样，也分为面向对象分析和面向对象设计两个步骤，但分析和设计时所用的概念和表示法是相同的，它把两个步骤结合在一起，不强调分析与设计之间的严格区分，不同的阶段可以交错、回溯。不过，分析和设计仍然有不同的分工和侧重点。

面向对象的分析（Object Oriented Analysis，OOA）阶段考虑问题和系统责任，建立一个独立于系统实现的OOA 模型。分析阶段通常建立三种模型：对象模型、动态模型和功能模型。首先定义对象及其属性，建立对象模型。这里的对象和传统方法中的数据对象（实体）不同，需要根据问题域中的操作规则和内在性质定义对象的行为特征（服务），建立动态模型，用动态模型描述对象的生命周期。分析对象之间的关系，采用封装、继承、消息通信等原则使问题域的复杂性得到控制。最后根据对象及其生命周期定义处理过程，建立功能模型。

面向对象的设计（Object Oriented Design，OOD）阶段考虑与实现有关的因素，对 OOA 模型进行调整并补充与实现有关的部分，形成面向对象设计模型。

面向对象方法考虑问题的基本原则是尽可能模拟人类习惯的思维方式。OO 使描述问题的问题空间（也称为问题域）与实现解法的解空间（也称为求解域）在概念和表示方法上尽可能一致。面向对象方法的要素是对象、类、继承和用消息通信。面向对象方法有许多优点，是目前广泛使用的软件开发方法之一。

6.1.1　面向对象方法学的要素和优点

1. 面向对象方法的要素

面向对象方法有以下 4 个要素。

1）对象（Object）

面向对象方法认为客观世界是由各种对象组成的，任何事物都是对象，复杂对象由简单对象组成。面向对象实体抽象为问题域中的对象。用对象分解取代了传统的功能分解。

2）类（Class）

把所有对象都划分成各种对象类，每个对象类都定义了一组数据和一组方法。其中，数据用于表示对象的静态属性，是对象的状态信息。方法是允许施加于该类对象上的操作，是为该类所有对象所共享的。

3）继承（Inheritance）

按照父类（或称为基类）与子类（或称为派生类）的关系，把若干个对象类组成一个层次结构的系统（也称为类等级）。

在层次结构中，下层的派生类具有和上层的基类相同的特性（包括数据和方法），这种现象称为继承。也就是说，在层次结构中，子类具有父类的特性（数据和方法），这称为继承。

例如，学校的学生是一个类，学生类可以分为本科生和研究生两个子类。学生根据其入学条件不同、在校学习的学制不同、学习的课程不同等，分别属于不同的子类，但都是学生，凡学生类定义的数据和方法，本科生和研究生都自动拥有。

4）消息传递

对象彼此之间仅能通过传递消息相互联系。对象与传统数据的本质区别是它不是被动地等待外界对它施加操作，而是必须发消息请求它执行某个操作，处理其数据。对象是处理的主体，外界不能直接对它的数据进行操作。

对象的信息都被封装在该对象类的定义中，必须发消息请求它执行它的某个操作，处理它的数据，不能从外界直接对它的数据进行操作，这就是封装性。

综上所述，面向对象就是使用对象、类和继承机制，并且对象之间仅能通过传递消息实现彼此通信。面向对象可以用下列方程来概括：

$$OO = Objects + Classes + Inheritance + Communication \ with \ Messages$$

面向对象=对象+类+继承+用消息通信

仅使用对象和消息的方法称为基于对象的方法（Object-Based），不能称为面向对象方法。使用对象、消息和类的方法称为基于类的方法（Class-Based），也不是面向对象方法。只有同时使用对象、类、继承和消息的方法才是面向对象的方法。

2．面向对象方法学的主要优点

面向对象方法学具有以下主要优点：

（1）与人类习惯的思维方式一致。

传统的程序设计技术是面向过程的设计方法，以算法为核心，把数据和过程作为相互独立的部分，数据代表问题空间中的客体，程序代码用于处理数据。这样，忽略了数据和操作之间的内在联系，问题空间和解空间并不一致。

面向对象技术以对象为核心，尽可能接近人类习惯的抽象思维方式，描述问题空间和描述解空间尽可能一致。对象分类、从特殊到一般、建立类等级、获得继承等开发过程符合人类认识世界和解决问题的过程。

（2）稳定性好。

面向对象方法用对象模拟问题域中的实体，以对象间的联系刻画实体间的联系。当系统的功能需求变化时不会引起软件结构的整体变化，只需进行局部的修改。由于现实世界中的实体是相对稳定的，因而，以对象为中心构造的软件系统也比较稳定。

（3）可重用性好。

面向对象技术可以重复使用一个对象类。如创建类的实例，直接使用类；或派生一个满足当前需要的新类。子类可以重用其父类的数据结构和程序代码，并且可以方便地进行修改和扩充，子类的修改并不影响父类的使用。

（4）较易开发大型软件产品。

用面向对象技术开发大型软件时，把大型产品看作是一系列相互独立的小产品，降低了开发的技术难度和开发工作管理的难度。

（5）可维护性好。

由于面向对象的软件稳定性比较好、容易修改、容易理解、易于测试和调试，因而软件的可维护性好。

6.1.2 面向对象方法的概念

面向对象方法有以下主要概念：对象、类、消息、封装、继承、多态性和重载等。

1．对象

对象有唯一的标识符，可以定义一些属性和方法（服务）。

1）对象的定义

在应用领域中，有意义、与所要解决的问题有关系的任何事物都可以作为对象，可以是具体的物理实体的抽象，也可以是人为的概念等。如一名学生、一个班级、借书、还书等。

对象是封装了数据及在数据上的操作的封装体，有唯一的标识符，向外界提供一组服务（操作）。

2）属性（Attribute）

属性是对象的数据，它是对客观世界实体所具有性质的抽象。每个对象都有自己特有的属性值。

3）方法（Method）

方法是对象所能执行的操作。方法描述了对象执行操作的算法，以及响应消息的方法。方法的实现要给出代码。

对象中的数据表示对象的状态，一个对象的状态只能由该对象的操作来改变。每当需要改变对象的状态时，只能由其他对象向该对象发送消息，对象响应消息时，按照消息模式找出与之匹配的方法，并执行该方法。

例如，"学生"对象可以定义选课、补考和留级等操作，每个对象实现具体的操作。

4）对象的特点

- 以数据为核心。对象的操作围绕对其数据所需要做的处理来设置，操作的结果往往与当时所处的状态（数据的值）有关。
- 主动性。对象是进行处理的主体，不是被动地等待对它进行处理，而是必须通过接口向对象发送消息，请求它执行某个操作，处理它的私有数据。
- 实现了数据封装。对象的数据是封装起来的，是不可见的，对数据的访问和处理只能通过公有的操作进行。
- 本质上具有并行性。不同对象各自独立地处理自身的数据，彼此通过发送消息传递信息完成通信。
- 模块独立性好。要求模块内聚性强，耦合性弱。

2．类和实例

1）类（Class）

类是对具有相同数据和相同操作的一组相似对象的定义。在定义类的属性和操作时，一定要与所解决的问题域有关。

同类对象具有相同的属性和方法，但是，每个对象的属性值不同，执行方法的结果也不同。

例如，学生成绩管理系统中，可以定义"学生"类，可以定义姓名、性别、学号、年龄等相同的属性。每位学生有自己特定的姓名、学号、性别、年龄等，这些就是学生类的属性。可以定义学生类的操作："留级""升级"，如果某个学生对象的不及格课程门数达到规定的数量，就要"留级"，而成绩合格的学生则"升级"。

而关于学校图书馆管理系统，可以定义姓名、性别、借书证号等属性，可以定义"借书""还书"等操作，但是"留级""升级"就与图书馆管理没有关系，没必要定义了。

2）实例（Instance）

实例是由某个特定的类所描述的一个具体对象。例如，学生是一个类，某位学生"王伟"就是学生类的一个实例。

一般地，实例的概念还有更广泛的用法，其他建模元素也有实例。

3．消息

消息是向对象发出的服务请求。消息是要求某个对象执行它所属的类中所定义的某个操作的规格说明。

一个消息通常由以下三部分组成。

（1）接收消息的对象。提供服务的对象的标识符。

（2）消息标识符。也称为消息名、服务标识。

（3）输入信息和回答信息。

4．封装

封装就是把对象的属性和方法（服务）结合成一个独立的单位，尽可能隐蔽对象的内部细节。封装也就是信息隐藏，通过封装把对象的实现细节隐藏起来了。对用户来说，实现部分是不可见的，可见的是接口（协议）。

封装可以保护对象，防止用户直接存取对象的内部细节；封装也保护了客户端，对象实现部分的改变不会影响客户端。

5．继承

特殊类的对象拥有其一般类的全部属性与服务，称为特殊类对一般类的继承。继承是子类自动地拥有父类中定义的属性和方法的机制。面向对象方法把类组成一个层次结构的系统，称为类等级：子类/父类或派生类/基类或特殊类/一般类。继承具有传递性，一个对象继承了它所在的类等级中其上层类的全部属性和方法，它的子类又继承了它的属性和方法。

继承有两类：单继承和多继承。

- 单继承：当一个类只允许有一个父类，即类等级为树形结构时，类的继承是单继承。例如，学生类分为专科生、本科生和研究生三个子类就是单继承。
- 多重继承：当一个类有多个父类，即类等级为网状结构时，类的继承是多继承。例如，冷藏车继承了汽车类和冷藏设备类两个类的属性和服务。

6．多态性

多态性是指允许属于不同类的对象对同一消息做出响应。不同层次的类可以共享一个行为的名字，在接收到发给它的消息时，根据对象所属的类，动态选用该类的定义实现算法，该行为具有多态性。

例如，多边形的特殊类有正多边形、轴向矩形。在进行多边形绘图时，需要确定 n 个顶点的坐标。进行正多边形绘图时，需要确定其边数、中心坐标、外接圆半径和一个顶点的坐标。而进行轴向矩形绘图时，只需要确定与坐标原点相对的一个顶点的坐标。进行多边形绘图时的算法具有多态性。

7．重载

重载有以下两种：

1）函数重载

在同一作用域内的若干个参数特征不同的函数可以使用相同的函数名。

2）运算符重载

同一运算符可以施加于不同类型的操作数上面。

在 C++ 语言中，函数重载是根据函数变元的个数和类型决定使用哪个实现代码的；运算符重载是根据被操作数的类型，决定使用运算符的哪种语义的。

重载进一步提高了面向对象系统的灵活性和可读性。

6.2 UML 概述

本节介绍 UML 的发展过程，UML 的内容，UML 的用例图、类图、对象图、状态图、顺序图、活动图、协作图、构件图和部署图 9 种图的图形符号及实例。

6.2.1 UML 的发展

统一建模语言（Unified Modeling Language，UML）是由世界著名的面向对象技术专家 Grady Booch、Jim Rumbaugh 和 Ivar Jacobson 发起，在面向对象的 Booch 方法、对象建模技术（Object Modeling Technique，OMT）和面向对象软件工程（Object Oriented Software Engineering，OOSE）的基础上不断完善和发展。

1996 年年底，UML 已经稳定地占领了面向对象技术市场的 85%，成为事实上的工业标准。1997 年 11 月，国际对象管理组织（OMG）批准把 UML 1.1 作为基于面向对象技术的标准建模语言。目前 UML 正处于修订阶段，目标是推出 UML 2.0，作为向国际标准化组织（ISO）提交的标准提案。在计算机学术界、软件产业界、商业界，UML 已经逐渐成为人们为各种系统建立模型、描述系统体系结构、描述商业体系结构和商业过程时使用的统一工具，在实践过程中人们还在不断扩展它的应用领域。对象技术组织（Object Technology Organization）已将 UML 作为对象建模技术的行业标准。

通常，模型由一组图形符号和组织这些符号的规则组成，模型的描述应当无歧义。在开发软件系统时，建立模型的目的是更好地理解问题、减少问题的复杂性、验证模型是否满足用户对系统的需求，并在设计过程中逐步把实现的有关细节加进模型中，最终用程序实现模型。

OOSE 方法的最大特点是面向用例。用例（Use Case）代表某些用户可见的功能，实现一个具体的用户目标。用例代表一类功能而不是使用该功能的某一具体实例。用例是精确描述需求的重要工具，贯穿于整个软件开发过程，包括对系统的测试和验证过程。

6.2.2 UML 的内容

UML 是一种描述、构造、可视化和文档化软件的建模语言。

UML 是面向对象技术软件分析与设计中的标准建模语言，统一了面向对象建模的基本概念、术语及其图形符号，建立了便于交流的通用语言。

UML 采用图形表示法，是一种可视化的图形建模语言。UML 的主要内容包括 UML 语义、UML 表示法和几种模型。

UML 表示法为建模者和建模工具的开发者提供了标准的图形符号和文字表达的语法。这些图形符号和文字所表达的是应用级的模型，使用这些图形符号和正文语法为系统建模构造了标准的系统模型。UML 表示法由 UML 图、视图、模型元素、通用机制和扩展机制组成。

1. UML 语义

UML 语义是定义在一个建立模型的框架中的，建模框架有 4 个层次（抽象级别）：

1）UML 的基本元素层

基本元素层由基本元素（Thing）组成，代表要定义的所有事物。

2）元模型层

元模型层由 UML 的基本元素组成，包括面向对象和面向构件的概念，每个概念都是基本元素的实例。元模型层为建模者和使用者提供了简单、一致、通用的表示符号和说明。

3）静态模型层

静态模型层由 UML 静态模型组成。静态模型描述系统的元素及元素间的关系，常称为类模型。

4）用例模型层

用例模型层由用例模型组成。用例模型从用户的角度描述系统需求，它是所有开发活动的指南。

2. 图

UML 的模型是用图来表示的，共有 5 类 9 种图。

（1）用例图：用于表示系统的功能，并指出各功能的操作者。

（2）静态图：包括类图、对象图及包，表示系统的静态结构。

（3）行为图：包括状态图和活动图，用于描述系统的动态行为和对象之间的交互关系。

（4）交互图：包括顺序图和合作图，用于描述系统的对象之间的动态合作关系。

（5）实现图：包括构件图和配置图，用于描述系统的物理实现。

3. 视图

视图由若干张图构成，根据不同的目的从不同的角度描述系统。UML 视图有以下几种：静态视图、用例视图、实现视图、部署视图、状态视图、活动视图、交互视图和模型管理视图等。

4. 模型元素

图中使用的概念，例如用例、类、对象、消息和关系统称为模型元素。模型元素在图中用相应的图形符号表示。

一个模型元素可以在多个不同的图中出现，但它的含义和符号是相同的。

5. 通用机制

UML 为所有元素在语义和语法上提供了简单、一致、通用的定义性说明。UML 利用通用机制为图附加一些额外信息。

通用机制的表示方法如下：

（1）字符串：用于表示有关模型的信息。

（2）名字：用于表示模型元素。

（3）标号：用于表示附属于图形符号的字符。

（4）特定字符串：用于表示附属于模型元素的特性。

（5）类型表达式：用于声明属性变量和参数。

6. 扩展机制

UML 的扩展机制使它能够适应一些特殊方法或用户的某些特殊需要。扩展机制有标签（用{}表示）、约束（用{}表示）和版型（用《》表示）三种。

7. UML 模型

UML 可以建立系统的用例模型、静态模型、动态模型和实现模型，每种模型都由适当的 UML 图组成。

（1）用例模型描述用户所理解的系统功能。用例模型用用例图描述。

（2）静态模型描述系统内的对象、类、包及类与类、包与包之间的相互关系等。静态模型用类图、对象图、包、构件图、部署图等描述。

（3）动态模型描述系统的行为，描述系统中的对象通过通信相互协作的方式及对象在系统中改变状态的方式等。动态模型用状态图、顺序图、活动图、协作图等描述。

（4）实现模型包括构件图和部署图，它们描述了系统实现时的一些特性。

6.3　UML 图

UML 图有用例图、类图、对象图、状态图、顺序图、活动图、协作图、构件图、部署图 9 种。在实际的软件开发过程中，开发者可以根据自己的需要选择几种图来运用。

以下几种符号在各种 UML 图中可能都要用到。

（1）注释。折角矩形是注释的符号，框中的文字是注释内容，如图 6.1 所示。

（2）消息。对象之间的交互是通过传递消息完成的。各类图中都用从发送者连接到接收者的箭头线表示消息。UML 定义了三种消息，用箭头的形状表示了消息的类型，如图 6.2 所示。

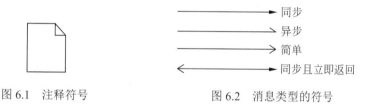

图 6.1　注释符号　　　　　　　　图 6.2　消息类型的符号

- 同步消息：表示调用者发出消息后必须等待消息返回。只有当处理消息的操作执行完毕，调用者才可以继续执行自己的操作。
- 异步消息：发送者发出消息后，不用等待消息处理完就可以继续执行自己的操作。异步消息主要用于描述实时系统中的并发行为。
- 简单消息：表示简单的控制流，只表示消息从一个对象传给另一个对象，没有描述通信的任何细节。

可以把一个简单消息和一个同步消息合并成一个消息（同步且立即返回），这样的消息表示操作调用一旦完成就立即返回，最下面一种消息类型如图 6.2 所示。

6.3.1　用例图

用例代表某些用户可见的功能，用于实现一个具体的用户目标。整个系统功能是由一系列用例组成的，所有用例全部设计完成，系统设计工作也就完成了，这就是用例驱动方法。在软件开发过程中，采用用例驱动是 Jacobson 对软件界最重要的贡献之一。

用例图（Use Case Diagram）定义了系统的功能需求。用例图从用户的角度描述系统功能，并指出各功能的操作者。用 UML 开发软件是对用例进行迭代、渐增式地构造的过程。

用例图的主要元素是用例、执行者和通信联系。用例图中用方框画出系统的功能范围，该系统功能的用例都置于方框中，用例的执行者都置于方框外。执行者和用例之间要进行通信联系（信息交换）。

1）用例

用例用椭圆表示。

- 用例是一个类，它代表一类功能而不是使用该功能的某一具体实例。
- 用例代表某些用户可见的功能，用于实现一个具体用户目标。
- 用例由执行者激活，并提供确切的值给执行者。
- 用例可大可小，但必须是对一个具体用户目标实现的完整描述。
- 用例之间存在一定的关系，如一般-特殊关系、包含关系（特殊的依赖关系）。

2）执行者

执行者也称为角色，用一个小人图形表示。

- 执行者实际上就是类。
- 执行者是与系统交互的人或物。
- 执行者是能够使用某个功能的一类人或物。
- 执行者之间可以有一般-特殊关系。

3）通信联系

执行者和用例之间交换信息称为通信联系。执行者与用例之间用线段连接，表示两者之间进行通信联系。

执行者不一定是一个具体的人，可能是使用该系统的其他系统或设备等，但都用人形来表示。执行者激活用例，并与用例交换信息。一个执行者可与多个用例联系；反过来，一个用例也可与多个执行者联系。对于同一个用例，不同执行者起的作用也可以不同。

4）脚本

脚本是用例的实例，即系统的一次具体执行过程。用例图中应尽可能包含所有的脚本，才能较完整地从用户使用的角度来描述系统的功能。

【例 6.1】 画出饮用水自动售水系统的用例图。

饮用水自动售水系统的使用方法如下：供水正常时，绿灯亮，等待顾客投币。如果顾客投入一元硬币，则可以自动控制放水 5 升；若投入五角硬币，可放水 2.5 升；如果选择一元，投入两个五角硬币，也可放水 5 升。如果连续放水较多，饮用水来不及供应，会亮红灯表示要求顾客等待，并会把顾客投入的硬币退出来。供水恢复正常时，红灯灭、绿灯亮。顾客投入的硬币由收银员定期回收。要求画出该系统的用例图。

解：下面通过分析该系统的脚本、用例、执行者，从而画出用例图。

顾客甲投入一个一元硬币，系统收到钱后放出 5 升水，这个过程就是一个脚本。

饮用水自动售水系统中，投入硬币的人可以是甲，也可以是乙，但是甲或乙不能称为执行者。因为具体某个人，如甲，可以放入一元硬币，也可以放入 5 角硬币；还可以执行取款功能，把钱取走。

根据系统功能，可以将执行者分为收银员和顾客两类。顾客可以投入一元或 5 角的硬币，顾客投入两个五角硬币和投入一个一元硬币的效果相同，因而顾客买水有两个脚本。如果系统饮用水产生得不够，系统亮红灯并把投入的硬币退出来，这个过程是另一个脚本。收银员取款也是一个脚本。该系统共有 4 个脚本。图 6.3 所示为饮用水自动售水系统的用例图。

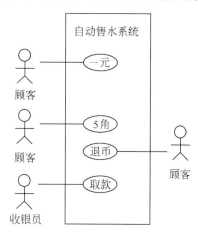

图 6.3　饮用水自动售水系统的用例图

6.3.2　类图和包

类图（Class Diagram）描述类与类之间的静态关系。类图表示系统或领域中的实体及实体之间的关联，由表示类的类框和表示类之间如何关联的连线所组成。包的作用是把各种相关的建模元素组织在一起，形成一个整体。

1．类图的符号

类的 UML 图标是一个矩形框，分成三个部分，上部写类名，中间写属性，下部写操作。类与类之间的关系用连线表示，不同的关系用不同的连线和连线端点处的修饰符来区别，类的图形符号和关系的连线如图 6.4 所示。

图 6.4　类的图形符号和关系的连线

1）类的名称
类的名称是名词，应当含义明确、无歧义。

2）类的属性
类的属性描述该类对象的共同特性。类属性的值应能描述并区分该类的每个对象。例如，学生对象的属性"姓名"是每个学生都具有的共同特性，而具体的某个姓名可以用来区分学生对象。

属性的选取符合系统建模的目的，系统需要的特性才作为类的属性。

属性的语法格式为：

可见性　　属性名:类型名= 初值{性质串}

例如：

+ 性别:字符型="男"{"男"，"女"}

（1）属性的可见性就是可访问性，通常分为以下三种：

- 公有的（Public）：用加号（+）表示；
- 私有的（Private）：用减号（−）表示；
- 保护的（Protected）：用井号（#）表示。

（2）属性名和类型名之间用冒号（：）分隔。类型名表示该属性的数据类型，类型可以是基本数据类型，如整数、实数和布尔型等；也可以是用户自定义的类型。

（3）属性的缺省值用属性的初值表示。

（4）等号。类型名和初值之间用等号连接。

（5）标记值。用大括号括起来的性质串是一个标记值，列出属性所有可能的取值，每个值之间用逗号分隔。也可以用性质串说明该属性的其他信息，如{只读}。

3）类的操作

类的操作用于修改、检索类的属性或执行某些动作。操作只能用于该类的对象上。描述类的操作的语法规则为：

可见性　操作名(参数表):返回值类型{性质串}

类与类之间的关系通常有关联关系、继承关系、依赖关系和细化关系 4 种。

2．类的关联关系

类的关联关系表示类与类之间存在某种联系。

1）普通关联

两个类之间的关联关系用直线连接来表示。类的关联关系有方向时，用黑三角表示方向，可在方向上起名字，也可不起名字，图 6.5 表示了关联的方向。不带箭头的关联可以是方向未知、未确定或双向的。

在类图中还可以表示关联中的数量关系，即参与关联的对象的个数或数量范围。

0⋯1	表示 0～1 个对象
0 ⋯* 或 *	表示 0 到多个对象
1⋯15	表示 1～15 个对象
3	表示 3 个对象
个数缺省	表示 1

图 6.5 表示学生与计算机的关联，学生使用计算机，计算机被学生使用，可以是几个学生合用一台计算机或多个学生使用多台计算机。

2）限定关联

在一对多或多对多的关联关系中，可以用限定词将关联变成一对一的关联，限定词放在关联关系末端的一个小方框内，如图 6.6 所示。

图 6.5　类与类的关联　　　　　　　　　图 6.6　类的限定

3）关联类

为了说明关联的性质，可以用关联类来记录关联的一些附加信息，关联类与一般类一样可以定义其属性、操作和关联。关联类用一条虚线与关联连接。

例如，学生与所学习课程具有关联关系，学生学习每门课程都可得到相应的学分、成绩。图 6.7 是学生类与课程类关联关系的关联类图示。

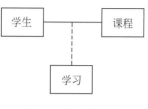

4）聚集

聚集表示类与类之间的关系是整体与部分的关系。在需求分析时，使用"包含""组成"和"分为"等词就意味着存在聚集关系。

图 6.7　关联类图示

聚集关系除了一般聚集关系外，还包括以下两个特殊的聚集关系。

（1）共享聚集。

部分对象可同时参与多个整体对象的构成，称为共享聚集。例如，学生可参加多个学生社团组织。

一般聚集和共享聚集的表示符号都是在整体类的旁边画一个空心菱形，用直线连接部分类，如图 6.8 所示。

图 6.8　共享聚集图例

（2）复合聚集（组成）。

如果部分类完全隶属于整体类，部分与整体共存亡，则称该聚集为复合聚集，简称为组成。组成关系用实心菱形表示。

例如，旅客列车由火车头和若干车厢组成，车厢分为软席、硬席、软席卧铺和硬席卧铺 4 种。图 6.9 是旅客列车组成图，是一个典型的复合聚集图例。

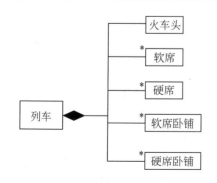

图 6.9　复合聚集图例

3．类的一般-特殊关系

类的一般-特殊关系，也称为继承关系或类的泛化，用空心三角形表示，三角形的顶角对着父类。图 6.10（a）表示汽车类含客车与货车两个子类，子类与父类有单继承关系。图 6.10

（b）表示冷藏车既继承货车的特性"载货"，又继承冷藏设备的特性"冷藏"，具有多继承关系。

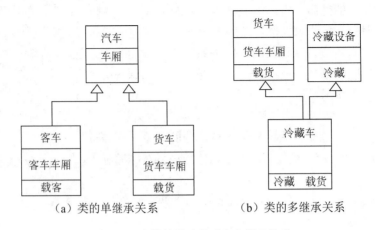

（a）类的单继承关系　　　　　　（b）类的多继承关系

图6.10　类的单继承关系和多继承关系

4．类的依赖关系

用带箭头的虚线连接有依赖关系的两个类，箭头指向独立的类。如图6.11所示，类A

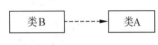

图6.11　类的依赖关系

是独立的，类B以某种方式依赖于类A，如果类A改变了，将影响依赖于它的类B中的元素。如果一个类向另一个类发送消息，一个类使用另一个类的对象作为操作的参数，一个类用另一个类的对象作为它的数据成员等，则这样的两个类之间都存在依赖关系。连接依赖关系的虚线可以带一个标签，具体说明依赖的种类。

5．类的细化关系

在软件开发的不同阶段都使用类图，这些类图表示了类在不同层次的抽象。类图可分为三个层次。

（1）概念层类图。在需求分析阶段用概念层类图描述应用领域中的概念。

（2）说明层类图。在设计阶段用说明层类图描述软件的接口部分。

（3）实现层类图。在实现阶段用实现层类图描述软件系统中类的实现。

当对同一事物在不同抽象层次上进行描述时，这些描述之间具有细化关系。例如类A进一步详细描述后得到类B，则称类A与类B具有细化关系，用由B指向A的虚线及空心三角形表示。图6.12表示类的细化关系，类A进一步细化后得到类B，即类B细化了类A。细化主要用于表示类的模型之间的相关性，常用于跟踪模型的演变。

6．包

包（Package）是一种组合机制。包由类图或另一个包构成，表示包与包之间的依赖、细化和泛化等关系。包像一个"容器"，可以组织模型中的相关元素。包是把各种各样的模型元素通过内在的语义关系连接在一起，形成的一个高内聚、低耦合的整体。包通常用于对模型的管理，有时可把包称为子系统。

包的图示符号由两个矩形组成，小的矩形位于大矩形（大方框）的左上角，如图6.13所示。包的名字可以写在小的矩形内，也可以写在大方框内。

当不需要关心包的内容和细节时，把包的名字标注在大方框内。当需要显示包的内容时，把包的名字写在小方框内，包的内容放在大框内。包的内容可以是类的列表、类图或者是另一个包。

图 6.12　类的细化关系　　　　　　　图 6.13　包的图示符号

包与包之间可以建立依赖、泛化和细化关系，其图形符号与类图中相同。

包是模型的一部分，实际上是整个系统的子系统。建模人员可将模型按内容分配至一系列的包中。

设计包时必须遵守的原则有重用等价原则、共同闭包原则、共同重用原则和非循环依赖原则。

- 重用等价原则。把包作为可重用的单元。把类放在包中时，要方便重用，方便对该包的各个版本的管理。
- 共同闭包原则。把需要同时改变的类放在一个包中。在大型项目中，往往会有许多包，对包的管理并不容易。将相互影响的类放在同一个包中，当改动一个类时，只对一个包有影响，而对其他包不会有影响。共同闭包原则就是提高包的内聚、降低包的耦合。
- 共同重用原则。不会一起使用的包不要放在同一个包中。
- 非循环依赖原则。包和包之间的依赖关系不要形成循环。

UML 中，包是一种建模元素，在建模时用来组织模型中的各种元素，是分组事物（Grouping Thing）的一种。UML 中并没有包图，通常所说的包图是指类图、用例图等。在系统运行时并不存在包的实例。而类在运行时会有实例存在，即某个具体的对象。

6.3.3　对象图

对象是类的实例。因此，对象图（Object Diagram）可以看作是类图的实例，能帮助人们理解比较复杂的类图。类图与对象图之间的区别是对象图中对象的名字下面要加下画线。

对象有三种表示方式：

- <u>对象名：类名</u>
- <u>对象名</u>
- <u>：类名</u>

对象名与类名之间用冒号连接，一起加下画线。也可以只写对象名并加下画线，类名及"："省略。如果只有类名而没有对象名，表示对象时，类名前一定要加"："，"："和类名都要加下画线。

例如，图 6.14 表示学生类中的对象实例"王一"与计算机类中的对象实例"10 号机"之间的关联关系，这里对象名及类名的下面都加了下画线。这两个对象的属性和服务没有标出，强调的是两个类之间的联系：学生类对象"王一"使用了计算机类的对象"10 号机"。

图 6.14　对象图

6.3.4　状态图

在使用面向对象方法进行系统分析时，与传统方法的需求分析一样，一般应分析对象的状态，画出状态图，才可正确地认识对象的行为并定义它的服务。

并不是所有的类都需要画状态图。有明确意义的状态、在不同状态下行为有所不同的类才需要画状态图。

状态转换（State Transition）是指两个状态之间的关系，它描述了对象从一个状态进入另一个状态的情况，并执行了所包含的动作。

UML 状态图（Statechart Diagram）的符号与 2.6 节介绍的一样。

- 椭圆或圆角矩形：表示对象的一种状态，椭圆内部填写状态名。
- 箭头：表示从箭头出发的状态可以转换到箭头指向的状态。
- 事件（Event）：引起状态转换的原因。事件名可在箭头线上方标出。
- 条件：事件名后面可加方括号，括号内写状态转换的条件。
- 实心圆●：指出该对象被创建后所处的初始状态。
- 内部实心的同心圆◉：表示最终状态。

一张状态图的初始状态只有一个，而最终状态可以有多个；也可以没有最终状态，只有用圆角矩形表示的中间状态。

图 6.15　中间状态的三个组成部分

每个中间状态有不同的操作（活动），中间状态可能包含三个部分：状态名称、状态变量的名称和值、活动表，如图 6.15 所示。这里状态变量和活动表都是可选项。

活动表经常使用三种标准事件：entry（进入）、exit（退出）和 do（做）。活动表中 entry 事件指进入该状态的动作，相当于状态图中的初始状态，可用实心圆●表示；exit 事件指退出该状态的动作，对应于状态图中的◉；do 事件指在该状态下的动作，可在表示该状态的圆角矩形框内用状态子图详细描述。这些标准事件一般不用于其他用途。

活动表较复杂时也可用在状态图中嵌套一个状态子图的方法来表示。

活动表中表示动作的语法如下：

事件名(参数表)/ 动作表达式

事件名可以是任何事件，包括上述三种标准事件；需要时可以指定事件的参数表；动作表达式指定应做的动作。

状态机（State Machine）指定某对象或交互过程在其整个生命周期中对事件做出响应而先后经历的各种状态，同时表明响应和动作。

状态机为类的对象在生命周期建立模型。状态机由对象的一系列状态和激发这些状态的转换组成，状态转换附属的某些动作可能被执行，状态机用状态图描述。

【例 6.2】　状态机举例。

图 6.16 是拨打电话的状态转换图，共有两个状态：空闲状态和活动状态。对于活动状态，又可具体画出拨打电话时可能遇到的几种不同情况，在表示活动状态的圆角矩形框内用嵌套的状态子图详细描述出来。

含有子状态的状态称为组合状态（Composite State），如图 6.16 所示，拨打电话状态是组合状态。

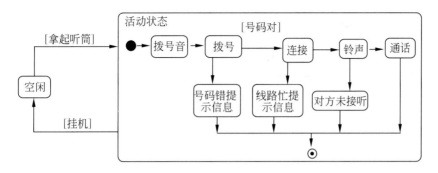

图 6.16　拨打电话的状态转换图

6.3.5　顺序图

顺序图（Sequence Diagram）描述对象之间动态交互的情况，着重表示对象间消息传递的时间顺序。顺序图中的对象用矩形框表示，框内标有对象名。

顺序图有两个方向：

- 从上到下：从表示对象的矩形框开始，从上到下代表时间的先后顺序，并表示某段时间内该对象是存在的。
- 水平方向：横向水平线的箭头指示了不同对象之间传递消息的方向。

如果对象接收到消息后立即执行某个活动，称对象被激活了，激活用细长的矩形框表示，写在该对象的下方。消息可以带有条件表达式，用来表示分支或决定是否发送。带有分支的消息，某一时刻只发送分支中的一个消息。

浏览顺序图的方法是从上到下按时间的顺序查看对象之间交互的消息。

【例 6.3】　用顺序图描述打电话的操作过程。

打电话时，主叫方拿起听筒，信息就发给交换机；交换机接收到信息后，发信息给主叫方，电话发出拨号音；主叫方拨电话号码；交换机发响铃信息给通话双方；被叫方在 30秒内接听电话双方就可通话；通话结束，停止铃音。若被叫方没有在 30 秒内接听电话，则停止铃音不能通话。

图 6.17 是一个描述打电话操作过程的顺序图，这里被叫方没有接听电话以致不能通话的情况反映不出来。此时可以用活动图描述，如图 6.18 所示。

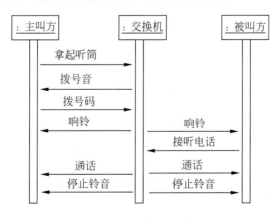

图 6.17　打电话操作过程的顺序图

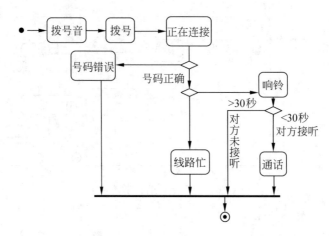

图 6.18　打电话操作过程的活动图

6.3.6　活动图

活动图（Activity Diagram）是状态图的一种特殊情况。不需指明任何事件，只要动作被执行，活动图中的状态就自动开始转换。如果状态转换的触发事件是内部动作的完成，可用活动图描述；当状态转换的触发事件是外部事件时，常用状态转换图来表示。

在活动图中，用例和对象的行为中的各个活动之间通常具有时间顺序。活动图表达这种顺序，展示出对象执行某种行为时或者在业务过程中所要经历的各个活动和判定点。每个活动用一个圆角矩形表示，判定点用菱形框表示。

【例 6.4】　用活动图描述打电话过程。

拨打电话过程可用活动图描述，如图 6.18 所示。主叫方拿起听筒；出现拨号音；拨号；连接时如果号码错误就停止，如果号码正确还要判断对方是否线路忙；线路忙则停止；线路不忙才能接通，听到响铃，若对方在 30 秒内接听电话，则进行通话，通话结束后停止；若对方 30 秒内未接听则停止。这个活动图描述了主叫方所需求的电话功能的设计方案，电话在遇到不同情况时进入不同的状态，图中含有判断。

6.3.7　协作图

协作图（Collaboration Diagram）用于描述系统中相互协作的对象之间的交互关系和关联链接关系，用对象图的形式来描述。协作图和顺序图都是用于描述对象间的交互关系，但它们的侧重点不同：顺序图着重表示交互的时间顺序，协作图着重表示交互对象的静态链接关系。

协作图中对象图示与顺序图相同。对象之间的连线代表了对象之间的关联和消息传递，每个消息箭头都带有一个消息标签。书写消息标签的语法规则如下：

前缀　[条件]　　序列表达式　　返回值 := 消息说明

- 前缀：前缀表示在发送当前消息之前应该把指定序列号的消息处理完。若有多个序列号则用逗号隔开。用斜线标志前缀的结束。
- 条件：书写条件的语法规则与状态图一样，在方括号内写出条件。
- 序列表达式：序列表达式用于指定消息发送的顺序。在协作图中把消息按顺序编号。

消息 1 总是消息序列的开始消息，消息 1.1 是处理消息 1 过程中的第 1 条嵌套消息，消息 1.2 是第 2 条嵌套消息，以此类推。

- 消息说明：消息说明由消息名和参数表组成，其语法与状态图中事件说明的语法相同。
- 返回值：返回值表示消息（操作调用）的结果。

协作图用于描述系统行为是如何由系统的成分协作实现的，只有涉及协作的对象才会被表示出来。协作图中，多对象用多个方框重叠表示。图 6.19 描述了学生成绩管理系统中，教师担任多门课程的教学任务，以及学生学习多门课程。

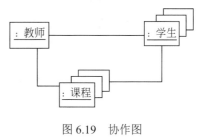

图 6.19　协作图

6.3.8　构件图

构件图（Component Diagram）描述软件构件之间的相互依赖关系。

1．构件的类型

软件构件（也称为组件）有以下几种类型。

- 源构件：实现类的源代码文件。
- 二进制构件：一个对象代码文件、一个静态库文件或一个动态库文件。
- 可执行构件：一个可执行的程序文件，是链接所有二进制构件所得到的结果。

构件的几种类型中，只有可执行构件才可能有实例。构件图只把构件表示成类型，如果要表示实例则必须使用部署图。

2．构件的表示符号

构件的表示符号如图 6.20 所示。

图 6.20　构件图

构件图的图示符号是左边带有两个小矩形的大矩形。构件的名称写在大矩形内。

构件的依赖关系用一条带箭头的虚线表示。箭头的形状表示消息的类型。

构件的接口：从代表构件的大矩形边框画出一条线，线的另一端是小空心圆，接口的名字写在空心圆附近。这里的接口可以是模块之间的接口，也可以是软件与设备之间的接口或人机交互界面。

图 6.20 表示某系统程序有外部接口，并调用数据库。由于在调用数据库时，必须等数据库中的信息返回后，程序才能进行判断、操作，因而是同步消息传送。

6.3.9　部署图

部署图（Deployment Diagram）描述计算机系统硬件的物理拓扑结构及在此结构上运

行的软件。使用部署图可以表示硬件设备的物理拓扑结构和通信路径、硬件上运行的软件构件、软件构件的逻辑单元等。部署图常用于帮助人们理解分布式系统。

部署图含有以下要素：节点和连接、构件和接口、对象。

1. 节点和连接

节点（Node）是一种代表运行时计算资源的分类器。一般来说，节点至少要具备内存，而且常常具有处理能力。运行时对象和构件可驻留在节点上。

节点可代表一个物理设备及在该设备上运行的软件系统。例如，一个服务器、一台PC、一台打印机、一台传真机等。节点用一个立方体表示，节点名放在立方体的左上角。

节点间的连线表示系统之间进行交互的通信线路，在 UML 中称为连接。通信的类型写在表示连接的线旁，以指定所用的通信协议或网络类型。节点的连接是关联，可以加约束、版型、多重性等符号。图 6.21 所示的金龙卡饮食销售系统中有两个节点：收银端和销售端。

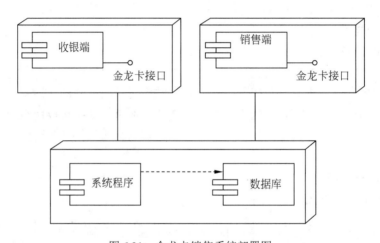

图 6.21　金龙卡销售系统部署图

2. 构件和接口

部署图中的构件代表可执行的物理代码模块（可执行构件的实例），在逻辑上可以和类图中的包或类对应。因此，部署图显示运行时各个包或类在节点中的分布情况。

在面向对象方法中，类和构件的操作和属性对外并不都是可见的，类和构件等元素对外提供的可见操作和属性称为接口。接口用一端是小圆圈的直线来表示。

3. 对象

部署图中的构件是包或类对应的物理代码模块，因此构件中应包含一些运行的对象。部署图中的对象与对象图中对象的表示方法相同。

【例 6.5】　用部署图描述使用金龙卡的饮食销售系统。

图 6.21 是金龙卡饮食销售系统的部署图。该系统中有若干个销售端，每个销售端有一个金龙卡接口和一个输入销售金额的界面。输入销售金额后，要将数据库中该金龙卡原有的余额减去输入的金额后，得到的新余额存入数据库中。后台服务器有系统程序和数据库，

系统程序用来对数据库中的数据进行处理。收银端有一个金龙卡接口和一个输入金额的界面，这里输入的金额要与数据库中该金龙卡原有的余额相加，然后将得到的新的余额存入数据库中。

6.4 UML 的应用

利用 UML 进行软件开发时，在面向对象分析阶段和面向对象设计阶段所使用的描述符号相同，因此不需要严格区分这两个阶段的工作。

UML 是一种标准建模语言，用来建立模型，描述某些内容，表示使用一个方法的结果。它缺少描述解决问题的方法和执行过程的机制，缺少对过程或方法做什么、怎么做、为什么做、什么时候做等问题的指示。

为了解决对过程的描述问题，使用 UML 进行面向对象开发时，采用以用例驱动、以体系结构为中心的、反复迭代的、渐增式的构造方法。首先选择系统中某些用例，完成这些用例的开发，再选择一些未开发的用例进行开发，如此迭代、渐增地进行，直至所有的用例都实现为止。每次迭代都包含了分析、设计、实现、测试和交付等各个阶段，但整个项目的迭代次数不宜过多，通常以 3~5 次为宜。

使用 UML 进行面向对象方法从建立模型开始，画出相应的 UML 图；再考虑不同的视图补充所需要的图；最后把这些图合成为一个整体。这样就可比较全面地建立系统模型，合理正确地解决问题、设计软件。

6.4.1 UML 模型

面向对象方法在开发过程中会产生以下几种主要模型：用例模型、静态模型、动态模型和实现模型。这些模型由 UML 图组成，开发者并不需要使用所有的图，也不需要建立每种模型，应只对关键事物建立模型，可根据软件系统的实际需要选择几种图和模型。

1. 用例模型

用例模型从用户的角度描述系统需求，是所有开发活动的指南。它包括一至多张用例图。用例模型定义了系统的用例（Use Case）、执行者（角色 Actor）及角色与用例之间的交互行为（Association）。

由于用 UML 开发软件是对用例进行迭代渐增式的构造的过程，因此要对用例进行分析，明确究竟哪些用例必须先开发，哪些用例可以晚一点开发，正确制订开发计划。具体步骤如下：

（1）将用例按优先级分类。优先级高的、必须首先实现的功能最先开发。

（2）区分用例在体系结构方面的风险大小。如果某个用例暂时不实现，会导致以后进行迭代渐增开发时有大量的改写工作，那么这样的用例需要先开发。

（3）对用例所需的工作量进行估算，合理安排工作计划。有些在进度方面风险大的、无法估算工作量的用例，不能放到最后再开发，以免因它的实际工作量太大而影响整个工程的进度。

在迭代渐增式开发软件时，每次迭代都是在前一次迭代的基础上增加另一些用例，对每次软件集成的结果都应进行系统测试，并向用户演示，表明用例已正确实现。所有的测试用例都应保存，以便在以后的迭代中进行回归测试。

2．静态模型

任何建模语言都以静态模型作为建模的基础，统一建模语言也不例外。静态模型描述系统的元素及元素间的关系。它定义了类、对象，以及它们之间的关系和组件模型。

组件是组成应用程序的可执行单元，类被分配到各组件中，以提供可重复使用的应用程序结构部件。组件为即插即用的应用程序结构奠定了基础。

UML 对可重用性的支持，在设计的前期体现为支持可重复使用的类和结构，后期则体现在组件的装配方面。

静态模型主要描述类、接口、用例、协作、组件和节点等体现系统结构的事物。静态模型使用的图包括用例图、类图、包图、对象图、构件图、部署图等。

有时软件系统并不大，可以只建立对象模型，描述系统所包含的所有对象及其相互关系，而静态模型中的其他图可以省略。

3．动态模型

动态模型描述系统随时间的推移发生的行为。动态模型可以使用的 UML 图有状态图、顺序图、活动图、协作图等。

动态模型主要描述两种动作：消息交互和状态机。

（1）消息交互。对象之间为达到特定目的而进行一系列消息交换，从而组成一系列动作，通过消息通信相互协作，可用顺序图、活动图、协作图等描述。

（2）状态机。状态机由对象的一系列状态和激发这些状态转换的事件组成，用状态图描述。

4．实现模型

实现模型包括构件图和部署图，它们描述了系统实现时的一些特性。

（1）构件图显示代码本身的逻辑结构。构件图描述系统中的软构件及它们之间的相互依赖关系，构件图的元素有构件、依赖关系和接口。

（2）部署图显示系统运行时的结构。部署图显示系统硬件的拓扑结构和通信路径，以及在系统结构节点上执行的软件构件所包含的逻辑单元等。

6.4.2　UML 视图

视图是模型的简化说明，即采取特定的角度或观点并忽略与相应角度或观点无关的实体来表达系统某一方面的特征。

一个系统往往可以从不同的角度进行观察。从任一个角度观察到的系统都构成系统的一个视图，每个视图都是整个系统描述的一个投影，说明了系统的一个特殊侧面。若干个不同的视图可以完整地描述所建造的系统。每种视图都是由若干幅 UML 图组成的，每一幅图包含了系统某一方面的信息，阐明系统的一个特定部分或方面。由于不同视图之间存在一些交叉，因此一幅图可以作为多个视图的一部分。

1．UML 视图分类

在 UML 中，视图可划分成 9 类，分别属于三个层次。

第一层，视图被分成三个视图域：结构分类、动态行为和模型管理；第二层是每个视图域所包括的一些视图；第三层由 UML 图组成。

1）结构分类

结构分类描述系统中的结构成员及其相互关系。结构分类包括静态视图、用例视图和实现视图。

- 静态视图。由类图组成，主要的概念为类、关联、继承、依赖关系、实现和接口。
- 用例视图。由用例图组成，主要概念为用例、执行者、关联、扩展、包含和用例继承。
- 实现视图。由构件图组成，主要概念为构件、接口、依赖关系和实现。

2）动态行为

动态行为描述系统随时间推移发生的行为。动态行为视图包括部署视图、状态视图、活动视图和交互视图（由顺序图、协作图构成）。

- 部署视图。由部署图组成，主要概念为节点、构件、依赖关系和位置。
- 状态视图。由状态图组成，主要概念为状态、事件、转换和动作。
- 活动视图。由活动图组成，主要概念为状态、活动、转换、分叉和结合。
- 交互视图。由顺序图、协作图构成，主要概念为交互、对象、消息、激活、协作和角色。

3）模型管理

模型管理说明了模型的分层组织结构。模型管理视图根据系统开发和部署组织视图，主要概念为包、子系统和模型。

4）可扩展性

UML 所有的视图和所有的图都具有可扩展性，扩展机制是用约束、版型和标签值来实现的。

表 6.1 列出了 UML 的视图、图及与图有关的主要概念。

表 6.1　UML 视图和图

视图域	视　　图	图	主　要　概　念
结构分类	静态视图	类图	类、关联、泛化、依赖关系、实现、接口
	用例视图	用例图	用例、执行者、关联、扩展、包含、用例继承
	实现视图	构件图	构件、接口、依赖关系、实现
动态行为	部署视图	部署图	节点、构件、依赖关系、位置
	状态视图	状态图	状态、事件、转换、动作
	活动视图	活动图	状态、活动、转换、分叉、连接
	交互视图	顺序图	交互、对象、消息、激活
		协作图	协作、交互、角色、消息
模型管理	模型管理视图	类图	包、子系统、模型
可扩展性	所有	所有	约束、版型、标签值

2. 常用的 UML 视图

下列 5 种 UML 视图是较常用的，可用来观察系统。分别是用例视图、逻辑视图、并发视图、构件视图和部署视图。

1）用例视图

用例视图展示了外部执行者所观察到的系统功能。用例视图为客户、分析员、设计者、编程者和测试者描述了系统的使用方法。用例视图是中心，它的内容决定了其他视图的开发。用户根据用例视图来确认系统是否符合其需求，开发者根据用例视图设计、测试系统功能。用例视图有助于用户、系统分析员、开发人员和测试人员之间的交流。

2）逻辑视图

逻辑视图表示系统中含有的类之间的逻辑关系，描述系统内部是如何提供系统功能的。逻辑视图是为分析者、设计者和编程者提供的。逻辑视图用类图和对象图描述系统的静态结构；用状态图、顺序图、协作图、活动图描述系统的动态行为。

3）并发视图

并发视图描述了系统的并发性，将系统分割成并发执行的控制线程，并处理这些线程的通信和同步。例如，哪些事情将会同时发生，哪些事情必须保持同步。建立并发视图有助于系统开发者和系统集成者之间的交流。并发视图用状态图、顺序图、协作图、活动图、构件图、部署图来描述。

4）构件视图

构件视图展示了代码构件的组织结构，描述了模块和模块之间的依赖关系。构件视图是针对开发者的，用构件图来描述。

5）部署视图

部署视图展示系统部署。例如，展示计算机、设备及它们相互间的连接，展示系统各部件的具体运行地点。举个例子，图书馆的"图书目录查询"程序在读者查询机上运行；"图书流通"（借书、还书）程序在图书流通部的计算机上运行。部署视图是针对开发者、系统集成者和测试者的，用部署图来描述。

显然描述系统分析、设计的各个部分和各个方面的所有 UML 图都是描述同一个系统的，它们之间不能有矛盾。

总之，一个系统可以有多种视图，但视图之间必须是一致的。同样，系统可以有多种模型，模型之间也必须是一致的。UML 有多种模型和多种视图，在实际的软件开发过程中，开发者可以根据自己的需要选择几种来运用。

6.4.3　UML 使用准则

UML 可以有多种模型、多种视图，都是用图来描述的。UML 的每种图形规定了许多符号。在实际的软件开发过程中，开发者并不需要使用所有的图；也不需要对每个事物都画模型，应根据自己的需要选择使用其中的几种图。

下面介绍一些 UML 的使用准则。

1. 选择使用合适的 UML 图

应当优先选用简单的图形和符号。例如，最常用的概念为用例、类、关联、属性和继承等，应当首先用图描述这些内容。

2. 只对关键事物建立模型

要集中精力围绕问题的核心来建立模型。最好只画几张关键的图，经常使用并不断更新、修改这几张图。

3．分层次地画模型图

根据项目进展的不同阶段，画不同层次的模型图，不要一开始就进入软件实现细节的描述。软件分析的开始阶段通过分析对象实例建立系统的基本元素，即对象或构件；然后建立类、建立静态模型；分析用例、建立用例模型和动态模型；在设计阶段考虑系统功能的实现方案。

4．模型应具有协调性

每个抽象层次内的模型，以及不同抽象层次的模型都必须协调一致。对同一事物从不同角度描述得到不同的模型、不同的视图后，要把它们合成为一个整体。建立在不同层次上的模型之间的关系要用 UML 中的细化关系表示出来，以便追踪系统的工作状态。

5．模型和模型的元素大小适中

如果要建模的问题比较复杂，可以把问题分解成若干个子问题，分别对每个子问题建模，把每个子模型构成一个包，以降低模型的复杂性和建模的难度。

6.4.4 UML 的扩展机制

为了使 UML 能很容易地适应某些特定的方法、机构或用户的需要，UML 设计了适当的扩展机制。利用扩展机制，用户可以定义和使用自己的模型元素。

UML 的扩展机制可以用三种形式给模型元素加上新的语义：重新定义、增加新语义或对某些元素的使用增加一些限制。

1．标签值

利用标签值（标记值）可以增加模型元素的信息。每个标签代表一种性质，能应用于多个元素。每个标签值把性质定义成一个标签名和标签值。标签名和标签值都用字符串表示，且用花括号{}括起来。标签值是布尔值 true（真）时，可以省略不写。

例如，抽象类通常作为父类，用于描述子类的公共属性和行为。在抽象类的类图中，类名下面加上标签{abstract}，则表明该类不能有任何实例，如图 6.22（a）所示。

对于类的 static（静态的）、virtual（虚拟的）、friend（友元）等特性，有时也可以用三角形来标记，如图 6.22（b）所示，分别标有字母 S、V、F。

（a）该类不能有实例　　　（b）类的静态、虚拟、友元特性

图 6.22　标签的使用

2．约束

约束对 UML 的元素进行限制。约束可以附加在类、对象或关系上。约束写在大括号内。约束不能给已有的 UML 元素增加语义，只能限制元素的语义。

以下是约束的示例：

- {complete}：用于关系的约束，表明该分类是一个完全分类。
- {hierarchy}：用于关系的约束，表明该关系是一个分层关系。
- {ordered}：用于多重性的约束，表明目标对象是有序的。

- {bag}：用于多重性的约束，表明目标对象多次出现、无序。

3．版型

版型（Stereotype）能把 UML 已经定义的元素的语义专有化或扩展。UML 中预定义了 40 多种版型，与标签值和约束一样，用户也可以自定义版型。

版型的图形符号是"《"和"》"，中间写版型名，如图 6.23 所示。

```
服务器 ─《TCP/IP》─ 客户端
```

图 6.23　UML 图中的版型

UML 中的元素具有通用的语义，利用版型可以对元素进行专有化或扩展。版型不是给元素增加新的属性或约束，而是直接在已有元素中增加新的语义。

6.4.5　UML 的应用领域

UML 是一种建模语言，是一种标准的表示方法。UML 可以为不同领域的人们提供统一的交流方法。其表示方法的标准化，有效地促进了不同背景的人们的交流，有效地促进了软件分析、设计、编码和测试人员的相互理解。

UML 的目标是用面向对象的图形方式来描述任何系统，因此它具有很宽的应用领域。其中最常用的是建立软件系统的模型，也可以用于描述非计算机软件的其他系统，例如机械系统、商业系统、处理复杂数据的信息系统、企业机构或业务流程、具有实时要求的工业系统或工业过程等。UML 是一种通用的标准建模语言，可以为任何具有静态结构和动态行为的系统建立模型。

UML 适用于系统开发的全过程，应用于需求分析、设计、编码和测试的所有阶段。

（1）需求分析：通过建立用例模型，描述用户对系统的功能要求。用逻辑视图和动态视图来识别和描述类及类之间的相互关系。用类图描述系统的静态结构，用协作图、顺序图、活动图和状态图描述系统的动态行为。此时只建立模型，并不设计软件系统的解决问题的细节。

（2）设计：在分析结果的基础上，定义软件系统技术方案的细节。

（3）编码：把设计阶段得到的类转换成某种面向对象程序设计语言的代码。

（4）测试：不同的软件测试阶段可以用不同的 UML 图作为测试的依据。例如，单元测试可以使用类图和类的规格说明；集成测试使用构件图和协作图；系统测试使用用例图；验收测试由用户使用用例图。

目前，Microsoft Visio 2000 Professional Edition 和 Enterprise Edition 包含通过逆向工程将 Microsoft Visual C++、Microsoft Visual Basic 和 Microsoft Visual J++代码转换为统一建模语言类图、模型的技术。逆向工程是从代码到模型的过程。自动逆向工程技术既方便了软件人员对程序的理解，也方便了对程序正确性的检查。

总之，UML 适用于以面向对象方法来描述任何类型的系统，而且适用于系统开发的全过程。

小　　结

面向对象方法是一种将数据和处理相结合的方法。面向对象方法不强调分析与设计之间的严格区分。从面向对象分析（OOA）到面向对象设计（OOD）是一个反复多次迭代的过程。

面向对象方法使用对象、类和继承机制，对象之间仅能通过传递消息实现彼此通信。可以用下列方程来概括：

$$面向对象=对象+类+继承+用消息通信$$

UML 是面向对象方法使用的标准建模语言。

常用的 UML 图有 9 种：用例图、类图、对象图、状态图、顺序图、活动图、协作图、构件图、部署图。

包由类图或另一个包构成，表示包与包之间的依赖、细化和泛化等关系。包通常用于对模型的管理，可把包称为子系统。

UML 是一种有力的软件开发工具，它不仅可以用于在软件开发过程中对系统的各个方面建模，还可以用在许多工程领域。

面向对象方法在开发过程中会产生几种主要模型：用例模型、静态模型、动态模型和实现模型。UML 常用的视图有 5 种：用例视图、逻辑视图、构件视图、并发视图、部署视图。开发者应根据实际的需要选择使用 UML 图和模型。

习　　题　　6

1．简述什么是对象、属性、服务、关系，并举实例说明。

2．简述面向对象方法的要素和优点。

3．简述什么是状态、事件、行为，并举例说明。

4．什么是 UML？它有哪些特点？

5．UML 有哪些图？

6．用 UML 较完整地描述例 2.2 学生成绩管理系统中的类、对象、系统功能和处理过程，可画用例图、类图、状态图、顺序图和部署图等进行描述。

7．拟开发银行计算机储蓄系统。存款分活期、定期两类，定期又分为三个月、半年、一年、三年、五年，利率各不相同，用利率表存放。储户到银行后填写存款单或取款单。存款时，登记存款人姓名、住址、存款额、存款类别、存款日期，可以留密码。储蓄系统为储户建立账号，根据存款类别记录存款利率并将储户填写的内容存入储户文件中，打印出存款单交给储户。取款时，储户填写账号、储户姓名、取款金额、取款日期。储蓄系统从储户文件中查找出该储户记录，如果存款时留有密码，则系统首先核对储户密码，若密码正确或存款时未留密码，继续操作；若密码错误则停止操作。若是定期存款，则计算利息，打印出本金、利息清单给用户，然后注销该账号。若是活期存款，则扣除取出的金额，计算出存款余额，打印取款日期、取款金额及余额。写出该储蓄系统的数据字典，画出数据流图、对象模型、功能模型和动态模型。

8．某市进行招考公务员工作，分行政、法律和财经三个专业。市人事局公布所有用人单位招收各专业的人数，考生报名，招考办公室发放准考证。考试结束后，招考办公室发放考试成绩单，公布录取分数线，针对每个专业，分别将考生按总分从高到低进行排序。用人单位根据排序名单进行录用，发放录用通知书给考生，并给招考办公室留存备查。请根据以上情况进行分析，确定本题应建立哪几个对象类？画出顺序图。

9．某公安报警系统在一些公安重点保护单位（如银行、学校等）安装了报警装置。工作过程如下：一旦发生意外事件，事故发生单位只需按报警按钮，系统立即向公安局发出警报，自动显示报警单位的地址、电话号码等信息。接到警报，110警车立即出动前往出事地点。值班人员可以接通事故单位的电话问清情况，需要时再增派公安人员到现场处理。请根据以上情况进行分析，确定本题应建立哪几个对象类。画出顺序图。

10．选择填空题

UML中，用例可以用__A__来描述。协作图描述了协作的__B__之间的交互和连接，协作图画成__C__的形式。顺序图着重表示__D__间消息传递的时间顺序。活动图是__E__图的特殊情况，在活动图中，用例和__F__的行为中的各个活动之间通常具有时间顺序。活动图表达这种顺序，展示出对象执行某种行为时或者在业务过程中所要经历的各个活动和判定点。

供选择的答案：

A，B，C：① 用例　　② 状态图　　③ 活动图　　④ 协作图　　⑤ 对象图　　⑥ 对象

D，E，F：① 类　　② 对象　　③ 状态　　④ 执行者

第 7 章 | 面向对象软件设计与实现

面向对象软件设计技术不强调软件分析与设计之间的严格区分，分析和设计时所用的概念和表示方法相同，本书都应用 UML 来描述。但面向对象的分析和设计仍然有不同的侧重点。分析阶段建立一个独立于系统实现的 OOA 模型；设计阶段考虑与实现有关的因素，对 OOA 模型进行调整并补充与实现有关的部分，形成面向对象设计（OOD）。OOD 结束后要进行面向对象的系统实现。

在面向对象软件分析设计过程中，应用 UML 建立模型时会产生以下几种主要模型：用例模型、静态模型、动态模型和实现模型。有时，可以从特定的角度观察系统，构成系统的一个视图（View），说明系统的一个特殊侧面。

本章重点：

- 面向对象分析；
- 面向对象设计；
- 面向对象测试。

7.1 面向对象分析

面向对象分析的目的是对客观世界的系统建立对象模型、动态模型和功能模型。在建立模型之前必须进行调查研究，分析系统需求，在理解系统需求的基础上建立模型，还要对模型进行验证。复杂问题的建模工作需要反复迭代构造模型，先构造子集，后构造整体模型。

7.1.1 面向对象分析过程

面向对象分析阶段要抽取和整理用户需求并建立问题域精确模型的过程。分析工作主要包括理解、表达和验证系统的过程。面向对象分析阶段要分析出软件系统中所含的所有对象及其相互之间的关系。面向对象分析阶段的步骤如下：

（1）发现对象，定义对象和类的属性与服务。

（2）分析确定各类对象之间的关系，建立实例连接。

（3）划分主题，定义系统结构。

（4）编写脚本并画顺序图，分析对象在系统中的不同状态及状态之间的转换，建立动态模型。

（5）分析系统中数据之间的依赖关系，以及数据处理功能，建立功能模型。

通过以上分析，建立系统的三种模型：
- 描述系统数据结构的对象模型。
- 描述系统控制结构的动态模型。
- 描述系统功能的功能模型。

这三种模型各自从不同的侧面反映了软件系统的内容，相互影响，相互制约，有机地结合在一起，能全面地表达对目标系统的需求。本章将详细介绍建立这三种模型的方法和步骤。

7.1.2 面向对象分析原则

面向对象分析的基础是对象模型。对象模型由问题域中的对象及其相互的关系组成。首先根据系统的功能和目的对事物抽象其相似性，抽象时可根据对象的属性、服务表达，也可根据对象之间的关系来表达。

面向对象分析的原则如下。

1. 定义有实际意义的对象

特别要注意的是，一定要把在应用领域中有意义的、与所要解决的问题有关系的所有事物作为对象，既不能遗漏所需的对象，也不能定义与问题无关的对象。

2. 模型的描述要规范、准确

强调实体的本质，忽略无关的属性。对象描述应尽量使用现在时态、陈述性语句，避免模糊的有二义性的术语。在定义对象时，还应描述对象与其他对象的关系，以及背景信息等。

例如，学校图书馆图书流通管理系统中，"学生"对象的属性可包含学号、姓名、性别、年龄、借书日期、图书编号、还书日期等。还可以定义"学生"类的属性——所属的"班级"。新生入学时，在读者数据库中以班级为单位，插入新生的读者信息；当这个班级的学生毕业时，可以从读者库中删除该班的所有学生，但是这个系统中没有必要把学生的学习成绩、家庭情况等作为属性。

再如，学生学籍管理系统中，班级有班主任，各门课程有对应的任课教师、学分、学时等。班级有一定数量的学生，如果某位学生留级，就应安排到后一年进校、到相同专业的班级中去等。某班的学生毕业后，该班就不存在了，但仍可作为学生档案中的信息备查。

3. 共享性

面向对象技术的共享有不同级别。例如，同一类共享属性和服务、子类继承父类的属性和服务；在同一应用中的共享类及其继承性；通过类库实现在不同应用中的共享等。

同一类的对象有相同的属性和服务。对不能抽象为某一类的对象实例，要明确地排斥。

例如，学生进校后，学校要把学生分为若干个班级，"班级"是一种对象类，"班级"通常有编号。同一年进校，学习相同的专业，同时学习各门课程，一起参加各项活动的学生，有相同的班长、相同的班主任，班上学生按一定的顺序编排学号等。同一年进校、不同专业的学生不在同一班级。同一专业、不是同一年进校的学生不在同一班级。有时，一个专业，同一届学生人数较多，可分为几个班级，这时不同班级的编号不相同。例如2005年入学的计算机系（代号01）计算机应用专业（代号02）的1班，用0501021作为班级号，

2005 年入学的计算机应用专业 2 班用 0501022 作为班级号。

4．封装性

所有软件构件都有明确的范围及清楚的外部边界。每个软件构件的内部实现和界面接口分离。

7.2　建立对象模型

对象模型是面向对象分析时，三个模型中最关键的一个模型，对象模型表示静态的、结构化的系统的"数据"性质。它是对客观世界实体中对象及其相互之间关系的映射，描述了系统的静态结构。

建立对象模型时，首先确定对象、类，然后分析对象的类及其相互关系。对象类与对象之间的关系可分为一般-特殊（继承或归纳）关系、聚集（组合）关系及关联关系。对象模型用类符号、类实例符号、类的继承关系、聚集关系和关联关系等表示。有些对象具有主动服务功能，称为主动对象。系统较复杂时，可以划分主题，画出主题图，这样有利于对问题的理解。

7.2.1　建立对象模型的基本方法

建立对象模型的基本方法是，首先进行调查研究、需求分析，然后建立系统的对象模型，建立系统说明文档。

1．需求分析调研

要将所研究的问题转化为对象模型，首先要对所研究的现实问题有充分的理解，这就需要进行周密的调查研究。建议进行以下工作：

（1）搜集必要的资料。

收集和所研究的问题有关的各种报表（如入库单、出库单、统计报表等），以及相似系统或原系统的操作手册、用户手册、系统流程分析、逻辑图、结构图等。

（2）访问用户并做好详细记录。

用户对系统提出的各种要求和期望就是用户需求。系统需求包括系统的功能、性能、可靠性、保密要求、交互方式和内容、经费及交付时间、资源使用限制等。可以采用实地考察的方法，获取领域知识、经验，听取用户的见解。对各个详尽的细节都要进行调查，对各种数据要记录下来进行分析，对用户操作过程尽快弄清楚。

（3）确定系统边界。

明确系统和人或其他软硬件之间的界限，确定它们之间的接口。这是分析设计中的一个关键问题。

2．建立系统的对象模型

面向对象分析中用对象模型描述系统的组成及各组成部分之间的关系。按以下步骤建立对象模型。

（1）发现、定义系统中对象和类的属性与服务。

在调研中记录下来的名称可能是对象的名称，也可能是对象属性的名称，有时还会有同义词。要删除同义词，确定对象和属性，并进一步确定对象属于系统之内还是系统之外，在满足系统功能的前提下，使系统中信息量或数据量最少。在定义对象和类的属性时，要分析是否有相似的已开发的面向对象模型，尽可能复用同类对象的属性定义。在建立对象模型时，只能初步确定对象和类的服务，在建立对象的动态模型和功能模型后，才能确切地定义对象的服务。

（2）定义系统中对象之间的关系。

定义对象之间的归纳关系（一般-特殊关系）、聚集关系（或称为组合关系、整体-部分关系）、关联关系、消息传递、链接等。

（3）确定系统的主题并画出主题图。

3．建立系统说明文档

系统说明文档用以补充对象模型，更完善有效地描述问题。系统说明文档有以下几种：

（1）对象说明文档。

对象说明文档的内容包括信息模型中每个对象的名称、属性、属性的值域、属性的作用，服务、服务所需的请求，状态及其转换等都详细说明。

（2）关系说明文档。

关系说明文档内容包括对象之间关系的条件、继承的内容、消息传递的内容等详细说明。

关系说明文档和对象说明文档有时可合并在一起。

（3）概要说明文档。

概要说明文档以简短的形式将对象的区域、表格、属性及关系等综合在一起说明，供系统设计员参考。

7.2.2　确定对象和类

1．对象

对象是系统中用来描述客观事物的一个实体，是构成系统的一个基本单位，由一组属性和对这组属性进行操作的一组服务构成。

1）对象标识（Object Identifier）

对象标识也就是对象的名字，有"外部标识"和"内部标识"之分。前者供对象的定义者或使用者用，后者供系统内部用做唯一识别对象。

对象标识应符合以下条件：在一定的范围或领域中是唯一的；与对象实例的特征、状态及分类无关；在对象存在期间保持一致。

2）属性

属性是用来描述对象的静态特征的数据项。例如，在例 2.2 学生成绩管理系统中可定义"学生"对象，其属性有学号、姓名、性别、系、专业等。学生学习的各门课程的考试成绩及总评分也是"学生"对象的属性。

3）服务

服务（方法）是用来描述对象的动态特征（行为）的一系列操作。例如，图书流通管理系统中，每个"读者"的服务可以有"借书""还书"等。

2. 类

类是具有相同属性和服务的一组对象的集合。类为属于它的全部对象提供了统一的抽象描述（属性和服务）。

读者
姓名
性别
还书

图 7.1　读者类的符号

类的图形符号是一个矩形框，由两条横线把矩形分为三部分，上面是类的名称，中间是类的属性，下面列出类提供的服务（方法）。如图 7.1 所示，读者类的属性有姓名、性别等，读者类的服务有借书、还书等。

一个对象是符合类定义的一个实体，又称为类的一个实例。

7.2.3　确定类的相互关系

类与类之间的关系可分为一般-特殊（也称为继承或归纳）关系、聚集（组合）关系及关联关系等。有些对象具有主动服务功能，称为主动对象。在分析类的相互关系时，首先要借鉴以往同类问题的分析结果，发现可重用的软件成分。

1. 类的一般-特殊关系

类与若干个互不相容的子类之间的关系称为一般-特殊关系，或称为泛化关系、继承关系、归纳关系等。

事物往往既有共同性，也有特殊性。同样，一般类中有时也有特殊类，定义如下：

如果类 B 具有类 A 的全部属性和全部服务，而且具有自己的特性或服务，则 B 叫做 A 的特殊类，A 叫做 B 的一般化类。

类的一般-特殊关系（泛化关系）的图形符号如图 7.2 所示。图 7.2 的上部是一个一般化类，下面是若干个互不相容的子类。它们之间用三角形和直线连接，三角形的顶点指向一般化类，底部引出的直线连接特殊类。

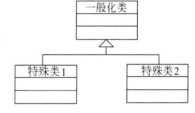

图 7.2　类的一般-特殊关系

继承就是"自动地拥有"，因而特殊类不必重新定义一般类中已定义过的属性和服务，只需声明它是某个类的特殊类。特殊类要定义它自己特有的属性和服务。特殊类中可能还存在下一层的特殊类。

继承具有传递性。例如，一个特殊类 B 既拥有从它的一般类 A 中继承下来的属性和服务，又有自己新定义的属性和服务。当这个特殊类 B 又被它下层的特殊类 C 继承时，类 B 从类 A 继承来的属性、服务和类 B 自己定义的属性、服务会被它的特殊类 C 继承下去。因而，类 C 拥有类 A 的属性和服务，同时拥有类 B 的属性和服务，还有它自己特殊的属性和服务。

继承是 OO 方法中一个十分重要的概念，是 OO 技术可以提高软件开发效率的一个重要原因。

在研究系统数据结构时，单继承关系的类形成的结构是树型结构；多继承关系的类形成的结构是网络结构。

例如，学生就是一般化类，下面分为两个互不相容的子类：本科生和研究生。本科生有不同的专业，研究生有不同的研究方向。学生类的属性可以有学号、姓名、性别、年龄等。本科生的属性可以有专业等，研究生的属性可以有研究方向等，其继承关系如图 7.3（a）所示。

在职研究生既继承了研究生的属性和服务，同时又继承了职工的属性和服务，称为多继承，如图 7.3（b）所示。在职研究生具有学号、姓名、性别、研究方向等研究生的属性和服务；同时又具有工号、所属部门等职工类的属性；还可以有其本身的属性和服务。

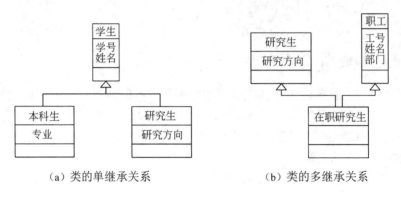

（a）类的单继承关系　　　　　　　　　　（b）类的多继承关系

图 7.3　类的继承关系

2．聚集关系

聚集关系就是"整体-部分"关系，也称为组合关系，它反映了对象之间的构成关系。聚集关系最重要的性质是传递性。

当聚集关系有多个层次时，可以用一棵简单的聚集树来表示。

图 7.4 是表示类的聚集关系的图形符号。图 7.4 的左部是一个整体类，右部是组成整体类的部分类，相互之间用菱形框和直线连接。菱形的顶点指向整体对象，菱形的另一端引出的线连到部分对象。连线端点可以标出数值（或值的范围），表示该端对象的数量，当值为 1 时可以缺省。

例如，一辆汽车由 4 或 6 个轮子和一个车厢组成。汽车一端数量是 1，可以不标出数量；轮子一端可以标数量 4，6；车厢的数量是 1，车厢一端可以不标出数量，其表示方法如图 7.5 所示。

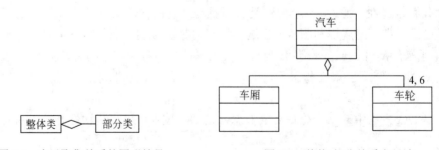

图 7.4　表示聚集关系的图形符号　　　　　图 7.5　整体-部分关系表示法

又如，一本教材由封面、前言、目录及若干章组成，每章由若干节和习题组成，如图 7.6 所示。

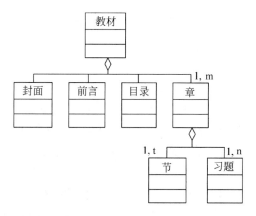

图 7.6　教材结构的聚集关系

3．关联关系

类的关联关系反映对象之间相互依赖、相互作用的关系。

通常把两个对象类之间的二元关系再细分为一对一（1：1）、一对多（1：M）和多对多（M：N）三种基本类型。类型的划分依据参与关联的对象的数目。

用连线表示两个对象类之间的关联关系。例如，学生学习课程，学生与课程之间存在关联关系，如图 7.7（a）所示。

1）阶

阶就是参与关联的对象的个数。阶数用标在连线端点的单个数字或数值区间表示。如图 7.7（b）所示，用 m、n 表示学生与课程之间是多对多的关联关系。

2）链属性

链属性就是关联链的性质。例如，m 位学生和所学的 n 门课程之间存在的关联就存在链属性"成绩"和"学分"。每个学生所学的每门课程都有学习成绩和学分，关联的链属性如图 7.7（b）所示，链属性与关联之间用虚线连接。

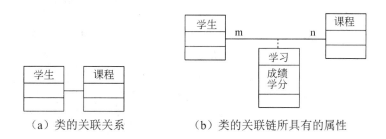

（a）类的关联关系　　　　　（b）类的关联链所具有的属性

图 7.7　关联关系和链属性

3）限定

限定用来对关联的含义做某种约束，利用限定词通常能有效地减少关联的阶数。

例如，在某计算机的一个目录下有很多文件，一个文件仅属于一个目录，在一个目录下文件名可确定唯一的文件。图 7.8 利用限定词"文件名"把目录和文件的一对多关系简化为一对一关系。

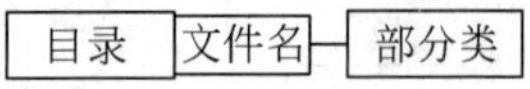

目录	文件名	部分类

图 7.8　限定的关联关系

【例 7.1】　教师指导学生做毕业设计，多对多关联的分解。

m 位教师指导 n 名学生进行毕业设计，其中每位教师指导若干名学生，每名学生由一位教师指导。教师给学生出毕业设计题目，每名学生做一个毕业设计题目，设计结束时给每名学生评定成绩。这是多对多的关联，可用图 7.9（a）表示。关联的链属性是毕业设计题目和成绩。

本例也可将"毕业设计"定义为一个对象类。每位教师指导多个毕业设计课题，每名学生完成一个毕业设计课题。教师类与毕业设计类变为相对简单的一对多的关联关系（1∶k）。毕业设计与学生是一对一（1∶1）的关联，因而可表示为图 7.9（b）。这样，虽然多定义一个对象类，但避免了复杂的多对多的关联。

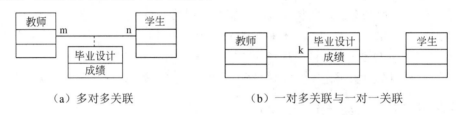

（a）多对多关联　　　　　　　　　　（b）一对多关联与一对一关联

图 7.9　教师与学生的关联关系

4．主动对象

主动对象的概念、作用和意义最近几年开始受到重视。按照通常的理解，对象的每个服务是在消息的驱动下执行的操作。所有这样的对象都是被动对象（Passive Object）。

在现实世界中具有主动行为的事物并不罕见，如交通控制系统中的信号灯、军队中向全军发号施令的司令部和发现情况要及时报告的哨兵等。为此，本书介绍主动对象的概念。

主动对象的定义是：主动对象是一组属性和一组服务的封装体，其中至少有一个服务不需要接收消息就能主动执行（称为主动服务）。

主动对象或主动服务可以用名称前加@来表示。在 UML 中主动对象用加粗的边框表示，如图 7.10（a）所示，收款员就是主动对象。

除了含有主动服务外，主动对象中也可以有一些在消息的驱动下执行的一般服务。

主动对象的作用是描述问题域中具有主动行为的事物，以及在系统设计时识别的任务，它的主动服务描述相应的任务所完成的操作。在系统实现阶段应成为一个能并发执行的、主动的程序单位，如进程或线程。

例如，商品销售管理系统中收款员就是一个主动对象，他的主动服务是登录、销售。管理商场销售的上级领导也是主动对象，他可以对商场各部门发送消息，进行各种管理，如图 7.10（a）所示。

7.2.4　划分主题

人类在认识复杂事物时，往往从宏观到微观分层次地进行。当考虑各部分的细节时，围绕一个主题进行微观的思考。在开发一个软件系统时，通常会有较大数量的类。面对几十个类，以及类之间错综复杂的关系，会使人难以理解，无从下手。这时，可以将所有的类划分为一个一个的主题，分别研究每个主题中对象的关系及其内部的属性和服务，使得复杂问题分解为一个一个较为简单、容易理解、易于解决的问题。

1．主题

主题（Subject）是把一组具有较强联系的类组织在一起而得到的类的集合。主题有以下几个特点：

（1）主题是由一组类构成的集合，但其本身不是一个类。

（2）一个主题内部的对象具有某种意义上的内在联系。

（3）主题的划分有一定的灵活性。根据强调的重点不同可以得到不同的主题划分。

主题的划分有两种方式：

（1）自底向上划分主题。先建立对象类，然后把对象类中关系较密切的类组织为一个主题。如果主题数量仍太多，则再进一步把联系较强的小主题组织为大主题，直到系统中最上层主题数不超过 7 个左右。这种方式适合于小型系统或中型系统。

（2）自顶向下划分主题。先分析系统，确定几个大的主题，每个主题相当于一个子系统。对这些子系统分别进行面向对象分析，建立各个子系统中的对象类。最后再将子系统合并为大的系统。

2．主题图

在进行面向对象分析时，可将问题域中的类图划分成若干个主题。主题的划分无论采用自顶向下还是自底向上方式，最终结果都是一个完整的对象类图和一个主题图。

主题图有三种表示方式：展开方式、压缩方式和半展开方式。把关系较密切的对象画在一个框内，框的每个角标上主题号，框内是详细的对象类图，标出每个类的属性和服务及类之间的详细关系，就可得展开方式的主题图。如果将每个主题号及主题名分别写在一个框内，就可得压缩方式的主题图。每个框内将主题号、主题名及该主题中所含的类全部列出，就是半展开主题图。

主题的压缩可表明系统的总体情况，主题的展开则可显示系统的详细情况。

【例 7.2】 画出商品销售管理系统的主题图。

这是商场管理的一个子系统，要求有以下功能：为每种商品编号，记录商品的名称、单价、数量、库存的下限等；收款员接班后要登录、售货，输入顾客选购的购物清单、商品计价、收费、打印清单及应收款；交班时结账，向会计交款。系统帮助供货员发现哪些商品的数量到达库存量的下限，即将脱销，需要进行缺货登记，及时供货。统计商场商品的销售、进货及库存数量，结算资金账册向上级报告；增删商品种类或变更商品价格等。

分析后可建立如下的对象：收款员、销售事件、账册、商品目录、商品、供货员、上级系统接口等，并将它们的属性和服务标注在图中。这些对象之间的所有关系也在图中标出，可得一个完整的类图。

分析该系统中对象之间的关系：收款员、销售事件、账册关系比较密切；商品、商品目录关系比较密切；供货员与销售之间没有直接关系，供货情况要报账，要与上级系统接口通信。把关系较密切的对象画在一个框内，框的每个角标上主题号，就可得展开方式的主题图，如图 7.10（a）所示。如果将每个主题号及主题名分别写在一个框内，就可得压缩方式的主题图，如图 7.10（b）所示。将主题号、主题名及该主题中所含的类全部列出，就是半展开主题图，如图 7.10（c）所示。

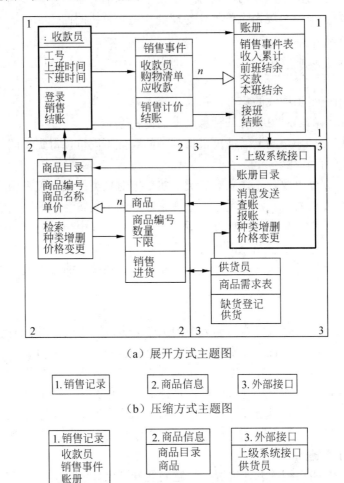

（a）展开方式主题图

| 1.销售记录 | 2.商品信息 | 3.外部接口 |

（b）压缩方式主题图

1.销售记录	2.商品信息	3.外部接口
收款员	商品目录	上级系统接口
销售事件	商品	供货员
账册		

（c）半展开主题图

图 7.10　商场销售管理系统主题图

7.3　建立动态模型

对象模型建立后，就需考察对象和关系的动态变化情况。面向对象分析设定对象和关系都具有生命周期。生命周期由许多阶段组成，每个阶段都有一系列的运行规律和规则，用来调节和管理对象的行为。对象和关系的生命周期用动态模型来描述。动态模型描述对象和关系的状态、状态转换的触发事件、对象的服务（行为）。

1）状态

对象在其生命周期中的某个特定阶段所具有的行为模式。

状态是对影响对象行为的属性值的一种抽象。状态规定了对象对输入事件的响应方式。对象对输入事件的响应，既可以做一个或一系列的动作，也可以仅仅改变对象本身的状态。

2）事件

事件是引起对象状态转换的控制信息。

事件是某个特定时刻所发生的事情，是引起对象从一种状态转换到另一种状态的事情的抽象。事件没有持续时间，是瞬间完成的。

3）服务

也称为行为，是对象在某种状态下所发生的一系列处理操作。

行为是需要消耗时间的。

例如，分析对象"班级"的状态。属于某个"班级"的学生学习一年后，有的升级，有的留级，班级人数会有变动，"学年"对班级的状态有控制作用，是"事件"。班级当前处于第几学年就是"状态"。学习期满后这个班级的绝大多数学生毕业，班级就不再存在，即使有学生留级，也应安排到另一个班级中去。每学期一个班级的学习课程、任课教师、课程表都有变化，"学期"也是事件。班级处于第几学年、第几学期是"状态"。每学期每个学生的各门课的成绩统计、计算成绩总分、班上的学生按成绩排名次等一系列处理是"行为"。

建立动态模型首先要编写脚本，从脚本中提取事件，画出 UML 图的顺序图（也称为事件跟踪图），再画出对象的状态转换图。在面向对象分析阶段，要快速建立用户界面原型，供用户试用、评价。

1．编写脚本

脚本的原意是指表演戏剧、话剧，拍摄电影、电视剧等所依据的本子，里面记载台词、故事情节等。在建立动态模型过程中，脚本是系统执行某个功能的一系列事件。

脚本通常起始于一个系统外部的输入事件，结束于一个系统外部的输出事件，它可以包括这个期间发生的所有的系统内部事件。编写脚本，可以从寻找事件开始，确定各对象的可能事件的顺序。事件包括所有用户交互信息、与外部设备交互信息等，包括正常事件，注意不要遗漏条件和异常事件。

编写脚本的目的是确定事件和保证不遗漏系统功能中重要的交互步骤，有助于确保整个交互过程的正确性和清晰性。此时暂不考虑算法的问题。

【例 7.3】 打电话和通话过程的脚本。

打电话和通话过程的一系列事件如下：

打电话者拿起电话受话器。

电话拨号音开始。

打电话者拨数字（8）。

电话拨号音结束。

打电话者拨数字（2）。

打电话者拨数字（3）。

如果电话号码拨错，交换机提示出错信息；如果号码正确，且对方空闲，则接电话者的电话开始振铃。

铃声在打电话者的电话上传出。

如果在 30 秒内，接电话者拿起话筒。

接电话者的电话停止振铃。

面向对象软件设计与实现

打电话者的电话停止振铃。

通电话。

接电话者挂断电话。

电话切断。

打电话者挂断电话。

如果拨号正确，对方忙，打电话者的电话上传出忙音；如果拨号正确，接电话者在 30 秒内不接听电话，双方电话停止振铃。

2．设计用户界面

大多数交互行为都可以分为应用逻辑和用户界面两部分。通常，系统分析员首先集中精力考虑系统的信息流和控制流，而不是首先考虑用户界面。动态模型着重表示应用系统的控制逻辑。

但是，用户界面的美观、方便、易学及效率是用户使用系统时首先感受到的。用户界面的好坏往往对用户是否喜欢、是否接受一个系统起很重要的作用，因此在分析阶段不能忽略用户界面的设计。应该快速建立用户界面原型，供用户试用与评价。

3．画 UML 顺序图或活动图

UML 顺序图（也称为事件跟踪图）中有两个方向：一条竖线代表应用领域中的一个对象，时间从上向下递增；对象之间的每个交互事件用一条水平的箭头线表示，箭头方向从事件的发送对象指向接收对象。

例如，要画例 7.3 打电话和通话过程的事件跟踪图可进行如下分析与操作。

通过对该过程进行分析，共有三个对象：打电话者、交换机和接电话者；再将事件从发送对象指向接收对象，见图 6.17。

如果电话号码拨错，或对方未及时接听电话等情况在顺序图中不能描述，要想详细描述这些情况，可以用活动图来描述，见图 6.18。

【例 7.4】 画出招聘考试管理系统的顺序图。

某市人事局举行统一招聘考试。首先由人事局公布招聘专业及相应的考试科目，各招聘单位向人事局登记本单位各专业的招聘计划（人数），由人事局向社会公布招聘情况；考生报名、填志愿；人事局组织安排考试；录入考试成绩；向考生和招聘单位公布成绩；招聘单位根据考生成绩进行录用；发录用通知书给考生。这里共有三个对象：人事局、考生和招聘单位。画出招聘考试顺序图，如图 7.11 所示。

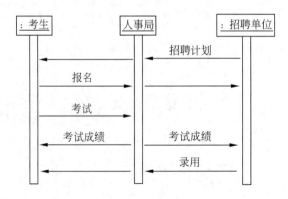

图 7.11 招聘考试管理系统的顺序图

4．画状态转换图

当对象的属性值不同时，对象的行为规则有所不同，称对象处于不同的状态。

由于对象在不同状态下呈现不同的行为方式，因此应分析对象的状态，才可正确地认识对象的行为并定义它的服务。

例如，通信系统中的传真机对象就有设备关闭、忙、故障和就绪（开启并空闲）等状态。可以专门定义一个"状态"属性，该属性有以上介绍的几种属性值，每一个属性值就是一种状态。

面向对象方法中的状态转换图与传统方法中数据对象的状态转换图表示方法相同，见2.6节。

有了状态转换图，就可"执行"状态转换图，以便检验状态转换的正确性和协调一致性。执行方法是从任意一个状态开始，当出现一个事件时，引起状态转换，到达另一个状态，在状态入口处执行相关的行为，在另一个事件出现之前，这个状态应该不发生变化。

【例7.5】 分别画出旅馆管理系统中旅客和床位的状态转换图。

旅馆管理系统中，旅客登记以后要为旅客安排房间和床位，不同规格的房间住宿费单价不同。旅客住宿若干天以后，结账、退房。此时才可将床位分配给新来的旅客。

床位有"空"和"住人"两种状态。只有当床位处于"空"状态时，才可安排旅客住宿，随后床位的状态变为"住人"。旅客离开后，他所住的床位又变为"空"状态。

旅客在该系统中有三种状态：旅客登记、住宿和注销。从"旅客登记"状态到"住宿"状态是由事件"登记旅客情况"和"分配床位"的发生引起的。从"住宿"状态到"注销"状态是由事件"结账"和"退房"引起的。旅客的状态转换图如图7.12（a）所示。

床位在系统中有两个状态："空"和"已住"。"空"的床位可以分配给旅客住宿，"已住"的床位不可以安排旅客住宿。行为"分配床位"引起床位从"空"状态变为"已住"。行为"旅客退房"引起床位从状态"已住"变为"空"。床位的状态转换图如图7.12（b）所示。

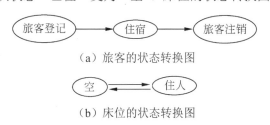

（a）旅客的状态转换图

（b）床位的状态转换图

图7.12　旅客、床位的状态转换图

7.4　建立功能模型

功能模型用来说明如何处理数据，以及数据之间有何依赖关系，并表明系统的有关功能。数据流图有助于表示以上关系。

功能模型由一组数据流图组成。在面向对象分析方法中为动态模型的每个状态画数据流图，可以清楚地说明与状态有关的处理过程。在建立系统对象模型和动态模型的基础上，分析其处理过程，将数据和处理结合在一起而不是分开。这就是面向对象分析的独特之处。

数据流图中的处理对应于状态图中的活动或动作，数据流对应于对象图中的对象或属性。

建立功能模型的步骤为：确定输入值和输出值，画数据流图，定义服务。

1. 确定输入和输出值

数据流图中的输入值、输出值是系统与外部之间进行交互的事件的参数。建立功能模型时，应当确定输入、输出数据的方式、格式、范围、约束条件、操作规范等。

2. 画数据流图

功能模型可用多张数据流图、程序流程图等来表示，其符号遵从国家标准 GB 1526—1989 的规定。

（1）数据流或处理流程：用带箭头的直线表示。

（2）处理：用圆角方框或椭圆表示。

（3）数据存储：用两条平行线或两端被同方向的圆弧封口的平行线表示。

（4）数据源或数据终点：用方框表示。

在面向对象方法中，数据源往往是主动对象，它通过生成或使用数据来驱动数据流。数据终点接收数据的输出流。数据流图中的数据存储是被动对象，本身不产生任何操作，只响应存储和访问数据的要求。输入箭头表示增加、更改或删除所存储的数据，输出箭头表示从数据存储中查找信息。

3. 定义服务

在建立对象模型时，确定了类、属性、关联、结构，还没有完全确定类的操作（服务）。在建立动态模型和功能模型后，类的服务（操作）才能最后确定。

类的服务（操作）与对象模型中的属性和关联的查询有关，与动态模型中的事件有关，与功能模型的处理有关。通过分析，把这些操作添加到对象模型中去。

类的服务（操作）有以下 4 种：

（1）对象模型中的服务。

来自对象模型的操作（服务）有读、写属性值。

（2）来自事件的服务。

事件可以看成是信息从一个对象到另一个对象的单向传送，发送信息的对象可能会等待对方的答复，而对方可以回答也可以不回答事件。这些状态的转换、对象的回答等所对应的就是操作。因而事件对应于各个操作，同时还可启动新的操作。

（3）来自状态动作和活动的服务。

状态图中的活动和动作可能是操作，应该定义成对象模型的服务（操作）。

（4）来自处理的服务。

数据流图中的各个处理对应对象的操作，应该添加到对象模型的服务中去。

如前所述，通过面向对象分析应得到的模型包含对象模型、动态模型和功能模型。对象模型为动态模型和功能模型提供基础，动态模型描述了对象实例的生命周期或运行周期。行为的发生引起状态转换，行为对应于数据流图上的处理，对象是数据流图中的存储或数据流，处理通常是状态模型中的事件。面向对象的分析就是用对象模型、动态模型、功能模型描述对象及其相互关系。

软件开发过程就是一个多次反复修改，逐步完善的过程，面向对象方法比使用结构化分析和设计技术更容易实现反复修改及逐步完善的过程。必须把用户需求与实现策略区分开来，但分析和设计之间不存在绝对的界限。

必须与用户和领域专家密切协同配合，共同提炼和整理用户需求。最终的模型要得到用户和领域专家的确认。很可能需要建立起原型系统，以便与用户更有效地进行交流。

7.5 面向对象设计

在传统的软件工程中，软件生命周期包括可行性研究、需求分析、概要设计和详细设计、系统实现、测试和维护。面向对象设计方法也要求系统设计员进行需求分析和可行性研究，并在设计之前准备好一组需求规范。在进行软件开发时，和传统的软件工程一样包括软件分析和设计阶段。面向对象方法不强调软件分析和设计的严格区分，但二者还是有分工的。

面向对象分析阶段要分析系统中所含的所有对象及其相互之间的关系。面向对象设计是把分析阶段得到的需求转变成符合成本和质量要求的、抽象的系统实现方案的过程。面向对象设计又分为系统设计和对象设计两个阶段。面向对象设计产生一组设计规范后，用面向对象程序设计语言来实现它们。

从面向对象分析（OOA）到面向对象设计（OOD）是一个逐渐扩充模型的过程，分析和设计活动是多次反复迭代的过程。具体来说，就是面向对象分析、系统设计和对象设计三个阶段反复循环地进行。面向对象方法学在概念和表示方法上的一致性保证了在各项开发活动之间的平滑过渡。

7.5.1 系统设计

系统设计确定实现系统的策略和目标系统的高层结构。系统设计是要将系统分解为若干子系统，在定义和设计子系统时应使其具有良好的接口，通过接口与系统的其余部分通信。除了少数"通信类"，子系统中的类应该只和其内部的其他类协作。应当尽量降低子系统的复杂性，子系统的数量不宜太多。当两个子系统相互通信时，可以建立客户端/服务器连接或端对端连接。在客户端/服务器连接方式中，每个子系统只承担一个角色，服务只是单向地从服务器流向客户端。系统设计步骤如下。

1．将系统分解为子系统

系统中子系统结构的组织有两种方案：层次组织（Layer）和块状组织。

1）层次组织

层次结构分为两种模式：

- 封闭式。每层子系统仅使用其直接下层提供的服务。这种模式降低了各层次之间的相互依赖性，更易于理解和修改。
- 开放式。每层子系统可以使用处于其下面的任何一层子系统所提供的服务。这种模式的优点是减少了需要在每层重新定义的服务数目，使系统更高效、更紧凑。缺点是不符合信息隐蔽原则，对任何一个子系统的修改都会影响处在更高层次的那些系统。

2）块状组织

块状组织把系统分解成若干个相对独立的、弱耦合的子系统，一个子系统相当于一块，每块提供一种类型的服务。

3）设计系统的拓扑结构

利用层次和块的各种可能的组合，可以成功地将多个子系统组成完整的软件系统。由子系统组成完整的系统时，典型的拓扑结构有管道型、树形、星形等。应采用与问题结构相适应的、尽可能简单的拓扑结构，以减少子系统之间的交互数量。

2．设计问题域子系统

问题域应包括与应用问题直接有关的所有类和对象。识别和定义这些类和对象的工作在 OOA 阶段已经开始，在 OOA 阶段得到的模型描述了要解决的问题。在 OOD 阶段，对 OOA 阶段得到的结果进行改进和增补，主要是对 OOA 模型进行增添、合并或分解类-对象、属性及服务，调整继承关系等。设计问题域子系统的主要工作有调整需求、重用设计（重用已有的类）、组合问题域类、添加一般化类等。

（1）调整需求。

以下情况会导致面向对象分析需要修改：

① 用户需求或外部环境发生了变化。

② 分析员对问题域理解不透彻或缺乏领域专家的帮助，以致面向对象分析模型不能完整、准确地反映用户的真实需求。

（2）重用设计。

面向对象设计中，很重要的一项工作是重用设计。首先选择可能被重用的类，然后标明重用类中问题域不需要的属性和操作，增加从重用类到问题域类之间的一般-特殊化关系，把应用类中因继承重用类而无须定义的属性和操作标出，修改应用类的结构和连接。

（3）把与问题域有关的类组合起来。

设计时，在类库中分析查找一个类，作为层次结构树的根类，把所有与问题域有关的类关联到一起，建立类的层次结构。把同一问题域的一些类集合起来存放到类库中去。

（4）添加一般化类。

有时，某些特殊类要求一组类似的服务。此时，应添加一个一般化的类，定义所有这些特殊类所共用的一组服务，在该类中定义其实现。

3．设计人机交互子系统

通常，子系统之间有两种交互方式：客户-供应商（Client-Supplier）关系和平等伙伴（Peer-to-Peer）关系，应尽量使用客户-供应商关系。

设计人机交互子系统时，一般要遵循一些准则和策略。

（1）设计人机交互界面的准则。

- 一致性。一致的术语、一致的步骤、一致的动作。
- 减少步骤。减少敲击键盘的次数、单击鼠标的次数及下拉菜单的距离，减少获得结果所需的时间。
- 及时提供反馈信息。让用户能够知道系统目前已经完成任务的多大比例。
- 提供"撤销（Undo）"命令。以便用户及时撤销错误操作，消除错误造成的后果。
- 无须记忆。记住信息以后使用应是软件的责任，而不是用户的任务。

- 易学。提供联机参考资料，供用户参阅。
- 富有吸引力。

（2）设计人机交互子系统的策略。

① 将用户分类。

- 按技能层次分类：外行、初学者、熟练者、专家。
- 按组织层次分类：行政人员、管理人员、专业技术人员、其他办事员。
- 按职能分类：顾客、职员。

② 描述用户。

- 用户类型。
- 使用系统要达到的目的。
- 特征（年龄、性别、受教育程度和限制因素等）。
- 关键的成功因素（需求、爱好和习惯等）。
- 技能水平。
- 完成本职工作的脚本。

③ 设计命令层次。

- 研究现有人机交互的含义和准则。
- 确定初始的命令层次，如一系列选择屏幕或一个选择按钮或一系列图标。
- 精化命令层次。研究命令的次序、命令的归纳关系，命令层次的宽度和深度不宜过大，操作步骤要简单。

④ 设计人机交互类。

例如，Visual C++语言提供了 MFC 类库，设计人机交互类时，仅需从 MFC 类库中选择适用的类，再派生出需要的类。

4．设计任务管理子系统

任务（Task）是进程（Process）的别称，是执行一系列活动的一段程序。当系统中有许多并发行为时，需要依照各个行为的协调和通信关系划分各种任务，以简化并发行为的设计和编码。任务管理主要包括任务的选择和调整，首先要分析任务的并发性，然后设计任务管理子系统、定义任务。

（1）分析并发性。

面向对象分析建立的动态模型是分析并发性的主要依据。两个对象彼此不存在交互，或它们同时接受事件，则这两个对象在本质上是并发的。

（2）设计任务管理子系统。

设计任务管理子系统通常有以下工作：

① 识别事件驱动任务。如一些负责与硬件设备通信的任务。

② 识别时钟驱动任务。以固定的时间间隔激发这种事件，以执行某些处理。

③ 识别优先任务和关键任务。根据处理的优先级别来安排各个任务。

④ 识别协调者。当有三个或更多的任务时，应当增加一个任务，起协调的作用。它的行为可以用状态转换图来描述。

⑤ 评审各个任务。对各任务进行评审，确保它能满足任务的事件驱动或时钟驱动，确定优先级或关键任务，确定任务的协调者等。

⑥ 确定资源需求。有可能使用硬件来实现某些子系统，现有的硬件完全能满足某些

需求或专用的硬件比通用的 CPU 性能更高等。

（3）定义各个任务。

定义任务的工作主要包括它是什么任务，如何协调工作及如何通信。

① 是什么任务。为任务命名，并简要说明这个任务。

② 如何协调工作。定义各个任务如何协调工作。指出它是事件驱动还是时钟驱动。

③ 如何通信。定义各个任务之间如何通信。指出任务从哪里取值，结果送往何方。

5．设计数据管理子系统

数据管理部分提供了在数据管理系统中存储和检索对象的基本结构，包括对永久性数据的访问和管理。它建立在某种数据存储管理系统之上，隔离了数据管理机构所关心的事项。

（1）选择数据存储管理模式。

数据存储管理模式有文件管理系统、关系数据库管理系统和面向对象数据库管理系统三种。

- 文件管理系统：提供基本的文件处理能力。
- 关系数据库管理系统：使用若干表格来管理数据。
- 面向对象数据库管理系统：以两种方法实现，一是扩充的 RDBMS；二是扩充的面向对象程序设计语言。

不同的数据存储管理模式有不同的特点，适用范围也不相同，设计者应该根据应用系统的特点选择适用的模式。

（2）设计数据管理子系统。

设计数据管理子系统需要设计数据格式和相应的服务。

设计数据格式的方法与所使用的数据存储管理模式密切相关。

使用不同的数据存储管理模式时，属性和服务的设计方法是不同的。

7.5.2　对象设计

面向对象分析得到的对象模型，通常并没有详细描述类中的服务。面向对象设计阶段是扩充、完善和细化对象模型的过程，设计类中的服务、实现服务的算法是面向对象设计的重要任务，还要设计类的关联、接口形式及进行设计的优化。

1．对象描述

对象是类或子类的一个实例，对象的设计描述可以采用以下形式之一。

1）协议描述

通过定义对象可以接收的每个消息和当对象接收到消息后完成的相关操作来建立对象的接口。协议描述是一组消息和对消息的注释。对有很多消息的大型系统，可能要创建消息的类别。

2）实现描述

描述由传送给对象的消息所蕴含的每个操作的实现细节，包括对象名字的定义和类的引用、关于描述对象的属性的数据结构的定义及操作过程的细节。

2．设计类中的服务

（1）确定类中应有的服务。

需要综合考虑对象模型、动态模型和功能模型才能确定类中应有的服务。如状态图中对象对事件的响应，以及数据流图中的处理、输入流对象、输出流对象及存储对象等。

（2）设计实现服务的方法。

设计实现服务首先应设计实现服务的算法，考虑算法的复杂度，如何使算法容易理解、容易实现并容易修改。其次是选择数据结构，要选择能方便、有效地实现算法的数据结构。最后是定义类的内部操作，可能需要添加一些用来存放中间结果的类。

3. 设计类的关联

在应用系统中，使用关联有两种可能的方式，即只需单向遍历的单向关联和需要双向遍历的双向关联。单向关联用简单指针来实现，而双向关联要用指针集合来实现。

4. 链属性的实现

链属性的实现要根据具体情况分别处理。如果是一对一关联，链属性可作为其中一个对象的属性而存储在该对象中。而一对多关联，链属性可作为"多"端对象的一个属性。至于多对多关联，使用一个独立的类来实现链属性。如图 7.9 所示，将毕业设计题目作为一个对象类，使教师类与学生类对象的多对多关联变为教师与毕业设计题目的一对多关联，以及学生与毕业设计题目的一对一关联。

5. 设计的优化

设计的优化需要确定优先级，设计人员必须确定各项质量指标的相对重要性才能确定优先级，以便在优化设计时制订折中方案。通常在效率和设计清晰性之间寻求折中。有时可以用增加冗余的关联以提高访问效率，或调整查询次序，或保留派生的属性等方法来优化设计。究竟如何设计才算是优化，要得到用户和系统应用领域专家的认可。

7.5.3　面向对象设计的准则

面向对象设计除了传统软件设计应遵循的基本原理外，还要考虑面向对象设计的特点。

1. 模块化

对象就是模块，把数据结构和操作数据的方法紧密地结合在一起构成模块。

2. 抽象

类是一种抽象数据类型，对外开放的公共接口构成了类的规格说明（协议），接口规定了外界可以使用的合法操作符，利用操作符可以对类的实例中所包含的数据进行操作。

3. 信息隐藏

对于类的用户来说，属性的表示方法和操作的实现算法都应该是隐蔽的。

4. 低耦合（弱耦合）

对象之间的耦合主要有交互耦合和继承耦合两种。交互耦合应尽量降低消息连接的复杂程度，减少对象发送（或接收）的消息数。继承耦合提高继承耦合程度，应使特殊类尽量多继承并使用其一般化类的属性和服务。

5. 高内聚（强内聚）

面向对象的内聚主要有服务内聚、类内聚和一般-特殊内聚三种。

- 服务内聚：一个服务应该完成一个且仅完成一个功能。
- 类内聚：类的属性和服务应该是高内聚的。
- 一般-特殊内聚：一般-特殊结构应该是对相应的领域知识的正确抽象。一般-特殊结构的深度应适当。

6. 重用性
尽量使用已有的类。确实需要创建新类时，应考虑将来可重复使用。

7.5.4 面向对象设计的启发规则

1. 设计结果应该清晰易理解
用词一致，使用已有的协议，减少消息模式的数目，避免模糊的定义。
2. 一般-特殊结构的深度应适当
类等级层次数保持为7±2。
3. 设计简单的类
类的设计要避免包含过多的属性，要有明确的定义，尽量简化对象之间的合作关系，不要提供太多服务。
4. 使用简单的协议
一般地，消息的参数不要超过三个。对于有复杂消息、相互关联的对象进行修改时，往往导致其他对象的修改。
5. 使用简单的服务
如果需要在服务中使用 CASE 语句，应考虑用一般-特殊结构代替这个类。
6. 把设计变动减到最小
设计的质量越高，设计结果保持不变的时间也越长。

7.6 面向对象系统的实现

在面向对象系统设计结束后，就可进入系统实现阶段。系统实现阶段分为面向对象程序设计（Objected Oriented Programming，OOP）、测试和验收。在面向对象程序设计之前，与传统软件工程方法一样，也要先选择程序设计语言。在进行面向对象程序设计时，除了应具有一般程序设计的风格外，还要遵守一些面向对象方法的特有准则。

7.6.1 选择程序设计语言

面向对象设计的结果既可选用面向对象语言来实现，也可选用非面向对象语言来实现。重要的是要在进行面向对象的分析和设计时，所有的面向对象概念都能映射到目标程序中去，例如一般-特殊、继承等。
1. 选择编程语言的关键因素
选择编程语言时，应考虑的关键因素有以下三个：
- 与 OOA 和 OOD 有一致的表示方法，如类、继承、封装、消息、多态性等；
- 具有可重用性；
- 可维护性强。
一般应尽量选择面向对象程序设计语言来实现面向对象分析、设计的结果。
2. 面向对象语言的技术特点
在选择面向对象程序设计语言时，应考察语言的下述技术特点：
- 具有支持类与对象的概念的机制；

- 实现整体-部分结构的机制；
- 实现一般-特殊结构的机制；
- 实现属性和服务的机制；
- 类型检查的机制；
- 建立类库；
- 持久保存对象的机制；
- 将类参数化的机制；
- 效率；
- 开发环境。

3．选择面向对象语言的实际因素

软件开发人员在选择面向对象语言时，除了考虑上述因素外，还应考虑下列实际因素：
- 将来能否占主导地位；
- 可重用性；
- 类库；
- 开发环境；
- 其他，例如，对运行环境的需求，对已有软件进行集成的难易程度，售后服务等。

7.6.2 面向对象程序设计风格

良好的程序设计风格不仅能够减少维护和扩充系统的开销，还有助于在新的项目中重用已有的程序代码，对保证软件质量起到至关重要的作用。良好的面向对象程序设计风格既包括传统的程序设计风格，也包括为适应面向对象方法所特有的概念而必须遵循的一些特有准则。

1．提高软件的可重用性

软件重用是指在软件开发过程中不做修改或稍加修改就可以重复使用相同或相似的软件元素的过程。

面向对象设计的一个主要目标是提高软件的可重用性。在编码阶段主要是代码的重用，可以重用本项目内部相同或相似部分的代码，也可以重用其他项目的代码。

为了有助于实现重用，程序设计应遵循下述准则：
- 提高类的操作（服务）的内聚。类的一个操作应只完成单个功能，如果涉及多个功能，应把它分解成几个更小的操作。
- 减小类的操作（服务）的规模。类的某个操作的规模如果太大，应把它分解成几个更小的操作。
- 保持操作的一致性。功能相似的操作应有一致的名字、参数特征、返回值类型、使用条件及出错条件等。
- 把提供决策的操作与完成具体任务的操作分开设计。
- 全面覆盖所有的条件组合。
- 尽量不使用全局量。
- 利用继承机制。

2．提高软件的可扩充性

提高可重用性实际上也能够提高可扩展性。以下准则有利于提高可扩充性：

（1）把类的实现封装起来。

应该把类的实现策略，包括描述属性的数据结构、修改属性的算法等封装起来，对外只提供公有的接口，否则将降低以后修改数据结构或算法的自由度。

（2）一个操作应只包含对象模型中的有限内容，不要包含多种关联的内容。

违反这条原则将导致方法过分复杂，既不容易理解，也不容易修改。

（3）避免使用多分支语句。

一般来说，可以利用 DO-CASE 语句测试对象的内部状态，应该合理地利用多态性机制，根据对象当前的类型自动决定应有的行为。

（4）精心确定公有的属性、服务或关联。

公有方法是向公众公布的接口。对这类方法的修改往往会涉及许多其他类，因此修改公有方法的代价通常都比较高。为了提高可修改性，降低维护成本，必须精心选择和定义公有方法。同样，属性和关联也可以分为公有和私有两大类，公有属性或关联又可以进一步设置为具有只读权限或只写权限两类。为了确保信息安全，精心确定公有的属性和关联也非常重要。

3．提高软件的健壮性

程序员在编写代码时，既应考虑设计效率也应考虑程序的健壮性。通常需要在健壮性与效率之间做适当的折中。必须认识到，对于任何一个实用软件来说，健壮性都是不可忽略的质量指标。以下准则有利于提高软件的健壮性。

（1）预防用户的操作错误。

软件系统必须具有处理用户操作错误的能力。若用户在输入数据时发生错误，不应该引起程序运行中断，更不应该造成"死机"。任何一个接受用户输入数据的方法，对于接收到的数据必须进行检查，即使发现了非常严重的错误，也应该给出恰当的提示信息，并且准备再次接收用户的输入。

（2）检查参数的合法性。

对公有方法，尤其应该着重检查其参数的合法性，因为用户在使用公有方法时可能违反参数的约束条件。

（3）不预先设定数据结构的限制条件。

在设计阶段，往往很难准确地预测出应用系统使用的数据结构的最大容量需求，因此不应该预先设定限制条件。如果有必要和可能，应该使用动态内存分配机制，创建未预先设定限制条件的数据结构。

（4）经过测试，再确定需要优化的代码。

为了在效率和健壮性之间做出合理的折中，应该先测试程序的性能，再为提高效率而进行优化。事实上，大部分程序代码所消耗的运行时间并不多。应该仔细研究应用程序的特点，以确定哪些部分需要重点测试。例如，最坏情况出现的次数及处理的时间可能需要重点测试。经过测试，合理地确定需要着重优化的关键部分。如果实现某操作的算法有许多种，则应该综合考虑内存需求、速度及实现的简易程度等因素，经合理的折中，选定适当的算法。

7.6.3 面向对象实现的人员分工

参与软件实现阶段工作的主要人员有系统工程师、软件工程师（程序员）、系统集成人员和软件测试人员。

系统工程师主要负责实现模型的完整性，并保证实现模型在整体上是正确的、一致的。实施模型是在设计阶段由系统工程师负责完成的。系统工程师要对实现模型和实施模型中描述的对系统构架有重要意义的部分进行详细检查，这些部分是系统的核心。

软件工程师负责开发和维护文件构件中的源代码，确保每个构件实现正确的功能。软件工程师通常还要维护实现子系统的完整性，实现子系统与设计子系统是一一对应的。软件工程师要保证实现子系统的内容是正确的，要保证一个实现子系统对其他实现子系统或接口的依赖性是正确的，并保证每个实现子系统正确地实现了所提供的接口。

负责实现子系统的软件工程师通常也适宜负责这个子系统所包含的模型元素，而且为保证实现与设计之间的无缝联接，最好由一个软件工程师全程地负责一个子系统的工作流。因此，软件工程师在自己的职责范围内既要设计类也要实现类。

系统集成人员的任务是预先规划好每次软件开发中的迭代顺序，并在软件的各部分已经实现后进行集成，可以写出集成计划的文档。

软件测试人员的主要工作是按照测试的策略和方法对已开发出的软件产品进行测试，具体的面向对象的测试步骤将在 7.7 节中讨论。

7.7 面向对象的测试

面向对象的测试可以借鉴传统的软件工程方法，结合面向对象方法的实际，本节介绍面向对象的测试策略、测试步骤。

面向对象测试的主要目标和传统软件测试一样，用尽可能低的测试成本和尽可能少的测试用例发现尽可能多的错误。但是，面向对象程序的封装、继承和多态性等机制增加了测试和调试的难度。

7.7.1 面向对象的测试策略

面向对象软件的测试步骤从单元测试开始，逐步进行集成测试，最后进行系统测试和确认测试。最小的可测试单元是封装起来的类和对象。

传统的单元测试集中在最小的可编译程序单位即子程序（模块）中，一旦这些单元都测试完之后，就把它们集成到程序结构中，这时要进行一系列的回归测试，以发现模块接口错误，以及新单元加入到程序中所带来的副作用。最后，系统被作为一个整体来测试，以发现需求中的错误。面向对象的测试策略与上述策略基本相同，但也有许多新特点，面向对象的测试活动向前推移到了分析模型和设计模型的测试。除此之外，单元测试和集成测试的策略都有所不同。

1. 对象和类的认定

在面向对象分析中认定的对象是对问题空间中的结构、其他系统、设备、相关的事件、系统涉及的人员等实际实例的抽象。测试可以从如下方面考虑：

（1）认定的对象是否全面，其名称应该准确、适用，问题空间中所涉及的实例是否都反映在认定的抽象对象中。

（2）认定的对象是否具有多个属性，只有一个属性的对象通常应看作是其他对象的属性而不应该抽象为独立的对象。

（3）对认定为同一对象的实例是否有共同的、区别于其他实例的共同属性，是否提供或需要相同的服务，如果服务随着实例变化，认定的对象就需要分解或利用继承性来分类表示。

（4）如果对象之间存在比较复杂的关系，应该检查它们之间的关系描述是否正确，例如一般与特殊关系、整体与局部关系等。

检查面向对象的设计，应该着重注意以下问题：

（1）类层次结构中是否涵盖了所有在分析阶段定义的类。

（2）是否能体现面向对象分析中所定义的实例关系、消息传送关系。

（3）子类是否具有父类所不具备的新特性。

（4）子类间的共同特性是否完全在父类中得以体现。

2．面向对象的单元测试

在测试面向对象的程序时，"测试单元"的概念发生了变化。封装导出了类和对象的定义，这意味着每个类和对象封装有属性和处理这些属性的方法。现在，最小的可测试单元是封装起来的类或对象，由于类中可以包含一组不同的方法，并且某个特殊方法可能作为不同类的一部分存在，因此单元测试的意义发生了较大的变化。

因而孤立地测试对象的方法是不可取的。我们不再孤立地测试单个方法，而应该将方法作为类的一部分来测试。例如，在一个父类 A 中有一个方法 x，这个父类被一组子类所继承，每个子类继承了方法 x。但是，在方法 x 被应用于每个子类定义的私有属性和操作环境时，由于方法 x 被使用的语境有了微妙的差别，故有必要在每个子类的语境内测试方法 x。这意味着在面向对象的语境中，仅在父类中测试这个方法 x 是无效的。

面向对象的类测试与传统软件的模块测试相类似。所不同的是传统的单元测试侧重于模块的算法细节和穿过模块接口的数据，而面向对象的类测试是由封装在该类中的方法和类的状态行为所驱动的。

3．面向对象的集成测试

面向对象的集成测试与传统方法的集成测试不同，由于面向对象的软件中不存在明显的层次控制结构，因此传统的自顶向下或自底向上的集成策略在这里是没有意义的。面向对象的集成测试有以下两种策略：

1）基于线程的集成测试（Thread-Based Testing）

这种策略集成响应系统的一个输入或事件所需要的一组类，每个线程被单独地集成和测试，使用回归测试以保证集成后没有产生副作用。

2）基于使用的集成测试（Use-Based Testing）

这种策略首先测试几乎不使用服务器类的那些类（称为独立类），把独立类都测试完之后，接下来再测试使用独立类的下一个层次的类（称为依赖类），对依赖类的测试要一个层次一个层次地持续进行下去，直到构造出整个软件系统。

面向对象软件集成测试的一个重要策略是基于线程的集成测试。线程是对一个输入或事件做出反应的类集合。基于使用的集成测试侧重于那些不与其他类进行频繁协作的类。

在进行面向对象系统的集成测试时，驱动程序和桩程序的使用也发生变化。驱动程序可用于低层中的操作和整组类的测试。驱动程序也可用于代替用户界面，以便在界面实现之前就可以进行系统功能的测试。

簇测试（Cluster Testing）是面向对象软件集成测试中的一步。这里利用试图发现协作中错误的测试用例来测试协作的类簇。

4．面向对象的确认测试

面向对象的验收和确认，不再考虑类与类之间相互连接的细节问题。和传统方法的确认测试一样，主要用黑盒法，根据动态模型和描述系统行为的脚本来设计测试用例。验收要有用户参加，检验集成以后的系统是否正确地完成了预订的功能，能否满足用户的需求。在验收之前要反复进行测试，尽量避免验收时出现返工的现象。当然，如果验收时发现一些问题，需要做适当的修改也是难免的。

确认测试始于集成测试的结束，那时已测试完单个构件，软件已组装成完整的软件包，且接口的错误已被发现和改正。在确认测试或者系统测试时，由于不再考虑类和类之间实现的细节，因此与传统软件的确认测试基本上没有什么区别，测试内容主要集中在用户可见的操作和用户可识别的系统输出上。为了设计确认测试用例，测试设计人员应该认真研究动态模型和描述系统行为的脚本，构造出有效的测试用例，以确定最可能发现用户需求错误的情景。

确认测试的目的是验证所有的需求是否均被正确地实现。对发现的错误要进行归档，对软件质量问题应提出改进建议。确认测试侧重于发现需求分析的错误，即发现那些对最终用户来说是显而易见的错误。

当然，传统的黑盒测试方法也可用于设计确认测试用例，但是对于面向对象的软件来说，主要还是根据动态模型和描述系统行为的脚本来设计确认测试用例。

7.7.2　面向对象的测试步骤

面向对象的测试步骤从单元测试开始，逐步进行集成测试，最后进行系统测试和确认测试。最小的可测试单元是封装起来的类和对象。鉴于面向对象技术的特点，虽然测试步骤名称相同，但是所执行的任务与传统的结构化方法相比可能有所不同。

可将面向对象的测试划分为以下 6 个步骤。

1．制订测试计划

由测试设计人员根据用例模型、分析模型、设计模型、实现模型、构架描述和补充需求来制订测试计划，目的是为了规划一次迭代中的测试工作，包括描述测试策略、估计测试工作所需要的人力及系统资源、制订测试工作的进度等。测试设计人员在制订测试计划时应该参考用例模型和补充性需求等文档来辅助制订测试进度，估算测试的工作量。

由于每个测试用例、测试规程和测试构件的开发、执行和评估都需要花费一定的成本，而系统是不可能完全被测试的。因此，一般的测试设计准则是，所设计的测试用例和测试规程能以最小的代价来测试最重要的用例，并且对风险性最大的需求进行测试。

2．设计测试用例

传统的测试是由软件的输入、加工、输出或模块的算法细节驱动的，而面向对象测试的关键点在于设计合适的操作序列以便测试"类"的状态。由于面向对象方法的核心技术是封装、继承和多态性，这给设计面向对象软件的测试用例带来了困难。以下步骤由测试设计人员根据用例模型、分析模型、设计模型、实现模型、构架描述和测试计划来设计测试用例和测试规程。

1）设计类的测试用例

面向对象测试的最小"单元"是类。首先查看类的设计说明书，设计测试用例时，检查类是否完全满足设计说明书所描述的内容。通常要开发测试驱动程序来测试类，这个驱动程序创建具体对象，并为这些对象创造适当的环境以便运行一个测试用例。驱动程序向测试用例指定的一个对象发送一个或多个消息，然后根据响应值、对象发生的变化、消息的参数来检查消息产生的结果。

设计类的测试用例通常有两种方法：一种方法是根据类说明来确定测试用例；另一种方法是根据状态转换图来构建测试用例。

（1）根据类说明设计测试用例。

类说明可用自然语言、状态转换图或类说明语句等多种形式进行描述。

【例7.6】　在图书馆信息管理系统中，根据读者类的 UML 说明设计测试用例。

在图书馆信息管理系统中，读者类的 UML 说明如图 7.13 所示。

读者
读者编号 姓名 性别 出生年月 E-mail 有效性
获取、编辑 判断读者有效性 借书 还书

图 7.13　图书馆信息管理系统中读者类的 UML 说明

根据类的说明来设计测试用例时，首先检查对类属性的操作。例如，设计测试用例进行获取读者编号、编辑读者姓名操作等，以检查软件是否有错误。然后，设计测试用例以检查对数据库的操作是否有错误，如保存、删除读者对象。最后，设计测试用例以检查其他的业务操作，如检查读者有效性操作是否有错。

在设计测试用例时，不仅要考虑正确的、有效的操作情况，还要考虑错误的、非法的操作情况。例如，在测试"判断读者有效性"操作时，测试数据中的读者编号应该分别给出正确的、错误的、非法的三种情况，检查其输出是否符合设计要求。

（2）根据状态图设计测试用例。

在根据类的说明设计了基本的测试用例后，还应该检查类所对应的状态图，补充类的测试用例。状态图说明了与一个类的实例相关联的行为。在状态图中，用两个状态之间带箭头的连线表示状态的转换。箭头指明了状态转换的方向。状态转换通常是由事件触发的，事件表达式的语法如下：

事件说明[条件]/动作表达式

【例7.7】　在图书馆信息管理系统中，根据状态图设计测试用例。

在图书馆信息管理系统中，可用状态图反映"图书"对象的状态变化，如图 7.14 所示。当图书的状态为"在库"时，如果发生"借书"事件，条件是"证件有效"，那么操作"出库"执行，图书的状态由"在库"变为"外借"。设计测试用例时，如果事件发生的条件有多个，应该考虑条件的各种组合情况。例如，新的图书信息产生时要经过采购、验收，然后进行编目。采购的条件是要有订单、发票，图书编目前要验收。根据图书采购时的具体情况，应该使所设计的测试用例覆盖"有订单，有发票""有订单，无发票""无订单，有发票"和"无订单，无发票"等各种情况。

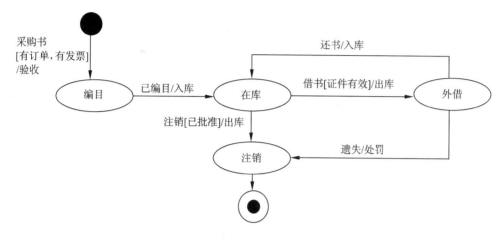

图 7.14　图书馆信息管理系统中"图书"对象的状态图

2）设计集成测试用例

集成测试用例用于验证被组装成"构造"的构件之间能否正常地交互。测试设计人员应设计一组测试用例，以便有效地完成测试计划中规定的测试目标。为此，测试设计人员应尽可能寻找一组互不重叠的测试用例，以尽可能少的测试用例发现尽可能多的问题。测试设计人员在设计集成测试用例时，首先要认真研究用例图、顺序图、活动图、协作图等表示交互的图形，从中选择若干组感兴趣的场景，即参与者、输入信息、输出结果和系统初始状态等。

【例 7.8】　在图书馆信息管理系统中，根据读者借书顺序图设计测试用例。

图 7.15 是描述图书管理信息系统读者"借书"过程的顺序图。研究图 7.15，可找出这个场景的参与者是读者和图书馆的借还书操作员，操作员输入的信息要与读者数据库和图书数据库里的信息进行交互。输入信息是读者号和图书号。输出信息可能有多种情况：图书馆有此书，可借；图书馆无此书，新书预订；此书已全部借出，可预借；读者号不存在，提示出错信息；图书号不存在，提示出错信息；读者借书的数量已经超限，不能借书……也就是说，根据表示用例交互的各种图形往往可以导出许多测试用例，当执行相应测试时，将捕获到的系统内各对象之间的实际交互结果与这些表示交互的图形进行比较。例如，可通过跟踪打印输出或者通过单步执行进行比较，两者结果应相同，否则就说明存在缺陷。

3）设计系统测试用例

系统测试用于测试系统功能在整体上是否满足要求，以及在不同条件下的用例组合的运行是否有效。这些条件包括不同的硬件配置、不同程度的系统负载、不同数量的参与者，以及不同规模的数据库等。

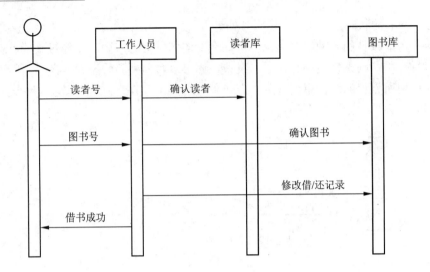

图 7.15　图书管理信息系统"借书"过程的顺序图

4）设计回归测试用例

一个"构造"如果在前面的迭代中已经通过了集成测试和系统测试，在后续的迭代开发中产生的构件可能会与其有接口或依赖关系，为了验证将它们集成在一起是否有缺陷，除了添加一些必要的测试用例进行接口验证外，充分利用前面已经使用过的测试用例来验证后续的构造是非常有效的。设计回归测试用例时，要注意它的灵活性，它应能够适应被测试软件的变化。

应该注意，集成测试主要是在客户对象，而不是在服务器对象中发现错误。集成测试的关注点是确定调用代码中是否存在错误，而不是去关注被调用代码。

3．实现测试构件

软件工程师根据测试用例、测试规程和被测软件的编码，设计并实现测试构件，实现测试规程自动化。测试构件的实现有两种方法。

1）依赖于测试自动化工具

软件工程师根据测试规程，在测试自动化工具环境中执行测试规程所描述的动作，测试工具会自动记录这些动作，软件工程师整理这些记录，并做适当的调整，生成一个测试构件。这种构件通常是以脚本语言实现的，如 Visual Basic 的测试脚本。

2）软件工程师开发测试构件

软件工程师以测试规程为需求规格说明，进行分析和设计后，使用编程语言开发测试构件。很显然，开发测试构件的工程师需要有更高超的编程技巧和责任心。

4．集成测试

由集成测试人员根据测试用例、测试规程、测试构件和实现模型执行集成测试，并且将集成测试的结果返回给测试设计人员和相关的工作流负责人员。集成测试人员对每一个测试用例执行测试流程（手工或自动），实现相关的集成测试，接下来将测试结果和预期结果相比较，研究二者偏离的原因。集成测试人员可以把缺陷报告给相关工作流的负责人员，由他们对有缺陷的构件进行修改。还要把缺陷报告给测试设计人员，由他们对测试结果和缺陷类型进行统计分析，并评估整个测试结果。

5．系统测试

当集成测试已表明系统满足了所确定的软件集成质量目标时，就可以开始进行系统测试了。系统测试是指根据测试用例、测试规程、测试构件和实现模型对所开发的结果进行系统测试，并且将测试中发现的问题反馈给测试设计人员和相关工作流的负责人员。

6．测试评估

测试评估是指由测试设计人员根据测试计划、测试用例、测试规程、测试构件和测试执行者反馈的测试缺陷，对一系列的测试工作做出评估。测试设计人员将测试工作的结果和测试计划确定的目标进行对比，他们准备了一些度量标准，用来确定软件的质量水平，并确定还需要进一步做多少测试工作。测试设计人员尤其看重两条度量标准：测试的完全性和可靠性。

7.8　面向对象方法实例

【例7.9】 某校图书馆信息管理系统具有以下功能：

（1）借书。读者来图书馆借书，可先查询馆中的图书信息。可以按书名、作者、图书编号等关键字进行查询。如果查到，则记下书号，交给流通部工作人员，等候办理借书手续。如果该书已经被全部借出，可做预订登记，等待有书时被通知。如果图书馆没有该书的记录，可进行缺书登记。

办理借书手续时先要出示借书证，没有借书证则先去图书馆办公室申办借书证。借书证上记录读者的姓名、学号、所属系和班级等信息。

借书时根据读者的借书证查阅读者档案，若借书数目未超过规定数量，则办理借阅手续，修改库存记录及读者档案。如果借书数量超出规定，则不能继续借阅。借书时，流通部工作人员登记图书证编号、图书编号、借出时间和应还书时间。

（2）还书。当读者还书时，流通部工作人员根据图书证编号找到读者的借书信息，查看是否超期。如果已经超期，则进行超期处罚。如果图书有破损、丢失，则进行破损处罚。登记还书信息，做还书处理，同时查看是否有预订登记，如果有，则发出到书通知。

（3）图书采购人员还要定期生成采购清单，包括书名、图书代号、单价、数量等，根据需要向供应商订购图书。图书采购人员采购图书时，要注意合理采购。如果有缺书登记，则随时进行采购。采购到货后，编目人员进行验收、编目、上架、录入图书信息、给预订读者发到书通知等一系列工作。如果图书丢失或旧书淘汰，则将该书从书库中清除，即图书注销。

7.8.1　面向对象分析实例

面向对象的分析，其目的是定义与问题相关的所有类，以便进入实现阶段。为实现这一点，必须完成如下工作：

（1）软件工程师必须与用户详细交流软件的需求。

（2）必须确定类（定义属性和方法）。

（3）定义类的层次结构。

（4）表示对象与对象之间的关系（对象连接）。

（5）必须为对象行为建模。

（6）上述（1）～（5）的工作步骤重复迭代直至模型完成。

与使用传统的输入-处理-输出（信息流）模型不同，面向对象分析构建的是面向类的模型。图7.16可以较好地帮助读者理解面向对象分析中常用的UML图形元素。

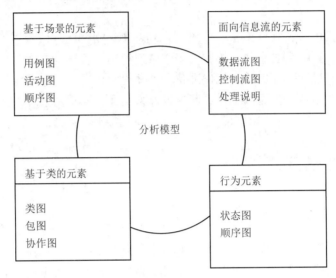

图7.16　面向对象分析模型的元素

下面介绍对例7.9的面向对象分析过程。

例7.9介绍了图书馆信息管理系统的基本需求。经过与图书馆工作人员反复交流，用户提出了以下建议：

（1）当读者借阅的图书到期时，希望能够提前用短信息或电子邮件方式提示读者。

（2）读者希望能够实现网上查询和预订图书。

（3）应用系统的各种参数设置最好是灵活的，由系统管理人员根据需要设定。例如，图书借阅量的上限，还书提示的时间，预订图书的保持时间等参数。

用户给出的上述需求是一个比较简单的需求，没有像前面介绍的那样给出业务需求、用户需求。遇到这种情况，开发人员要进一步与用户沟通，了解系统的目标、规模、范围，不能自己想当然地确定。

本例中用户给出的系统目标是实现读者借还书的信息化管理，并且利用Internet实现读者与图书馆之间的互动和图书馆的人性化管理，以提高图书的利用率。

该系统的规模较小，只涉及图书、读者、借还书的管理，相关的部门有采编部、流通部、办公室等。

1．用例图

用例捕获信息的产生者、使用者和系统本身之间发生的交互。一个用例是可以被感受到的、系统的一个完整功能。分析建模的第一步工作就是开发用例。撰写用例的第一步是定义系统的"参与者"，参与者是系统功能和行为环境内使用系统或产品的各类人员（或设备）。需要注意的是，参与者和最终用户不是一回事。因为系统需求的导出是一个逐步演化的活动，所以在第一次迭代中并不能确认所有的参与者，可能只识别出主要的参与者。对系统有了更多了解之后，才能识别出次要参与者。一旦确认了参与者，就可以作出用例图，帮助了解系统。图书馆信息管理系统中参与的部门有办公室、采编部、流通部等；参与的人员有读者、流通部工作人员、图书采购人员、编目人员、办公室工作人员等。他们的工作活动可以大体上使用用例图描述，如图 7.17 所示。请注意，图中的虚线表示用例与用例之间是扩展关系。

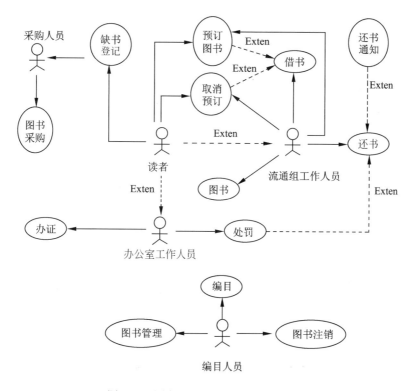

图 7.17　图书馆信息管理系统业务用例图

如果要实现图书馆信息管理系统的更多需求，还要增加"网上查询"和"网上登录"等用例，读者可以将这个问题作为思考题，考虑如何添加到图中。

2．状态图

图书馆信息管理系统中，可以对"读者"对象、"图书"对象等的状态变化作出状态图，如图 7.14 所示。

3．活动图

图书馆信息管理系统中，对借书、还书、采购这些活动画出活动图。

活动图类似于流程图，箭头表示通过系统的流，菱形表示判定分支。活动图中增加了额外的细节，有些是用例图中不能直接描述的。泳道图是活动图的变形，可以让建模人员表示用例所描述的活动流，同时指示哪个参与者或分析类对所描述的活动负责。职责用纵向分割的并列条形部分表示，就像游泳池中的泳道。

图 7.18 中有两个泳道，说明借书用例所涉及的角色有两个：读者和图书馆工作人员。借书工作流从读者"借书请求"活动开始，这个活动将读者编号和图书编号传递给图书馆工作人员，由工作人员检查"读者"类，看该"读者编号"是否存在，如果不存在则提示"读者无效"。然后检查读者的借书数是否已经超出限制，如果读者编号有效，并且借书数量没有超限，则检查图书是否在库，如果要借的图书都已经被借出，则提示"图书已经被

借出，是否预订"，当读者确认预订后，转去执行"预订处理"。如果库中有要借的图书，则首先检查"预订记录"，如果该读者已经预订了此书，则删除预订记录，否则修改此书的在库数量，创建"借书记录"，结束借书过程。

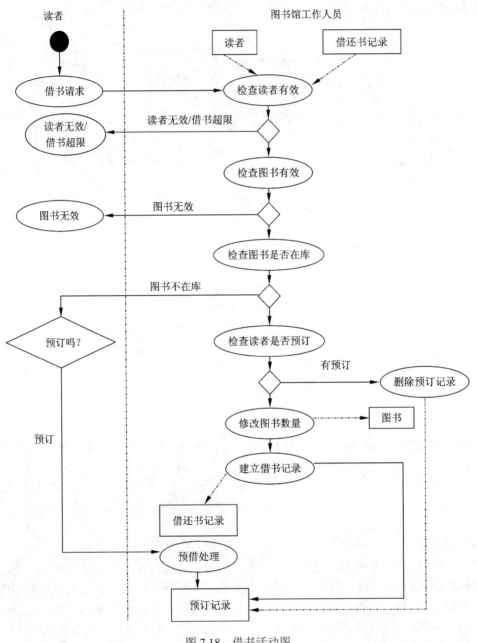

图 7.18　借书活动图

用活动图描述多个角色之间的处理非常有效，一张活动图只能有一个开始状态，但可以有多个结束状态。一个活动可以与多个实体对象相关，这里的相关指的是一种访问操作。在"借书"活动图中，"检查读者有效"的活动要访问"读者"对象和"借还书记录"对象，检查"读者编号"的有效性和读者借书数量。

4. 顺序图

在需求分析阶段，根据获得的用例图、活动图和状态图来细化系统的需求，找出系统中对象和对象之间的关系。反映对象之间关系的工具是交互图。交互图有两种：一种是按时间顺序反映对象之间相互关系的顺序图（Sequence）；另一种是集中反映各个对象之间通信关系的协作图（Collaboration）。

顺序图是按时间顺序反映对象之间传递的消息。顺序图的顶部放置相关的对象，沿对象向下的虚线表示对象的生命线，两个对象生命线之间的横线表示对象之间传递消息，消息线的箭头形状表示消息的类型。对象也可以向自己发送消息。消息线上标注消息名，也可以加上参数并标注一些控制信息。控制信息有两种：一种是条件控制信息，说明消息发送的条件；另一种是重复控制信息，说明一条消息要多次发送给接收对象。

顺序图中也可以用虚线画出返回的消息，但是为了保持画面的简洁，通常不画出返回的消息。

若一个对象接收到一条消息后启动了某个活动，则这个对象被激活。激活用生命线上一个细长的矩形表示。实际上，激活的概念在串行的执行过程中并不是很必要的，通常只在并行过程中使用激活。为了更好地理解顺序图，下面给出一个顺序图的应用实例，即图书馆信息管理系统"借书成功"过程的顺序图，如图 7.19 所示。

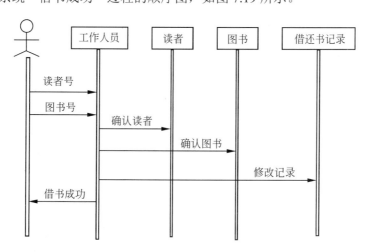

图 7.19　图书馆信息管理系统"借书成功"过程的顺序图

5. 描述实体

在需求分析阶段，可以不涉及业务实体之间的关系，而只陈述实体内容。因此，可以将所有的业务实体一一罗列，说明它们的名称、用途、具体的内容和格式要求。图书馆信息管理系统中的业务实体可以整理如下：读者、图书、借还书记录、到书通知单、处罚单、缺书登记单、预订图书单、采购清单、购书发票等。以读者实体为例，描述"读者"实体类的内容如表 7.1 所示。

操作：查询属性、插入记录、删除记录、修改记录、读/写记录。

当然，在需求分析阶段描述实体时，仍然可以使用传统的方法，例如用 E-R 图来表示实体的属性，以及实体之间的关系。这部分内容在结构化的分析中已经讲述过，此处不再

面向对象软件设计与实现

赘述。

表 7.1　读者实体类的内容

属性名称	关 键 字	类 型	长 度	初 值	备 注
读者编号	√	字符	15	按序递增	
读者姓名		字符	10		
学号		字符	10		
所属系		字符	15		按列表框形式选择
班级		字符	10		同上
E-mail		字符	30		

7.8.2　面向对象的设计实例

图书馆信息管理系统经过面向对象的分析之后进入面向对象的设计阶段。

1．系统的实施模型与说明

系统配置图如图 7.20 所示。

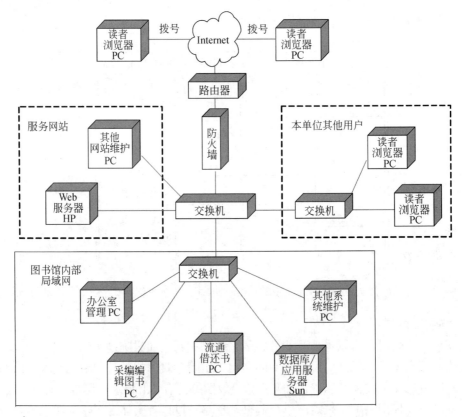

图 7.20　图书馆信息管理系统配置图

系统的性能要求如下。

（1）应用软件要具有容错处理能力。

（2）数据库每月进行增量备份。

（3）图书馆工作人员进行操作权限管理和角色分配。

（4）一般读者进行用户名和口令登录检查。

2．定义子系统

说明所划分的各个子系统、子系统之间的依赖关系和接口及子系统在各个节点上的部署。

图书馆信息管理系统可以划分为 4 个子系统：界面层、专用软件层、通用软件层和数据层。界面层包括实现查询界面、借书界面、还书界面、预借界面、通知界面等用户界面。专用软件层包括读者查询、借书、还书、处罚、预借、通知等处理。通用软件层包括权限管理、用户登录、通用查询类。数据层包括实体类及其相应的服务。

界面层子系统与专用软件层和通用软件层之间是"请求-服务"的关系，它不可以直接与数据层发生关系。

专用层与通用层有依赖关系和继承关系。

专用层、通用层与数据层之间是"请求-服务"关系。

3．设计用例的类图

对于图书馆信息管理系统，经过前面的分析，可以找出所需的类，做出一个基本的类图，如图 7.21 所示。

这个类图模型中简单描述了在系统中出现的主要类和对象，对于其中的每个关联还可以再分层次详细地画出具体的数据流图，下面以"借书"举例说明。

借书时，流通组的工作人员打开借书窗口，这个窗口包含了三个对象：读者编号输入栏、图书索引号输入栏和"确认"按钮。当单击了"确认"按钮后，程序先由流通组工作人员检查控制类，检查读者编号是否存在，读者借书量是否超出限制。如果不存在该读者编号，则显示"该读者不存在"，如果借阅量已超标，则显示"读者借书超量"，否则检查图书的有效性。如果图书库显示"该书已经借空"，则提示"图书已被借出"，同时预订图书按钮变为可操作，可以为该读者预订此书。如果检查读者和图书都有效，则进行借书处理，修改相应的图书记录，创建一条借书记录。

（1）借书用例中的界面类包括借书窗口、读者无效对话框和图书无效对话框。

（2）借书用例中的实体类包括读者、图书、借还书记录和预订记录。

（3）借书用例中的控制类包括检查、借书处理和预订图书。

4．勾画每个类

1）界面类

根据用户的要求，软件设计人员可以尽量设计出人性化的界面。可以按照用户的使用习惯在恰当的位置摆放合适的控件，尽可能让用户在使用过程中感觉舒适。针对具体的系统，编写具体的窗体和对话框。请注意，一定要减少用户的记忆负担，而且要多增加提示和确认信息。

2）实体类

- 读者类：映射到数据库的 reader 表，作用是保存读者信息。表 7.2 是读者类的设计说明。

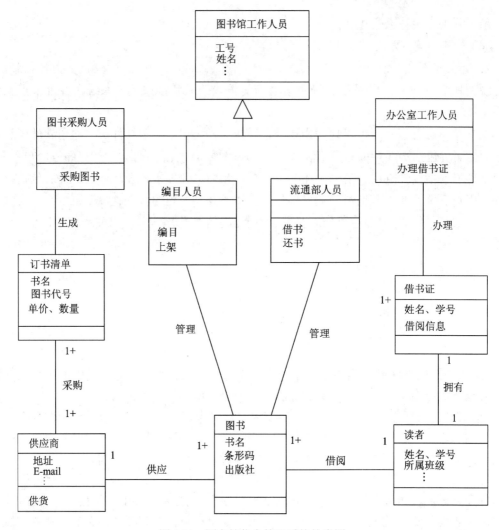

图 7.21　图书馆信息管理系统的类图

表 7.2　读者类的设计说明

字　段	类　型	长　度	备　注
读者编号（关键字）	CHAR	15	
读者姓名	CHAR	10	
学号	CHAR	10	
所属系	CHAR	15	
班级	CHAR	10	
E-mail	CHAR	30	
可借图书数	INTEGER		初值=5

操作：创建、插入、修改、删除、读取、保存。

关系：与借还书记录相关，它的主键是借还书记录的外键之一。

- 图书类：映射到数据库的 book 表，作用是保存图书信息。表 7.3 是图书类的设计说明。

表 7.3　图书类的设计说明

字　　段	类　　型	长　　度	备　　注
书号（关键字）	CHAR	10	
书名	CHAR	60	
ISBN	CHAR	15	
作者	CHAR	10	
出版社	CHAR	20	
版次	INTEGER		
库存数	INTEGER		初值=5

操作：创建、插入、修改、删除、读取、保存。

关系：与借还书记录相关，它的主键是借还书记录的外键之一。

- 借还书记录：映射到数据库的 borrow 表，作用是保存借书、还书的信息。表 7.4 是借还书记录表的设计说明。

表 7.4　借还书记录表的设计说明

字　　段	类　　型	长　　度	备　　注
书号（关键字）	CHAR	10	book 表的外键
读者编号（关键字）	CHAR	10	reader 表的外键
借书日期	DATE		初值=当前日期
还书日期	DATE		初值=当前日期

操作：创建、插入、修改、删除、读取、保存。

关系：与图书类和读者类相关。

- 预订记录：映射到数据库的 reservation 表，作用是保存读者的预订图书信息。读者借阅预订的图书后，这条记录被删除。表 7.5 是预订表的设计说明。

表 7.5　预订表的设计说明

字　　段	类　　型	长　　度	备　　注
书号（关键字）	CHAR	10	book 表的外键
读者编号（关键字）	CHAR	10	reader 表的外键
预借日期	DATE		初值=当前日期
通知状态	BOOLEAN	1	初值="未通知"

操作：创建、插入、修改、删除、读取、保存。

关系：与图书类和读者类相关。

3）控制类

用于说明控制类的调度流程。在图书信息管理系统中有检查类和借还书处理类。

（1）检查类：用来检查读者和图书的有效性。包括：

- 接收借书界面类传递来的读者编号和图书编号。
- 检索数据库的读者表，如果不存在该读者编号，则显示读者无效对话框。
- 检索借还书记录表，如果借书量超过限制，则显示读者无效对话框。

- 检索数据库的图书表，如果没有该图书，则显示图书无效对话框。

（2）借还书处理类：用来处理借还书活动。包括：

- 创建借书记录，写读者编号、图书编号、借书日期。
- 登记还书日期，若还书超期，则做罚款处理。
- 读取图书信息，若是借书，则书的数量减1；若是还书，则书的数量加1。
- 检查预借记录，若有，则删除。

（3）预订图书处理类：用来预订图书。包括：

- 创建预订图书记录，写读者编号、图书编号、预借日期、通知状态="未通知"。
- 当读者预借的图书被归还后，调通知类，并且通知状态="已通知"，预借日期改为"=通知日期"。
- 当通知日期超出3天时，自动删除预借记录。
- 如果读者前来借出预借的图书，则删除预借记录。

5．系统层次划分

图书信息管理系统划分为5个层次：用户界面层、专用应用软件层、通用应用软件层、中间层和数据层。图书馆信息管理系统的层次图如图7.22所示。

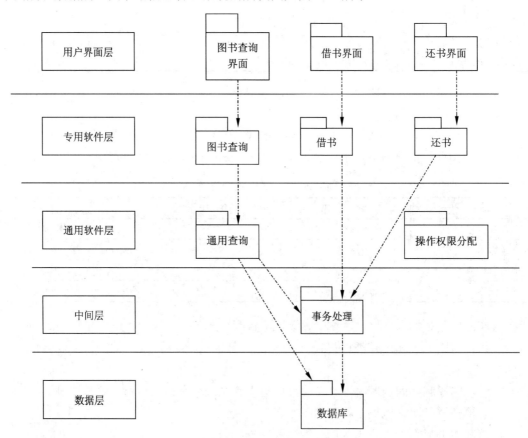

图 7.22　图书馆信息管理系统的层次图

值得注意的是，还有一些与系统设计相关的内容，如设计目的、意义、关键词定义、参考资料等，也是系统设计文档中不可缺少的部分，软件设计人员应该在具体的案例中，根据实际情况进行编写。

小　　结

面向对象的分析要建立对象模型、动态模型和功能模型。

对象模型用类符号、类实例符号、类的关联关系、继承关系、组合关系等表示。

主题是把一组具有较强联系的类组织在一起而得到的类的集合。

动态模型的建立首先编写脚本，从脚本中提取事件，画事件的顺序图，再画状态转换图。

功能模型可用数据流图、程序流程图等来表示。

面向对象设计分为系统设计和对象设计两个阶段。

选择面向对象编程语言的关键因素：与 OOA 和 OOD 有一致的表示方法（类、继承、封装、消息、多态性等）、可重用性、可维护性。

在面向对象系统实现阶段，进行面向对象的程序设计和测试时，除了遵循传统程序设计的准则以外，还有一些特有的准则。

习　题　7

1．建立对象模型时需对问题领域中的对象进行抽象，抽象的原则是什么？

2．面向对象设计包含哪些内容？

3．简述 UML 使用准则。

4．选择填空题

面向对象分析阶段建立的三个模型中，核心的模型是 _A_ 模型，表示对象相互行为的模型是 _B_ 模型。功能模型中所有的 _C_ 往往形成一个层次结构。描述类中某个对象的行为，反映状态与事件关系的是 _D_ 。在多重继承的类结构中，类的层次结构是 _E_ 结构。

供选择的答案：

A，B：① 功能　　　　② 动态　　　　③ 对象　　　　④ 静态

C，D：① 状态转换图　② 数据流图　　③ 顺序图　　　④ 对象图

E：① 树型　　　　　② 网状结构　　　③ 环型　　　　④ 星型

5．选择填空题

面向对象设计中，对象是 _A_ ，对象的三要素是 _B_ 。_C_ 均属于面向对象的程序设计语言。面向对象程序设计语言必须具备 _D_ 特征。

供选择的答案：

A：① 数据结构的封装体　　　　　　② 数据及在其上操作的封装体

　　③ 程序功能模块的封装体　　　　④ 一组有关事件的封装体

B：① 名字、字段和类型　　② 名字、过程和函数

　　③ 名字、文字和图形　　④ 名字、属性和方法

C：① C++、LISP　　② C++、Smalltalk

　　③ PROLOG、Ada　　④ FoxPro、Ada

D：① 可视性、继承性、封装性　　② 继承性、可重用性、封装性、多态性

　　③ 继承性、可视性、可移植性　　④ 可视性、可移植性、封装性

6．选择填空题

面向对象的实现主要包括 A、B 两项工作。面向对象程序设计语言不同于其他语言的最主要特点是 C 。在面向对象方法中，信息隐蔽是通过对象的 D 来实现的。面向对象的系统设计中，系统结构通过它的 E 的关系确定。

供选择的答案：

A、B：① 把面向对象设计用某种程序设计语言书写为面向对象程序

　　　　② 面向对象设计　③ 选择面向对象语言　④ 测试并调试面向对象的程序

C：① 模块性　　② 抽象性　　③ 继承性　　④ 共享性

D：① 模块性　　② 抽象性　　③ 继承性　　④ 封装性

E：① 类与对象　　② 过程和对象　　③ 类与界面　　④ 对象与界面

7．某校图书馆管理系统有以下功能：

（1）借书。先为读者办理借书证，借书证上记录读者姓名、学号、所属系和班级等信息，借书时根据读者的借书证查阅读者档案，若借书数目未超过规定数量，则办理借阅手续，修改库存记录及读者档案；若超过规定数量则不予借阅。

（2）还书。根据读者书中的条形码，修改库存记录及读者档案，若借阅时间超过规定期限则罚款。

（3）图书管理员还要定期生成订书清单，包括书名、图书代号、单价、数量等，根据需要向供应商订购图书。

请按照以上需求建立对象模型。

8．某报社采用面向对象技术实现报刊征订的计算机管理系统，该系统基本需求如下：

（1）报社发行多种刊物，每种刊物通过订单来征订，订单中有代码、名称、订期、单价、份数等项目，订户通过填写订单来订阅报刊。

（2）报社下设多个发行站，每个站负责收集登录订单、打印收款凭证等事务。

（3）报社负责分类并统计各个发行站送来的报刊订阅信息。

请就此需求建立对象模型。

9．自动售货机系统是一种无人售货系统。售货时，顾客把硬币投入机器的投币口中，机器检查硬币的大小、重量、厚度及边缘类型。有效的硬币是一元币、五角币、一角币、五分币和一分币。其他货币都被认为是假币。机器拒绝接收假币，并将其从退币孔退出。当机器接收了有效的硬币之后，就把硬币送入硬币储藏器中。顾客支付的货币根据硬币的面值进行累加。

自动售货机装有货物分配器。每个货物分配器中包含 0 个或多个价格相同的货物。顾

客通过选择货物分配器来选择货物。如果货物分配器中有货物，而且顾客支付的货币值不小于该货物的价格，货物将被分配到货物传送孔送给顾客，并将适当的零钱返回到退币孔。如果分配器是空的，则和顾客支付的货币值相等的硬币被送回退币孔。如果顾客支付的货币值少于所选择的分配器中货物的价格，机器将等待顾客投进更多的硬币。如果顾客决定不买所选择的货物，他投放进的硬币将从退币孔中退出。

请建立自动售货机系统的对象模型和功能模型。

第 8 章　软件工程技术的发展

本章介绍软件工程使用的软件工具、软件开发环境、计算机辅助软件工程（Computer Aided Software Engineering，CASE）、软件重用、统一过程（Rational Unified Process，RUP）和面向对象建模工具 Rational Rose 等。这些技术目前正在使用，并且在不断地发展，今后还会有更新的技术出现。软件工作者应当不断地学习，应用新技术，共同发展新技术。

软件工具是一种程序系统，用来辅助软件人员进行软件开发工作，以提高软件的生产率和质量。一些专门用于支持软件开发的工具陆续问世；集成化的软件工具（也称为软件开发环境）正在研制；近年发展起来的计算机辅助软件工程技术正在成为一种最有力的软件开发技术。

我国国家标准 GB/Z 18914—2002《信息技术——软件工程 CASE 工具的采用指南》阐述了针对 CASE 工具的产品评价、选择和采用方面的问题。CASE 工具的采用包括准备、评价与选择、试验项目和过渡 4 个过程。

软件重用是指在软件开发过程中不做修改或稍加修改就可以重复使用相同或相似的软件元素的过程。软件重用的目的是能更快、更好、成本更低地生产软件制品。

RUP 在使用 UML 开发软件时，采用用例驱动、迭代增量式的构造方法。

本章重点：
- CASE 技术；
- 软件重用。

8.1　CASE 技术

计算机辅助软件工程是一组工具和方法的集合，可以辅助软件开发生命周期各阶段进行软件开发。

一个完整的 CASE 系统支持全部的软件系统开发工作，它可驻留在多种硬件平台上。如何在这些硬件平台之间共享信息和工具是使得 CASE 技术实用和有效的一个主要问题。硬件系统之间的连接性和工具之间的接口则是选择和评价 CASE 系统时要考虑的一个重要指标。

CASE 系统所涉及的技术有两类：

（1）支持软件开发过程本身的技术，如支持设计、实现、测试等。

（2）支持软件开发过程管理的技术，如支持建模和过程管理等。

1. CASE 的基本组成部分

CASE 的实质是为软件人员提供一组能大量节省人力的软件开发工具，实现软件生命周期各阶段的自动化并使其成为一个整体。CASE 系统可分为三个基本部分。

1）前端

前端 CASE 工具提供了支持软件生命周期的前端（或前期），即系统分析和设计的功能，如绘图、建立原型和检查规格说明等。

2）后端

后端 CASE 工具支持软件生命周期的后端（或后期），即系统的实现和维护阶段的功能。后端 CASE 工具自动实现编码、测试、数据库生成、系统效果分析等。

3）中心信息库

中心信息库把 CASE 的前端和后端连接起来，对软件生命周期收集到的所有系统信息进行管理共享。

CASE 技术是系统开发工具与方法的结合，着眼于系统分析、设计及软件实现和维护各个环节的自动化，并使之成为一个整体。

CASE 是一个完整的环境，包括硬件和软件两部分。

2. CASE 的软件平台

CASE 的软件平台包括图形功能、查错功能、中心信息库、对软件生命周期的全面覆盖、支持建立系统的原型、代码的自动生成、支持结构化的方法论。

- 图形功能。用来定义软件系统的规格说明，表示软件系统的设计方案，是软件文档的重要形式。
- 查错功能。自动错误检查能帮助开发人员早期发现更多的错误。
- 中心信息库。中心信息库是存储和组织所有与软件系统有关信息的机构，包括系统的规划、分析、设计、实现和计划管理等信息。例如，数据信息、图形（数据流图、结构图、数据模型图、实体关系图）、屏幕与菜单的定义、报告的模式、处理逻辑、源代码、项目管理形式、系统模块及其相互关系。

中心信息库在逻辑上可以分为项目和系统模型；在物理上则分成对应于 CASE 系统每个硬件平台的若干层；在工作站级上，用一个局部的中心库支持单个的开发人员；在主机层上，用基于主机的中心库保存所有的系统信息；在部门或项目级上，用一个中型的中心保存所有的项目信息。

3. CASE 的硬件平台

CASE 有三种可供选择的硬件平台。

（1）独立的工作站，为系统开发人员提供一个高度交叉、快速响应的专用工作平台，在该平台上可执行各种软件生命周期的任务，尤其是强大的图形功能，使用户可建立系统说明文档。独立的工作站能快速地建立系统原型，是一个完整的分析和设计的工作平台。

（2）一台主机和若干工作站组成的两层结构。

（3）一台中央主机，中型的部门级或项目级的主机和若干工作站的三层结构。

CASE 的最终目标是通过一组集成的软件工具实现整个软件生命期的自动化。目前还没有完全达到这一目标，只能实现局部的功能，因而称为软件开发工具或集成化环境。

软件工程技术的发展

8.2 软件工具

软件工具是指为支持计算机软件的开发、维护、模拟、移植或管理而研制的程序系统。开发软件工具的目的是为了提高软件生产率和改进软件的质量。例如，自动设计工具、编译程序、测试工具、维护工具等。

软件工具通常由工具、工具接口和工具用户接口三部分组成。工具通过接口与其他工具、操作系统或网络操作系统、通信接口、环境接口等进行交互。

软件工具就是帮助人们开发软件的工具。软件工具为提高软件开发的质量和效率，从软件问题定义、需求分析、总体设计、详细设计、测试、编码，到文档的生成及软件工程管理各方面，对软件开发者提供各种不同程度的帮助。软件工具的功能是指在软件开发过程中提供支持或帮助。软件工具的性能则是支持或帮助的程度。

8.2.1 软件工具的功能

软件工具的功能是为软件开发提供支持，有以下 5 个主要方面。

1．描述客观系统

在软件开发的前期，在明确需求、形成软件功能说明书方面提供支持。在描述客观系统的基础上抽象出信息与信息流程。

2．存储和管理开发过程中的信息

在软件开发的各个阶段都要产生及使用许多信息。例如，需求分析阶段要收集大量的客观系统信息，从而形成系统功能说明书。而这些信息在测试阶段要用来对已编制好的软件进行检测。在总体设计阶段形成的对各模块要求的信息要在模块测试时使用。当软件规模较大时，保持这些信息的一致性是十分重要、十分困难的问题。若是软件版本更新，则有关的信息管理问题更为突出。

3．代码的编写或生成

编写程序的工作在整个软件开发过程中占了相当比例的人力、物力和时间，提高编制代码的速度与效率显然是改进软件开发工作的一个重要方面。这样的改进主要从代码自动生成和软件模块重用两方面去考虑。许多软件工具都在一定程度上实现自动生成代码。而软件重用，要从软件开发的方法、标准进行改进，形成不同范围的软件重用库。

4．文档的编制或生成

软件开发中文档编写工作费时费力，且很难保持一致。已有不少软件工具提供了这方面的支持。但要与程序保持一致性是有困难的。

5．软件工程管理

软件工程管理包括进度管理、资源与费用管理、质量管理三个基本内容。软件质量管理包括测试工作管理和版本管理。需要根据设计任务书提出测试方案、需要测试的条件与测试数据。当软件规模较大时，版本的更新对各模块之间及模块与使用说明之间的一致性控制等都是十分复杂的。软件工具若能在这些方面给予支持将有利于软件开发工作的进行。

以上是人们对软件工具所寄予的希望。

8.2.2 软件工具的性能

软件工具的性能包括对软件系统的描述能力，保持信息一致性的能力，使用的方便程度、可靠程度和对环境的要求等。

1．表达能力或描述能力

对种种不同情况的软件系统的描述能力，对各种文档的生成能力等是选择、比较软件工具时要考虑的。

2．保持信息一致性的能力

软件工具在开发过程中涉及大量信息时，管理的主要内容是信息的一致性：各部分之间的一致，代码与文档的一致，功能与结构一致。

3．使用的方便程度

软件工具的使用对象是软件开发人员，人机界面应当尽量通俗易懂，便于使用。

4．工具的可靠程度

软件工具应当有足够的可靠性，在各种各样的干扰下都能保持正常工作状态，而不致丢失或弄错信息。

5．对硬件和软件环境的要求应当尽量降低

各种软件工具应根据各自的情况，确定应有的性能指标。

8.2.3 软件工具的分类

软件工具涉及的面很广，种类繁多，目前其分类方法也很多，较为普遍的分类方法是按用途分类和按软件生命周期分类。

1．按用途分类

（1）模拟工具。

（2）开发工具。

（3）测试、评估工具。

（4）运行、维护工具。

（5）性能测量工具。

（6）程序设计支持工具。

2．按软件生命周期分类

（1）软件需求分析工具。需求的收集、分析和定义，以文本或图形方式描述需求。

（2）软件设计工具。

（3）软件编码工具。生成原型的工具，根据给定的文本或图形方式的规范来生成完整的程序或部分程序。

（4）软件确认工具。

（5）软件维护工具。程序分析、自动建档、测试、调试、文件比较等。

可能有些通用的软件工具支持多个软件开发阶段，因而难以明确将其归为上述类别中的哪一类，例如模拟程序和编辑程序。

3．软件工具的发展

软件工具的发展有以下特点：

- 软件工具由单个工具向多个工具集成化方向发展。
- 重视用户界面的设计。
- 不断采用新的理论和技术。
- 软件工具的商品化。软件工具商品化推动了软件产业的发展，而软件产业的发展增加了软件工具的需求，促进了软件工具的商品化。
- 各种可视化的软件开发工具的出现将软件工程的革新进一步推向深入，使快速、高效、精彩的软件开发成为可能。

今后，软件工具的功能更强、效率更高，真正为软件开发工作水平的提高发挥作用。软件工具正处于迅速发展之中，应及时了解发展现状，尽快掌握新的工具。

8.3　软件开发环境

1．软件开发环境的定义

软件开发环境是相关的一组软件工具集合，它支持一定的软件开发方法或按照一定的软件开发模型组织而成。

美国国防部对"软件开发环境"一词是这样定义的：一个软件开发环境是一组方法、过程及计算机程序的整体化构件，它支持从需求定义、程序生成直到维护的整个软件生命周期。

虽然上面两个定义不尽相同，但它们在下面几点上是一致的：

（1）软件开发环境是一组软件工具的集合。

（2）这些工具是按照一定的开发方法或软件开发模型组织起来的。

（3）这些工具支撑整个软件生命周期的各个阶段或部分阶段。

2．软件开发环境的分类

对于软件开发环境至今尚无一种公认的分类方法。如果按软件生产的不同阶段和不同方面分类，可将其分为软件开发环境、软件项目管理环境、软件质量保证的环境及软件维护环境等。

若按软件开发环境的结构模型可分为分布式和网络环境。

若按工作方式分类，可将其分为交互式软件环境及批处理软件环境等。

若按是否与软件开发方法有关来分类，则可将软件开发环境分为以下两类。

（1）不依赖于软件开发方法的环境。开发方法包括结构化方法、快速原型方法等。不依赖于某种软件开发方法，而是将最常用的软件工具组成一个软件包供用户使用。面向高级语言的软件环境属于不依赖于软件开发方法的这一类。

（2）专门支持某种软件开发方法的软件环境。例如，针对面向对象软件开发方法的软件开发环境。

3．软件开发环境的构成和特性

软件开发环境所包含的技术成分视使用者的要求而确定。比较庞大的系统，其构成元素相对较多。而有的系统是针对某一专门领域的，其构成就相对比较简单。一般来讲，软件开发环境都具有下列6个构成元素：

- 软件信息数据库。
- 交互式的人机界面。
- 语言工具。
- 质量保证工具。
- 需求分析及设计工具。
- 配置管理工具。

选择何种类型的软件开发环境取决于环境所服务的对象。由哪些构成成分来组成软件开发环境，也要根据需要来决定。如何衡量软件开发环境的性能，一般应考虑如下几个特性：

- 通用性及适应性。
- 增量实现及可扩充性。
- 工具间的整体性与一致性。

4．集成化环境

早期软件开发环境的软、硬件资源都很有限，软件生产效率和开发技术都较低。随着软件开发方法的流行，人们研究了大量软件工具，从零星的工具到配套的工具箱，工具数量不断增多，功能也逐步扩大，软件开发环境从支持个别阶段发展到支持整个生命期，从只支持开发技术发展到全面支持技术与管理活动。20 世纪 80 年代初在欧洲出现了集成化项目支持环境的提法。所谓集成化就是一体化，其最终目的是要做到任务之间的全自动切换，而不再需要用户的干预。

工具的集成化可以通过以下的两个“统一”来达到。一是统一的公共数据，也就是说把所有的工具统一建立在公共的文件库或信息库之上；二是统一或一致的用户界面，这种界面可以是某种统一的命令语言，也可以是某种特定的环境工具。

5．集成化的层次

软件工具的集成化大致分为以下 5 个层次：

（1）公共的用户接口。一个公共的用户接口是一座连接各种工具的桥梁。不同的软件工具，在共同的菜单系统下看起来没有差别。

（2）实现工具之间数据的可传递性。当需要在工具之间传递数据时，可以用数据选择程序、数据转换程序和文件传递程序将数据自动地转换为适合于某个具体工具或软件包的输入格式，用户将能很方便地把数据从一个工具传给另一个工具。若能做到每个工具的输出都是其他工具的输入则更好。

（3）软件开发过程各阶段的集成化。通过将整个系统表示法存放在中心信息库中，实现软件开发过程各阶段的集成化。它涉及软件生命各阶段的连接，即软件系统开发和维护过程中各个步骤的集成。

① 用结构化方法把软件开发的步骤连在一起，变成一个有意义的、可管理的过程。

② 使用系统的共同表示法，将其存放在中心信息库中，供项目开发组的成员共享。这一层次的集成化把项目开发组的成员和用户及管理人员联系起来，并为系统的所有信息和开发次序提供一个容易更新的资源，从而可大大减少它们之间的通信。

（4）实现不同硬件之间工具和数据的可传递性。

（5）使软件开发过程中的每一项工作都能在工作站上进行。

上述第（4）、（5）层次的集成涉及硬件环境的集成，要达到无论在哪一种环境下，只

软件工程技术的发展

要是最便利的，都能执行软件的开发任务。

根据英国 Alvey 委员会的意见，集成化项目支持环境应具有以下的特征：
- 集成化和相互兼容的工具集；
- 支持项目的管理的工具集；
- 支持配置控制；
- 支持多种语言的软件开发；
- 支持硬件的开发；
- 允许宿主机和目标机使用分布式系统。

总之，软件工具、软件工程集成化环境将是支持从需求分析、程序生成到维护的整个软件生命周期的方法、过程及计算机程序的整体化构件。

8.4 软件重用

软件重用是指在软件开发过程中不做修改或稍加修改就可以重复使用相同或相似的软件元素的过程。这些软件元素包括应用领域知识、开发经验、设计经验、体系结构、需求分析文档、设计文档、程序代码和测试用例等。对于新的软件开发项目而言，它们是构成整个软件系统的部件，或者在软件开发过程中可发挥某种作用。通常把这些软件元素称为软件构件。

一般在软件开发中采用重用软件构件，可以比从头开发这个软件更加容易。软件重用的目的是能更快、更好、成本更低地生产软件制品。

各种软件开发过程都能使用重用软件构件，利用面向对象技术，可以比较方便有效地实现软件重用。本节介绍可重用的软件成分，以及软件重用的方法、步骤和环境。

8.4.1 可重用的软件成分

软件的重用可划分为三个层次：知识重用、方法和标准的重用及软件成分的重用。

知识重用是多方面的，例如软件工程知识、开发经验、设计经验和应用领域知识等的重用。方法和标准的重用包括传统软件工程方法、面向对象方法、有关软件开发的国家标准和国际标准的重用等。

软件成分的重用可分为三个级别：源代码的重用、设计结果重用和规格说明重用。

1. 源代码的重用

源代码的重用可以采用下列几种形式。
- 源代码的剪贴：这种重用存在配置管理问题，无法跟踪代码块的修改重用过程。
- 源代码包含（Include）：许多程序设计语言都提供 Include 机制，所包含的程序库要经过重新编译才能运行。
- 继承：利用继承机制重用类库中的类时，不必修改已有代码就可以扩充类，或找到需要的类。

2. 设计结果重用

设计结果重用包括体系结构的重用。设计结果重用有助于把应用软件系统移植到不同的软件或硬件平台上。

3．规格说明重用

规格说明重用特别适用于用户需求没有改变，但是系统体系结构发生变化的场合。

更具体地，可重用的软件成分主要有以下几种：

- 项目计划：软件项目计划的基本结构和许多内容是可以重用的。这样可以减少制订计划的时间，降低建立进度表和进行风险分析等活动的不确定性。
- 成本估计：不同的项目中经常含有类似的功能，在做成本估计时，重用部分的成本也可重用。
- 体系结构：很多情况下，体系结构有相似或相同之处。可以创建一组体系结构模板，作为重用的设计框架。
- 需求模型和规格说明：类和对象的模型及规格说明、数据流图等可以重用。
- 设计：系统和对象设计可以重用，用传统方法开发的体系结构、接口、设计过程等可以重用。
- 源代码：经过验证的程序构件可以重用。
- 用户文档和技术文档：经常可以重用这些文档的较大部分内容。
- 用户界面：很多情况下用户界面可以重用。
- 数据重用：包括数据结构的重用、输入数据的重用和中间结果的重用等。
- 测试用例：一旦设计或代码构件被重用，相关的测试用例也应该被重用。

8.4.2 软件重用过程模型

软件重用过程有以下几种模型：软件重用组装模型、类构件重用模型和软件重用过程模型。

1．软件重用的组装模型

最简单的软件重用过程，先将以往软件工程项目中建立的软件构件存储在构件库中；通过对软件构件库进行查询，提取可以重用的构件，为了适应新系统对它们做一些修改，并建造新系统需要的其他构件，再将新系统需要的所有构件复合。图 8.1 描述了软件重用的组装模型。

图 8.1　软件重用的组装模型

2．类构件的重用模型

利用面向对象技术，可以比较方便有效地实现软件重用。面向对象技术中的类是比较理想的可重用软件构件，不妨称为类构件。

类构件的重用方式可以有以下几种：

1）实例重用

按照需要创建类的实例，然后向该实例发送适当的消息，启动相应的服务，完成所需要的工作。

2）继承重用

利用面向对象方法的继承性机制，子类可以继承父类已经定义的所有数据和操作，子类可以另外定义新的数据和操作。

为了提高继承重用的效果，可以设计一个合理的、具有一定深度的类构件的层次结构。这样可以降低类构件的接口复杂性，提高类的可理解性，为软件人员提供更多的可重用构件。

3）多态重用

多态重用方法根据接收消息的对象类型，在响应一个一般化的消息时，由多态性机制启动正确的方法，执行不同的操作。

3．软件重用过程模型

为了实现软件重用，已经有许多过程模型，这些模型都强调领域工程和软件工程同时进行。

"领域"是指具有相似或者相近的软件需求的应用系统所覆盖的一组功能区域。可以根据领域的特性及相似性，预测软件构件的可重用性。领域工程就是分析、设计和构造，具有重用价值的软件构件，进而建立可重用的软件构件库的过程。

图 8.2 描述了适用于重用的过程模型。领域工程在特定的领域中创建应用领域的模型，设计软件体系结构模型，开发可重用的软件成分，建立可重用的软件构件库。显然，对软件构件库应当不断地积累构件，不断地进行完善。

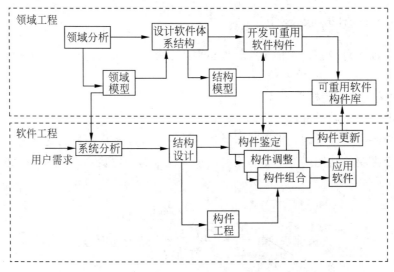

图 8.2　软件重用过程模型

基于构件的软件工程，根据用户的实际需求，参照领域模型进行系统分析，使用领域的结构模型进行结构设计，从可重用软件构件库中查找需要的构件，对构件进行鉴定、调整，构造新的软件构件，对软件构件进行组合，开发应用软件，软件构件不断更新，并补充到可重用软件构件库中去。

8.4.3　开发可重用的软件构件

开发可重用的软件构件过程就是领域工程。领域工程的目的是标识、构造、分类和传播软件构件，以便在特定的应用领域中重用这些软件构件。

领域工程包括三个主要的活动：分析过程、开发软件构件和传播软件构件。

- 分析过程。领域工程分析过程重要的是标识可重用的软件构件。
- 开发可重用的软件构件。
- 传播软件构件。传播软件构件就是让用户能在成千上万的软件构件中找到他所需要的构件，这需要很好地描述构件。构件的描述包括构件的功能、使用条件、接口和如何实现等。构件如何实现的问题，只有准备修改构件的人需要知道，其他人只需了解构件的功能、使用条件和接口。

为了开发可重用的软件构件，应该考虑以下问题：标准的数据结构、标准的接口协议、程序模板等。

8.4.4 分类和检索软件构件

随着软件构件的不断丰富，软件构件库的规模会不断扩大，软件构件库组织结构的合理性将直接影响构件的检索效率。库结构的设计和检索方法的选用应当尽量保证用户容易理解、便于使用。

对可重用软件构件库要进行分类，便于用户的检索使用。构件分类的方法有三种典型模式：枚举分类、刻面分类和属性值分类。

1．枚举分类

枚举分类（Enumerated Classification）方法通过层次结构来描述构件，在该结构中定义软件构件的类及子类的不同层次。把实际构件放在枚举层次的适当路径的最底层。

枚举分类模式的层次结构易于理解和使用，但在建立层次之前必须完成领域工程，使层次中的项具有足够的信息。

2．刻面分类

刻面分类（Faceted Classification）方法通过分析软件构件的基本特征，并分析这些基本特征的优先次序，由此建立软件构件库。

（1）分析应用领域并标识出一组基本的描述特征，这些描述特征称为刻面。

（2）描述一个构件的刻面的集合称为刻面描述表。

（3）根据重要性确定刻面的优先次序，并把它们与构件联系起来。

（4）刻面可以描述构件所完成的功能、加工的数据、应用构件的操作和实现方法等特征。

（5）通常，刻面描述不超过 7 个或 8 个。

（6）把关键词的值赋给重用库中每个构件的刻面集。

（7）使用自动工具完成同义词词典功能，从而可以根据关键词或关键词的同义词，在构件库中查找所需要的构件。

刻面分类模式在对复杂的刻面描述表进行构造时，比枚举分类法的灵活性更大，更易于扩充和修改。

3．属性值分类

属性值分类（Attribute-Value Classification）模式为一个领域中的所有构件定义一组属性，然后与刻面分类法类似地给这些属性赋值。

属性值分类法与刻面分类法相似，二者的区别如下：

（1）对可重用的属性个数没有限制。

（2）属性没有优先级。

（3）不使用同义词词典功能。

上述构件库的分类方法在查找效果方面大致相同。对重用库的分类模式的研究还有许多工作要做，请读者关注软件重用技术的发展。

8.5　RUP

RUP（Rational Unified Process，统一软件过程）是 Rational 软件公司开发的一种软件工程处理过程软件，它采用了万维网技术，可以增强团队的开发效率，并为所有成员提供最佳的软件实现方案。RUP 为软件开发提供了规定性的指南、模板和范例。RUP 可用来开发很多领域的、所有类型的应用，如电子商务、网站、信息系统、实时系统和嵌入式系统等。

RUP 是一种很有效的软件开发过程，也适用于其他领域的开发过程。RUP 是一个随时间推移而不断进化的过程，参与开发的任何人员都可使用它。而事实上，UML 也是由该公司的 Grady Booch、Jim Rumbaugh 和 Ivar Jacobson 共同发展的，并融入了面向对象软件工程（Objected Oriented Software Engineering，OOSE）等思想。UML 是支持 RUP 的有力工具，RUP 使用 UML 来完成各个阶段的建模。

RUP 将项目管理、商业建模、分析与设计等统一到一致的、贯穿整个开发周期的处理过程中。

1．RUP 的开发模式

RUP 在使用 UML 开发软件时，采用用例驱动、迭代增量式的构造方法。采用这种方法，不是一次性地向用户提交软件，而是分块逐次开发和提交软件。

为了管理软件开发过程、监控软件开发过程，RUP 把软件开发过程划分为多个循环，每个循环生成产品的一个新版本。每个循环都由初始阶段、细化阶段、构造阶段和提交 4 个阶段组成。每个阶段要经过分析、设计、编码、集成和测试反复多次迭代来达到预定的目的或完成确定的任务。

也可以将开发过程安排为由初始阶段、细化阶段、构造阶段和提交 4 个阶段组成；只在构造阶段进行分析、设计、编码、集成和测试工作的反复多次迭代。要根据系统和设计人员的具体情况合理进行安排。RUP 的开发简图如图 8.3 所示。

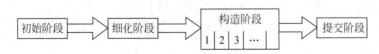

图 8.3　使用 UML 的 RUP 开发简图

1）初始阶段

初始阶段的任务是估算项目的成本和效益，确定项目的规模、功能和架构，估计和安排项目的进度。

2）细化阶段

细化阶段的主要目标是建立软件系统的合理架构。因此，要对问题域进行分析，捕获大部分的用例，确定实际开发过程，规划开发过程的具体活动，确定完成项目所需的资源，为构造阶段制订出准确的计划。要建立用例模型、分析模型、设计模型、实现模型和实施模型所需要的视图。

3）构造阶段

在构造阶段，通过一系列迭代过程，增量式地建造、实现用例。每次迭代都是在前一次迭代的基础上增加新的用例。每次迭代过程都要对用例进行分析、设计、编码、集成；向用户演示；写出初步的用户手册；进行测试。

4）提交阶段

试用产品并改正试用中发现的缺陷；制作产品的最终版本，安装产品、完善用户手册并培训用户等。

2．RUP 的特点

RUP 的特点是基于构件、使用 UML、采用用例驱动和架构优先的策略。

（1）基于构件。

（2）使用 UML。

（3）RUP 是用例驱动的。

RUP 在开发过程中要分析用例的优先级、对系统架构的影响程度和用例的风险大小，合理安排系统构造的迭代过程。将那些优先级高的用例，或对系统架构有较大影响的，或风险较大的用例先构造；其他的用例后构造。

（4）RUP 采用迭代增量方式。每次迭代增加尚未实现的用例，所有用例建造完成，系统也就建造完成了。

（5）RUP 采用构架优先方法。

软件构架概念包含了系统中最重要的静态结构和动态特征，如软件应用平台（计算机体系结构、操作系统、数据库管理系统和网络通信协议等）、是否有可重用的构造块（如图形用户界面框架）、如何考虑实施问题、如何与原有系统集成，以及非功能性需求（如性能、可靠性）等，构架体现了系统的整体设计。

用例和构架之间是相互有影响的。一方面，用例在实现时必须适合于构架；另一方面，构架必须预留空间以便增加尚未实现的用例。因而构架和用例必须并行进行设计。构架设计师必须全面了解系统，从系统的主要功能，即优先级高的用例入手，先开发一个只包括最核心功能的构架，并使构架能够进行拓展。不仅要考虑系统的初始开发，而且要考虑将来的发展。构架优先开发的原则是 RUP 开发过程中至关重要的主题。

3．RUP 的要素

RUP 的要素有项目、产品、人员、过程、工具等。

1）项目

一个软件项目，在规定的时间、费用范围内，由一组人员来完成该项目，创造软件产品。这些人员根据过程按一定的组织模式产生项目的产品。

2）产品

统一过程中所开发的产品是一个软件系统。软件系统用 UML 图、用户界面、构件、测试计划、系统模型等描述。开发过程还需要有开发计划、工作安排等管理信息。

3）人员

统一过程自始至终有人员参与，牵涉的人员有用户、架构设计师、开发人员、测试人员和项目管理人员。不同的人员起的作用不同。用户提供资金、需求并使用系统。其他人员分别进行规划、开发、测试和管理等。

4）过程

软件开发过程定义了一组完整的活动，通过这些活动将用户的需要转换为软件产品。过程组织各类人员相互配合，指导人员进行各种活动，完成产品的生产。

5）工具

工具支持软件开发过程，将许多重复工作自动化。工具和过程是相互配套的，过程驱动工具的开发，工具指导过程的开发，过程不能缺少工具。

统一过程与 UML 相结合，使开发过程中建模工具的描述能力增强。

UML 还在不断完善和发展，需要对其有更多了解的读者请参阅有关文献，建议访问中文网站 http://www.uml.com.cn 和 http://www. umlchina.com。

8.6　Rational Rose 简介

Rational Rose 是由美国的 Rational 公司出品的面向对象建模工具，是基于 UML 的可视化工具。利用这个工具，可以建立用 UML 描述的软件系统的模型，而且可以自动生成和维护 C++、Java、VB 和 Oracle 等语言和系统的代码。Rational Rose 包括统一建模语言（UML）、面向对象软件工程（OOSE）和操作维护终端（Operation Maintenance Terminal，OMT）。其中统一建模语言是由 Rational 公司的三位世界级面向对象技术专家 Grady Booch、Ivar Jacobson 和 Jim Rumbaugh 通过对早期面向对象的研究和设计方法的进一步扩展而得来的，它为可视化建模软件奠定了坚实的理论基础。

现在 Rational Rose 已经发展成为一套完整的软件开发工具族，包括系统建模、模型集成、源代码生成、软件系统测试、软件文档的生成、模型与源代码间的双向工程、软件开发项目管理、团队开发管理及 Internet Web 发布等工具，构成了一个强大的软件开发集成环境。

Rational Rose 具有完全的、能满足所有建模环境（如 Web 开发、数据建模、Visual Studio 和 C++）需求能力和灵活性的一套解决方案。Rose 允许开发人员、项目经理、系统工程师和分析人员在软件开发周期内使用同一种建模工具。利用 Rational Rose 可对需求和系统的体系架构进行可视化分析设计，再将需求和系统的体系架构转换成代码，从而简化开发步骤，也有利于与系统有关的各类人员对系统的理解。由于在软件开发周期内使用同一种建模工具，可以确保更快更好地创建满足客户需求的、可扩展的、灵活的并且可靠的应用系统。

使用 Rational Rose 可以先建立系统模型再编写代码，从而一开始就保证系统结构的合理性。同时，利用模型可以更方便地发现设计缺陷，从而以较低的成本修正这些缺陷。所谓建模就是人类对客观世界和抽象事物之间的联系进行具体描述。在过去的软件开发中，程序员利用手工建模，既耗费了大量的时间和精力，又无法对整个复杂系统全面准确地进行描述，以至于直接影响应用系统的开发质量和开发速度。

Rose 模型是用图形符号对系统的需求和设计进行形式化描述。Rose 使用的描述语言是统一建模语言，它包括各种 UML 图、参与者、用例、对象、类、构件和部署节点，用于详细描述系统的内容和工作方法，开发人员可以用模型作为所建系统的蓝图。由于 Rose 模型包含许多不同的图，使项目小组（客户、设计人员、项目经理、测试人员等）可以从不同角度看这个系统。在 Rose 中也可以采用 Booch 或 OMT 方法建模，而它们与 UML 方法所建的模型只是表示方法不同，它们之间可以相互转换。

Rational Rose 有助于系统分析，可以先设计系统用例和用例图，显示系统的功能。可以用交互图显示对象如何配合，提供所需功能。类和 Class 框图可以显示系统中的对象及其相互关系。构件图可以演示类如何映射到实现构件。部署图可以显示系统硬件的拓扑结构。

在传统的软件开发过程中，设计小组要与客户交流并记录客户要求。假设一个开发人员张三根据用户的一些要求做出一些设计决策，编写出一些代码。而李四也根据用户的一些要求做出完全不同的设计决策，再编写出一些代码。两者的编程风格存在差异是非常自然的。如果有 20 个开发人员，共同开发系统的 20 个不同组成部分。这样，有人要了解或维护系统时就会遇到困难。如果不详细地与每个开发人员面谈，就很难了解他们每个人做出的开发决策、系统各部分的作用和系统的总体结构。如果没有设计文档，则很难保证所建的系统就是用户所需要的系统。

传统上，开发软件时采用图 8.4 所示的过程。

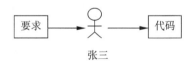

图 8.4　传统软件设计过程

用户的要求被写成软件代码，但只有张三知道系统的结构。一旦张三离开，这个信息也随他一起离开。如果有人要代替张三，要了解这样一个文档不足的系统就会非常费事。

使用 Rose 建立模型、产生代码的过程如图 8.5 所示。

图 8.5　Rose 设计过程

设计被写成文档，开发人员就可以在编码之前在一起讨论设计决策了，不必担心系统设计中每个人选用不同的风格。用 Rose 所建立的模型可以被与软件有关的各类人员共同使用。

（1）客户和项目管理员通过用例图取得系统的高级视图，确定项目范围。

（2）项目管理员用用例图和用例文档将项目分解成可管理的小块。

（3）分析人员和客户通过用例文档了解系统提供的功能。

（4）软件开发人员通过用例文档编写用户手册和培训计划。

（5）分析人员和开发人员用顺序图和协作图描述系统的逻辑模型、系统中的对象及对象间的消息。

（6）质量保证人员通过用例文档和顺序图、协作图取得测试脚本所需的信息。

（7）开发人员用类图和状态图取得系统各部分的细节及其相互关系的信息。

（8）部署人员用构件图和部署图显示要生成的执行文件、其他构件及这些构件在系统中的部署位置。

（9）整个小组用模型来确保代码满足了需求，代码可以回溯到需求。

因此，Rose 是整个项目组共同使用的工具，使得每一个小组成员都可以收集所需的信息和设计信息的仓库。Rational Rose 还可以帮助开发人员产生框架代码，适用于目前流行的多种语言，包括 C++、Java、Visual Basic 和 Power Builder。此外，Rose 可以对代码进行逆向工程，可以根据现有系统产生模型。根据现有系统产生模型的好处很多：模型发生改变时，Rose 可以修改代码，做出相应改变；代码发生改变时，Rose 可以自动将这个改变加进模型中。这些特性可以保证模型与代码的同步，以免遇到过时的模型。

利用 RoseScript 可以扩展 Rose，这是 Rose 随带的编程语言。利用 RoseScript 可以编写代码、自动改变模型、生成报表、完成 Rose 模型的其他任务。

8.6.1　Rational Rose 界面

Rational Rose 提供了一套十分友好的界面，用于系统建模。Rose 界面包括浏览区、工具栏（标准工具栏和图形工具栏）、图形窗口、文档窗口和日志，如图 8.6 所示。

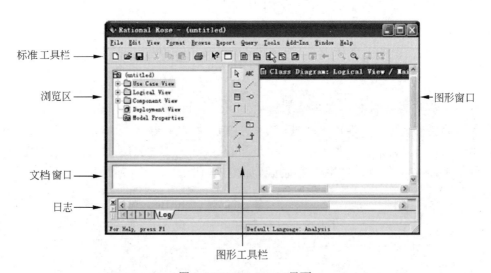

图 8.6　Rational Rose 界面

- 浏览区：用于在模型中迅速漫游，它可以显示模型中的参与者、用例、类和构件等。浏览器中有 4 个视图，分别是用例视图、逻辑视图、构件视图和部署视图。
- 文档窗口：可以查看或更新模型元素的文档。
- 工具栏：可以访问常用命令。Rose 中有两个工具栏，包括标准工具栏和图形工具栏。

标准工具栏总是显示，包含任何图形中都可以使用的选项；图形工具栏随每种 UML 图形而改变。

- 图形窗口：用于显示和编辑一个或几个 UML 图形。改变图形窗口中的元素时，Rose 自动更新浏览器。同样，用浏览器改变元素时，Rose 自动更新相应的图形，这样 Rose 就可以保证模型与元素的一致性。
- 日志：用于查看错误信息和报告各个命令的结果。

8.6.2　Rational Rose 模型的 4 个视图

Rational Rose 模型的 4 个视图分别是用例视图、逻辑视图、构件视图和部署视图。每个视图针对不同对象具有不同的用途。

1．用例视图

用例视图包括系统中的所有参与者、用例和用例图，还可能包括一些顺序图或协作图。用例视图是系统中与实现无关的视图，只关注系统的功能，而不关注系统的具体实现方法。

项目开始时，用例视图的主要使用者是客户、分析人员和项目管理员，这些人员通过用例、用例图和相关文档来确定系统的主要功能。随着项目的进行，小组的所有成员可通过用例视图了解正在建立的系统，通过用例描述事件流程。利用这个信息，质量保证人员可以开始编写测试脚本，技术作者可以开始编写用户文档。分析人员和客户可以从中确认捕获所有要求。开发人员可以看到系统生成哪些高层构件及系统的逻辑结构。一旦用户确认了用例视图中描述的参与者及用例，就确定了系统的范围，然后可以继续在逻辑视图中关注系统如何实现用例中提出的功能。

2．逻辑视图

逻辑视图关注的焦点是系统的逻辑结构。逻辑视图提供对系统较详细的描述，主要包括类、类图、交互图（顺序图和协作图）、状态图等。逻辑视图还要描述构件之间如何关联，利用这些细节元素，开发人员可以构造系统的详细设计。

通常，绘制逻辑视图采用两步法，第一步标识分析类，第二步将分析类变为设计类。分析类是独立于语言的类。通过关注分析类，可以不管语言的特定细节而了解系统结构。设计类是具有语言特定细节的类。例如，可能有一个负责与另一个系统交流的分析类，不管这个类用什么语言编写，只关心其中的信息和功能，但是将它变成设计类时，就要关注语言的特定细节。可能决定用 Java 类，甚至确定用两个 Java 类来实现这个分析类，分析类和设计类不一定一一对应。设计类出现在逻辑视图的交互图中。

在逻辑视图中，要标识系统构件，检查系统的信息和功能，检查构件之间的关系。这里软件重复使用是一个主要目的。通过认真指定类的信息和行为、组合类，以及检查类和包之间的关系，就可以确定重复使用的类和包。完成多个项目后，就可以将新类和包加进软件重用库中。而且在今后的项目中可以组装现有的类和包，而不必一切从头开始。

几乎小组中每个人都会用到逻辑视图中的信息，但主要是开发人员和软件架构师使用逻辑视图。开发人员关心生成什么类，每个类包含的信息和功能。软件架构师更关心系统的总体结构。软件架构师要负责保证系统结构的稳定、考虑重复使用、系统能灵活地适应需求变化。

一旦标识类并画出类图后，就可以转入构件视图，了解系统的物理结构。

3．构件视图

构件（Component）视图包含模型代码库、执行文件、运行库和其他构件的信息。构件是代码的实际模块。构件视图包括：

- 构件：代码的实际模块。
- 构件图：显示构件及其相互关系。构件间的关系可以帮用户了解编译相关性。利用这个信息就可以确定构件的编译顺序。
- 包：相关构件的组。和包装类一样，包装构件时的目的之一是重复使用。相关构件可以更方便地选择并在其他应用程序中重复使用，只需认真考虑组与组之间的关系即可。

构件视图的主要用户是负责控制代码和编译部署应用程序的人。有些构件是代码库，有些是运行构件，如执行文件或动态链接库（DLL）文件。开发人员也用 Component 视图显示已经生成的代码库和每个代码库中包含的类。构件视图包含模型代码库、执行文件、运行库和其他构件的信息。构件视图的主要用户是负责控制代码和编译部署应用程序的人。

4．部署视图

部署视图关注系统的实际部署，可能与系统的逻辑结构有所不同。

例如，系统可能用逻辑三层结构。换句话说，界面与业务逻辑可能分开，业务逻辑又与数据库逻辑分开。但部署可能是两层的：界面放在一台机器上，而业务和数据库逻辑放在另一台机器上。

部署视图还处理其他问题，如容错、网络带宽、故障恢复和响应时间。

部署视图包括：

- 进程：是在自己的内存空间执行的线程。
- 处理器：任何有处理功能的机器。每个进程在一个或几个处理器中运行。
- 设备：包括任何没有处理功能的机器。例如打印机。

部署视图关注系统的实际部署，显示网络上的进程和设备及其相互间的实际连接。部署视图还显示进程，哪一个进程在哪一台机器上运行。整个开发小组都使用部署视图了解系统部署，但部署视图的主要用户是发布应用程序的人员。

8.6.3　Rational Rose 的使用

Rational Rose 中的所有工作都是基于所创建的模型。使用 Rational Rose 的第一步是创建模型。模型可以从头创建，也可以使用现有框架模型。Rational Rose 模型（包括所有图形和模型元素）都保存在一个扩展名为.mdl 的文件中。

创建新模型的步骤为：从菜单中选择 File→New 命令，或单击标准工具栏中的 New 按钮，此时会出现一些可用框架，只要选择需要用的应用框架就可以了。每个应用框架针对不同的编程语言，提供语言本身的预制模型和应用开发框架。选择 Cancel 不用框架。

Rational Rose 要保存模型，从菜单中选择 File→Save 命令，或单击标准工具栏中的 Save 按钮。整个模型都保存在一个文件中。

面向对象机制的一大好处是重复使用。重复使用不仅适用于代码，也适用于模型。Rose 支持对模型和模型元素的导入与导出。选择菜单 File 中的 Export Model 命令进行输出操作；选择 Import Model 命令进行输入操作。这样可以对现有模型进行复用。

使用 Rational Rose 的具体步骤请参考相关书籍，在安装了 Rational Rose 之后按照操作步骤逐步完成即可。

8.7 几种软件构件模型比较

软件构件模型是关于开发可重用软件构件和构件之间相互通信的一组标准的描述。目前已有的构件模型主要从分析设计及使用的角度描述构件。构件模型是构件使用者理解、使用构件的重要依据。通过重用已有的软件构件，使用构件对象模型的软件开发者可以像搭积木一样快速构造应用程序。这样不仅可以节省时间和经费，提高工作效率，而且可以产生更加规范、更加可靠的应用软件。

构件模型定义了构件的本质属性，规定了构件接口的结构及构件与软件构架、构件与构件之间的交互机制。构件模型通常还提供创建和实现构件的指导原则。基于构件的开发工具可以识别和组装来自不同开发者的符合同一构件模型的构件。一个被所有构件生产者和构件重用者所接受的构件模型，实际上起到了构件标准化的作用。

现有的构件模型一般认为构件由构件接口和构件内容两部分组成。构件接口就是为成功重用该软件实体而需要提供给外界的所有信息，包括构件向外提供和请求的服务，构件的自描述信息和定制信息，构件的初始化、实例化和永久化方法，以及构件对目标重用环境的依赖和构件组装信息等。构件内容是可以直接重用的软件实体，它具有源代码、二进制码、文档、分析设计模型和脚本等不同的物理形态，并遵从一定的格式标准。

在构件模型的基础上，用构件描述语言（Component Description Language，CDL）为协作构件、构件组装工具和基于构件的软件开发人员提供全面准确的构件信息。CDL 的基本理想是将构件视为黑盒子，通过描述构件接口的语法和语义，向外界提供构件的结构和行为信息，使构件重用者不必关心其内部细节。CORBA IDL（Interface Description Language）、DCOM ODL（Object Description Language）等接口描述（或定义）语言都能够描述构件接口，并且具备编译和浏览工具的支持，但是现有的接口描述语言在描述构件接口语义和构件间复杂的交互协议方面缺乏进一步的支持。

目前，CORBA、COM+/DCOM 和 JavaBean/EnterpriseJavaBean 构件模型三足鼎立，形成了构件模型工业标准的竞争与并存格局。本节介绍这三种典型的构件模型，并对它们进行比较分析。此外，还介绍软件架构技术。

8.7.1 CORBA

CORBA（Common Object Request Broker Architecture）即公共对象请求代理体系结构，是国际对象管理组织（OMG）在 20 世纪 90 年代早期提出的分布式对象规范。一个对象请求代理提供了一系列服务，它们使得一个构件可以和其他构件通信，而不管这些对象在系统中的位置如何。CORBA 构件模型的底层结构为 ORB（Object Request Broker，对象请求代理）。CORBA 的构件采用接口描述语言（Interface Description Language，IDL）进行描述。CORBA 提供了 IDL 到 C、C++、Java、CORBA 等语言的映射机制——IDL 编译器。IDL 编译器可以生成服务器方的接口框架（Skelton）和客户方的接口存根（Stub）代码，通过分别与客户端和服务器端程序的联编，即可得到相应的服务器程序和客户程序。

CORBA 同时提供了一系列的公共对象服务规范（Common Object Service Specification，COSS），其中包括名字服务、永久对象服务、生命周期服务、事务处理服务、对象事件服务和安全服务等，它们相当于用于企业级计算的公共构件。

CORBA 可以跨越不同的网络、不同的计算机和不同的操作系统，实现分布式对象之间的互操作。

8.7.2　COM+/DCOM

COM+（Component Object Model）/DCOM（Distributed Component Object Model）是微软与其他业界厂商合作提出的一种构件/分布式构件对象模型，其发展经历了一个相当曲折的过程。DCOM 起源于动态数据交换（DDE）技术，通过剪切/粘贴（Cut/Paste）实现两个应用程序之间共享数据的动态交换。对象链接与嵌入（OLE）就是从 DDE 引申而来的。

随后，微软引入了构件对象模型，规定了对象模型和编程要求，使 COM 对象可以与其他对象互操作。这些对象可以用不同的语言实现，其结构也可以不同。基于 COM，微软进一步将 OLE 技术发展到 OLE2.0，在 OLE2.0 中出现了拖放技术及 OLE 自动化。

DCOM 是 COM 在分布式计算方面的发展，它为分布在网络不同节点的 COM 构件之间提供了互操作的基础结构，而所有以 OLE 为标志的技术如今也已挂上了 ActiveX 标识。

在公共服务方面，微软提出了自己的事务服务器（Microsoft Transaction Server，MTS）和消息队列服务器（Microsoft Message Queue Server，MSMQ）。前者与 CORBA 对象事务服务目标类似，后者则是为了保证应用之间进行可靠的消息通信和管理。

8.7.3　JavaBean

按照 SUN 和 Javasoft 对 Java 的界定，Java 是一个应用程序开发平台，它按照高性能、可移植、可解释的原则，提供面向对象的编程语言和运行环境。Java 计算的本质就是利用分布在网络中的各类对象共同完成相应的任务。例如，JavaApplet 可按用户的需求，从服务器上动态地下载到客户端的浏览器上，完成 HTML 页面的动态变化。

在 Java 中，软件构件是能够进行可视化操作的可重用软件，它满足一定的特征要求，并可以根据需要进行定制和组装。

Java 的软件构件称为 JavaBean，或者简称 Bean。按照 Javasoft 给出的定义，Bean 是能够在构造工具中进行可视化操作的可重用软件。JavaBean 构件模型包含构件和容器两个基本要素，这一思想在 ActiveX/DCOM 技术中同样存在。作为一种典型的构件模型，JavaBean 具有属性、方法、事件、自我检查、定制和永久性 6 个方面的特征。其中，前三种特征（属性、方法、事件）是面向对象的组件必须满足的基本要求，属性和方法保证 Bean 成为一个对象，而事件可以描述组件之间、组件与容器之间的相互作用。通过事件的生成、传播和处理，构件相互之间关联在一起，共同完成复杂的任务。后三种特征主要侧重于对 JavaBeans 构件性质的刻画。由于一个构件通常是具有一定性质和行为的对象的抽象，往往有很大的通用性。为了在一个具体的应用环境中使用构件，必须对构件进行定制。JavaBean 的定制通常在一个可视化生成工具中进行，通过构件的内部机制发现构件的属性、方法和事件，然后利用生成工具提供的属性编辑器实现定制。永久性是将构件的状态保存在永久存储器中，并能够一致恢复的机制。Java 通过序列化（Serialize）实现定制构件的永久性存储，通过反序列化可以实现构件状态的恢复。

JavaBean 构件的本地活动是在与其容器相同的地址空间内进行的。在网络上，JavaBean 构件可以用三种方式进行活动，如图 8.7 所示。

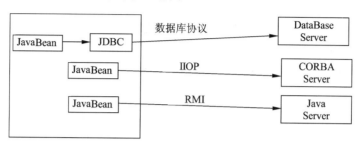

图 8.7　JavaBean 的三种网络访问机制

（1）JDBC（Java Database Connectivity，Java 数据库连接）使 Bean 构件能够访问数据库。Bean 可以对指定的数据库表操作，完成相应的业务逻辑。

（2）JavaRMI（Java Remote Method Invocation，Java 远程方法调用）使分布在不同网络地址上的两个构件之间实现互操作。构件之间的调用方式采用经典的客户端/服务器计算模型。

（3）JavaIDL（Java Interface Description Language）是一个 Java 版的 CORBA/ORB。通过 JavaIDL 可以实现一个 JavaBean 和一个 CORBA 服务之间的互操作。基于 JavaIDL 的 Java 构件互操作模型完全等同于 CORBA 的思想，只不过具体的编译语言采用 Java，而 CORBA/ORB 选择了 JavaIDL。

RMI 是构成 Java 分布对象模型的基础结构。RMI 系统包括桩/框架层、远程引用层和传输层。目前，RMI 的传输层是基于 TCP 实现的，将来的 RMI 体系结构建立在 IIOP 协议之上，可以实现 Java 技术与 CORBA 技术的深层融合。应用系统建立在 RMI 系统之上。图 8.8 给出了 RMI 系统中各层之间的关系。

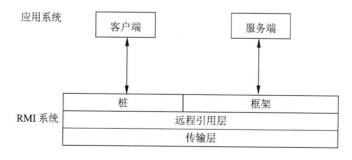

图 8.8　RMI 系统中各层之间的关系

为了增强 JavaBean 的功能，Sun 提出了一个创建 Enterprise JavaBean（EJB）的规范。EJB 结构完全采用基于软件构件模型的分布对象计算体系，如图 8.9 所示。

软件工程技术的发展

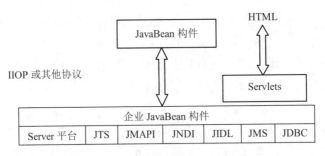

图 8.9　EJB 结构

下面说明 EJB 各组成部分的含义：

- JDBC：基于 SQL 标准的 Java 数据库连接，其基本功能和设计与 ODBC 相似。
- JavaRMI：Java 远程方法调用。
- JNDI（Java Naming and Directory Interface）：Java 名字与目录服务。
- JavaIDL：Java 和 CORBA 之间的连接。
- JTS（Java Transaction Service）：Java 事务管理服务。
- JMAPI（Java Management API）：Java 网络管理 API。
- JMS（Java Message Service）：Java 消息传递服务。

EJB 为构件事务监控器（Component Transaction Monitor，CTM）提供了一种抽象概念。构件事务监控器代表了两种技术的汇合：一种是传统的事务处理监控器；另一种是分布式对象服务。构件事务监控器提供了基于构件的环境，它能在自动管理企业级计算中最复杂方面（如对象代理、事务管理、安全、持久性和并发性）的同时简化分布式的开发。EJB 定义了一种服务器端的构件模型，它允许商务对象的开发，并可从一种构件事务监控器转移到另一种构件事务监控器。EJB 的服务器端负责将构件（Bean）生成分布式对象，管理各种服务，比如事务、永久性、并发性和安全性等。EJB 提供了一个更简单、更高效的开发平台。符合 EJB 标准的构件事务监控器产品出现在许多软件构件中，例如 TP（Transaction Processing，事务处理）监控器、CORBA ORB、应用程序服务器、关系型数据库、对象数据库和 Web 服务器。总之，EJB 提供了一种标准分布式构件模型，它可以简化开发过程。用 CORBA 的观点来看，EJB 中包括了分布构件的基础结构，也包括了各类公共服务构件。

8.7.4　三种构件模型的分析比较

下面对 CORBA、COM+/DCOM 和 JavaBean（EJB/ RMI）三种构件模型进行分析比较。按照企业计算的要求，构件模型的比较分析应该依据以下原则进行。

1．集成性

集成性主要反映在基础平台对应用程序互操作能力的支持上。它要求分布在不同机器平台和操作系统上、采用不同语言或者开发工具生成的各类商业应用必须能集成在一起，构成一个统一的企业计算框架。这一集成框架必须建立在网络的基础之上，并且具备对于各类应用进行集成的能力。

2．可用性

要求所采用的软件构件技术必须是成熟的技术，相应的产品也必须是成熟的产品，在至关重要的企业应用中能够稳定、安全、可靠地运行。另外，由于数据库在企业计算中扮演着重要角色，软件构件技术应能与数据库技术紧密集成。

3．可扩展性

集成框架必须是可扩展的，能够协调不同的设计模式和实现策略，可以根据企业计算的需求进行裁剪，并能迅速应对市场的变化和技术的发展趋势。通过保证当前应用的可重用性，最大程度地保护企业的投资。

这些观点实质上反映了将软件构件技术看作一个黑匣子时，给予企业 IT 经理们的重要观感。下表进一步细化了每种原则要求，并给出了三种软件构件技术的比较结果，分为优、好、较好、一般、较差 5 个级别。这些数据完全来自经验，并不代表深入细致的调查结果。

三种构件模型比较

	CORBA/ORB	COM+/DCOM	JavaBean（EJB/RMI）
集成性			
支持跨语言操作	优	优	一般
跨平台操作	优	较好	优
网络通信	优	好	优
公共服务构件	优	一般	优
可用性			
事务处理	优	较好	好
消息服务	较差	好	好
安全服务	优	好	优
目录服务	优	较好	好
容错性	较好	较好	较好
产品成熟性	较好	好	一般
软件开发商支持度	好	优	优
可扩展性	优	好	优

8.7.5 软件构架技术

软件构架（又称为软件体系结构）描述的是系统整体设计格局，它为基于构件的软件开发提供了构件组装的基础和上下文。一个典型的软件构架是由系统中的构件、接口和约束构成的配置格局。研究软件构架有利于发现不同系统的高层共性，保证灵活和正确的系统设计，对系统的整体结构和全局属性进行规约、分析、验证和管理。将构架作为系统构造和演化的基础，可以实现大规模、系统化的软件重用。

软件开发实际上是从问题域向最终解决方案逐步映射和转换的过程。特定领域软件构架是一个领域中所有应用系统所共有的体系结构，是针对领域模型中的领域需求给出的解决方案，也是识别、开发和组织特定领域可重用构件的基础。目前，国内外的金融、MIS、CMIS 和军事等领域中都开始注意开发特定领域的软件构架和集成框架。软件构架风格则根据系统结构的组织模式，确定了一组可以用于实例中的构件和接口，以及它们的拓扑结构、组装规则、局部和全局约束，从而定义了一个面向系统结构的构架家族。软件构架风格与面向对象的设计模式和框架一样，为设计经验的重用提供了技术支持。客户端/服务器（Client/Server）、分层的体系结构、分布式对象计算、管道和过滤器、黑板系统等都是广泛使用的软件构架风格。

小　　结

计算机辅助软件工程技术正在成为一种最有力的软件开发技术。

软件工具是指为支持计算机软件的开发、维护、移植或管理而研制的程序系统。

一个软件开发环境是一组方法、过程及计算机程序的整体化构件，它支持从需求定义、程序生成直到维护的整个软件生命周期。

利用面向对象技术，可以比较方便有效地实现软件重用。软件重用是指在软件开发过程中不做修改或稍加修改就可以重复使用相同或相似的软件元素的过程。软件重用是降低软件开发和维护成本，提高软件生产率，提高软件质量的合理而有效的途径。

RUP 的主要特点是基于构件、使用 UML、采用用例驱动和架构优先的策略。

Rational Rose 是对软件系统进行面向对象分析和设计的强大的可视化工具。

软件构件模型是关于开发可重用软件构件和构件之间相互通信的一组标准的描述。

习　　题　　8

1．什么是 CASE 技术？

2．什么是软件工具？它如何分类？

3．软件工具有哪些功能？

4．简述软件工具的主要性能。

5．什么是软件开发环境？它如何分类？

6．什么是软件重用？软件成分重用可分为哪几级？

7．填空题

（1）CASE 可以辅助软件开发生存周期各阶段的工作，它是一组_____。

（2）软件开发环境的主要目标是提高_____、_____和降低软件成本。

（3）开发软件工具的目的是为了提高软件生产率和软件_____。

（4）软件工具通常由工具、工具接口和_____三部分组成。

（5）软件开发环境是相关的一组_____集合，它支持一定的软件开发_____或按照一定的软件开发_____组织而成。

第9章　软件工程管理

软件工程学的主要内容是软件开发技术和软件工程管理技术。本章将集中介绍与软件工程管理技术有关的问题。

软件工程管理是通过计划、组织和控制等一系列活动，合理地配置和使用各种资源，以达到既定目标的过程。软件工程管理在项目的任何技术活动开始之前就要进行，并且贯穿于整个软件生命周期之中。

本章重点：

- 进度计划的制订；
- 软件配置管理；
- 软件质量保证。

9.1　软件工程管理概述

由于软件产品具有独特性，因此软件工程管理对软件产品质量保证具有极为重要的意义。

1. 软件产品的特点

软件产品是知识密集型的逻辑思维的产品，它具有以下特性：

（1）软件是逻辑产品，具有高度的抽象性。

（2）同一功能的软件可以有多样性。

（3）软件生产过程复杂，具有易错性。

（4）软件开发和维护主要是根据用户需求"定制"的，其过程具有复杂性和易变性。

（5）软件的开发和运行经常受到计算机系统环境的限制，因而软件有安全性和可移植性等问题。

（6）软件生产有许多新技术需要软件工程师进一步研究和实践，如"软件复用""自动生成代码"等新的软件工具或新的软件开发环境等。

2. 软件工程管理的重要性

由于软件本身的复杂性，软件工程将软件开发划分为若干个阶段，每个阶段完成不同的任务、采取不同的方法。为此，软件工程管理需要有相应的管理策略。

由于软件产品的特殊性，软件工程管理涉及很多学科，如系统工程学、标准化、管理学、逻辑学和数学等。对软件工程的管理，人们还缺乏经验和技术。实际上，人们都在自觉或不自觉地进行管理，只是管理的好坏不一样。

随着软件规模的不断增大、软件开发人员日益增加、开发时间不断增长，软件工程管理的难度逐步增加。由于软件开发管理不善，造成的后果很严重，因此软件工程管理非常重要。

3．软件工程管理的内容

软件工程管理的内容包括对软件开发成本、控制、开发人员、组织机构、用户、软件开发文档、软件质量等方面的管理。

软件开发成本的估算主要是对软件规模的估算，从而估算开发所需要的时间、人员和经费。

控制包括软件开发进度控制、人员控制、经费控制和质量控制。由于软件产品的特殊性和软件工程的不成熟，制订软件进度计划比较困难。通常把一个大的开发任务分为若干期工程，例如分为一期工程、二期工程等。然后再制订各期工程的具体计划，这样才能保证计划实际可行，便于控制。在制订计划时要适当留有余地。

软件工程管理很大程度上是通过对文档资料管理来实现的。因此，要对开发过程中的初步设计、中间过程和最后结果建立一套完整的文档资料。文档标准化是文档管理的一个重要方面。

9.2　软件规模估算

在计算机技术发展的早期，软件的成本只占系统总成本很小的比例。因此，在估算软件成本时，即使误差较大也无关紧要。现在软件已成为整个计算机系统中成本最高的部分。若软件开发成本的估算出现较大的误差，可能会使盈利变为亏损。由于软件的成本涉及的因素较多，因而难以对其做出准确的估算。

软件项目开始之前，要估算软件开发所需要的工作量和时间，首先需要估算软件的规模。估算软件规模的主要技术是代码行技术和功能点技术。可以使用多种不同的方法进行软件开发成本的估算，对估算结果的比较有助于暴露不同方法之间不一致的地方，从而更准确地估算出软件成本。

下面介绍几种不同的软件开发成本估算方法、软件规模估算方法（代码行技术和功能点技术）和软件开发工作量估算模型（COCOMOⅡ模型）。

9.2.1　软件开发成本估算方法

为了使开发项目能在规定的时间内，在不超过预算的情况下完成，较准确的成本预算和严格的管理控制是关键。一个项目是否开发，经济上是否可行，主要取决于对成本的估算。对于一个大型的软件项目，由于项目的复杂性，开发成本的估算不是一件简单的事。

软件成本估算方法有自顶向下、自底向上、差别估算方法、算式估算和类推估算等方法。

1．自顶向下估算方法

估算人员参照以前完成的项目所耗费的总成本或总工作量来推算将要开发的软件的总成本或总工作量，然后把它们按阶段、步骤和工作单元进行分配，这种方法称为自顶向下估算方法。自顶向下估算方法的主要优点是对系统级工作重视，不会遗漏系统级工作的成本估算。例如，集成、用户手册和配置管理等工作，估算工作量小、速度快。

它的缺点是往往不清楚较低层次工作的技术性困难问题，而这些困难往往会使成本增加。

2．自底向上估算方法

这种方法是将每一部分的估算工作交给负责该部分工作的人来做。它的优点是估算较为准确，缺点是往往会缺少对软件开发系统级工作量的估算。

最好采用自顶向下与自底向上结合的方法来估算开发成本。

3．差别估算方法

差别估算是将开发项目与一个或多个已完成的类似项目进行比较，找出与类似项目的若干不同之处，并估算每个不同之处对成本的影响，从而推导出开发项目的总成本。该方法的优点是可以提高估算的准确度，缺点是不容易明确"差别"的界限。

除以上方法外，还有许多方法，大致分为专家估算、类推估算和算式估算法。

4．专家估算法

依靠一个或多个专家对要求的项目做出估算，其精确性取决于专家对估算项目的定性参数的了解和他们的经验。

5．类推估算法

自顶向下的方法中，将估算项目与类似项目进行直接比较，得到结果。自底向上方法中，在具有相似条件的相同工作阶段之间进行比较，得到结果。

6．算式估算法

专家估算法和类推估算法的缺点在于它们对项目进行估算时带有一定盲目性和主观猜测。算式估算法企图避免主观因素的影响，用于估算的方法有两种基本类型：由理论导出和由经验得出。

9.2.2　代码行技术

代码行（LOC）技术是一个相对简单的定量估算软件规模的方法。该方法先根据以往的经验及历史数据估算出将要编写的软件的源代码行数，然后以每行的平均成本乘上估计的总行数，估算出总的成本。

代码行技术的特点如下：

- 优点：代码行是所有软件开发项目都有的"产品"，很容易计算；已有大量的基于代码行的文献资料和数据。
- 缺点：用不同语言实现同一软件产品时所需要的代码行数并不相同，因此代码行技术不适用于非过程性语言。

软件各项功能需要的代码行数和开发成本分别估算。

程序较小时，代码规模的估算单位是行数（LOC）；程序较大时，估算单位是千行数（KLOC）。代码行的每行成本与开发工作的复杂性和工资水平有关。

每项功能的工作量（人·天）等于代码行数除以每人每天设计的行数；每项功能的成本等于代码行数乘以每行成本。最后分别计算工作量的合计数和成本的合计数。

为了使软件规模的估算更符合实际情况，可由多名有经验的软件工程师分别做出估算。每个人都估算程序规模的最小值（a）、最大值（b）和最可能的值（m），分别计算这三种值的平均值 $\overline{a}$、$\overline{b}$、$\overline{m}$，再用下式计算程序规模的估算值：

$$L = \frac{\overline{a} + 4\overline{m} + \overline{b}}{6}$$

开发软件时要注意不断积累有关数据，以便使今后的估算更准确。

9.2.3 功能点技术

功能点技术依据对软件信息域特性和软件复杂性的评估结果估算软件规模。这种方法以功能点为单位来度量软件的规模。

1．信息域特性

功能点技术定义了信息域的 5 个特性，每个特性按照不同复杂等级和不同的技术复杂性分配不同的功能点系数，由此计算出软件的功能点数，从而度量软件的规模。

5 个信息域特性为输入项数、输出项数、查询数、主文件数和外部接口数。

- 输入项数（Inp）：用户向软件输入的项目数。
- 输出项数（Out）：软件向用户输出的项目数。例如报表、屏幕和出错信息等。报表内的数据项个数不单独计算。
- 查询数（Inq）：查询是一次输入导致软件产生某种即时的响应。
- 主文件数（Maf）：主文件是数据的一个逻辑组合，可能是大型数据库的一部分或一个独立的文件。
- 外部接口数（Inf）：系统利用外部接口向其他系统传送信息。

2．估算功能点的步骤

估算功能点的步骤有三个。

（1）计算未调整的功能点数 UFP。

首先把每个信息域特性都分成三个等级：简单级、平均级和复杂级。根据不同的等级，为每个特性分配一个功能点系数。

假设一个平均级的输入按 4 个功能点计算，一个简单级的输入项是 3 个功能点，一个复杂级的输入项是 6 个功能点，如表 9.1 所示。

表 9.1 信息域特性及其对应的功能点系数

特性系数	复杂类别		
	简单	平均	复杂
输入项系数 a_1	3	4	6
输出项系数 a_2	4	5	7
查询系数 a_3	3	4	6
文件系数 a_4	7	10	15
接口系数 a_5	5	7	10

然后用下式计算未调整的功能点数 UFP：

$$UFP=a_1\times Inp+a_2\times Out+a_3\times Inq+a_4\times Maf+a_5\times Inf$$

其中，a_i（$1\leq i\leq 5$）是信息域特性系数，其值由相应特性的复杂级别决定。

（2）计算技术复杂因子 TCF。

先列出软件工程的 14 种主要技术因素（也称为技术因子），按照项目的工作情况分别考虑它们可能对软件规模大小产生的不同影响。为了度量这 14 种技术因子，为每种技术因子分配一个 0~5 的值。0 表示不存在或对软件规模没有影响，5 表示对本项目的软件规模有很大影响。

表 9.2 列出了这 14 种技术因素，并用 Fi 代表，根据项目的具体情况将各技术因子分配的值填在"技术因子值"内。

表 9.2　14 种技术因素

序号	技术因素	Fi	技术因子值
1	数据通信	F1	
2	分布式数据处理	F2	
3	性能标准	F3	
4	高负荷的硬件	F4	
5	高处理率	F5	
6	联机数据输入	F6	
7	终端用户效率	F7	
8	联机更新	F8	
9	复杂的计算	F9	
10	可重用性	F10	
11	安装方便	F11	
12	操作方便	F12	
13	可移植性	F13	
14	可维护性	F14	

然后用下式计算技术因子对软件规模的综合影响程度 DI：

$$DI = \sum_{i=1}^{14} Fi$$

技术复杂性因子 TCF 由下式计算：

$$TCF = 0.65 + 0.01 \times DI$$

由于 DI 的值是 14 种技术因素值之和，因而 DI 的值在 0～70 之间，TCF 的值在 0.65～1.35 之间。

（3）计算功能点数 FP。

功能点数 FP 由下式计算：

$$FP = UFP \times TCF$$

功能点数与所选用的程序设计语言无关。因此，功能点技术比代码行技术更合理些，但是在判断信息域特性复杂级别和技术因素的影响程度时存在相当大的主观因素。

9.2.4　COCOMO Ⅱ 模型

软件开发工作量是软件规模（KLOC）的函数，工作量的单位通常是人·月。COCOMO 模型是一种软件开发工作量估算模型。

COCOMO（COnstructive COst Model，构造性成本模型）是由 Boehm 于 1981 年提出的。1997 年 Boehm 等人提出的 COCOMO Ⅱ 模型是 COCOMO 模型的修订版。构造性成本模型是一种层次结构的软件估算模型，是最精确、最易于使用的软件成本估算方法。

COCOMO Ⅱ 模型分为三个层次，在估算软件开发工作量时，对软件细节问题考虑的详尽程度逐层增加。这三个估算模型的层次分别是：

（1）应用系统组成模型。用于估算构建原型的工作量，这种模型考虑到大量使用已有构件的情况。

（2）早期设计模型。用于软件结构设计阶段。

（3）后期设计模型。用于软件结构设计完成之后的软件开发阶段。

COCOMOⅡ模型把软件开发工作量表示成千行代码数（KLOC）的非线性函数：

$$E = \alpha \times KLOC^b \times \prod_{i=1}^{17} f_i$$

其中，E 是开发工作量（以人·月为单位）；α 是模型系数；KLOC 是估算的源代码行数（以千行为单位）；b 是模型指数；f_i（i=1～17）是成本因素。

每个成本因素都根据其重要程度和对工作量影响的大小被赋予一定的数值，称为工作量系数。这些成本因素对任何一个项目的开发工作都有影响，应该重视这些因素。

Boehm 把成本因素划分为产品因素、平台因素、人员因素和项目因素 4 类，如表 9.3 所示。

表 9.3　成本因素及工作量系数

类型	成本因素	级别					
		甚低	低	正常	高	甚高	特高
产品因素	1. 要求的可靠性	0.75	0.88	1.00	1.15	1.39	
	2. 数据库规模		0.93	1.00	1.09	1.19	
	3. 产品复杂程度	0.75	0.88	1.00	1.15	1.30	1.66
	4. 要求的可重用性		0.91	1.00	1.14	1.29	1.49
	5. 需要的文档量	0.89	0.95	1.00	1.06	1.13	
平台因素	6. 执行时间约束			1.00	1.11	1.31	1.67
	7. 主存约束			1.00	1.06	1.21	1.57
	8. 平台变动		0.87	1.00	1.15	1.30	
人员因素	9. 分析员能力	1.50	1.22	1.00	0.83	0.67	
	10. 程序员能力	1.37	1.16	1.00	0.87	0.74	
	11. 应用领域经验	1.22	1.10	1.00	0.89	0.81	
	12. 平台经验	1.24	1.10	1.00	0.92	0.84	
	13. 语言和工具经验	1.25	1.12	1.00	0.88	0.81	
	14. 人员连续性	1.24	1.10	1.00	0.92	0.84	
项目因素	15. 使用软件工具	1.24	1.12	1.00	0.86	0.72	
	16. 多地点开发	1.25	1.10	1.00	0.92	0.84	0.87
	17. 开发进度限制	1.29	1.10	1.00	1.00	1.00	

为了计算模型指数 b，COCOMOⅡ模型使用了 5 个分级因素 W_i（$1 \leq i \leq 5$）。其中每个成本因素划分为 6 个级别，每个级别的分级因素 W_i 取值如下：甚低 $W_i=5$，低 $W_i=4$，正常 $W_i=3$，高 $W_i=2$，甚高 $W_i=1$，特高 $W_i=0$。

然后用下式计算 b 的值：

$$b = 1.01 + 0.01 \times \sum_{i=1}^{5} W_i$$

因而，b 的取值范围为 1.01～1.26。

5 个分级因素分别是项目先例性、开发灵活性、风险排除度、项目组凝聚力和过程成熟度。

估算工作量的方程中，模型系数 α 的典型值为 3.0，应根据经验数据确定本组织所开发的项目类型的数值。

9.3　进度计划

为进行软件项目管理，需要定义当前项目的任务集合，识别关键任务，制订一个详细的进度表，规定完成各项任务的起止日期，督促项目进度，保证项目按期完成。

制订项目进度计划可使用 Gantt 图和工程网络技术。

9.3.1　Gantt 图

Gantt 图（横道图）是安排工程进度计划的简单工具。它把任务分解成子任务，常用水平线来描述每个子任务的进度安排。该方法简单易懂、一目了然。

Gantt 图可以表示以下内容：

（1）任务分解成子任务的情况。

（2）每个任务的开始时间和完成时间，线段的长度表示完成任务所需的时间。

（3）子任务之间的并行和串行关系。

下面是 Gantt 图用于安排软件工程进度计划的一个例子，如图 9.1 所示。

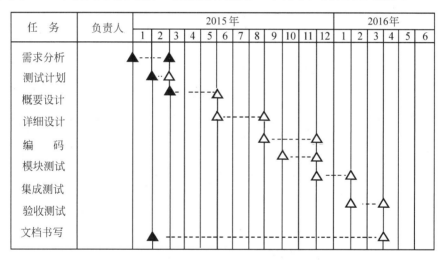

图 9.1　Gantt 图例

在 Gantt 图中，每一项任务的开始时间和结束时间先均用空心小三角形表示，两者用横线相连，令人一目了然。当活动开始时，将横线左边的小三角形涂黑，当活动结束时，再把横线右边的小三角形涂黑。从图 9.1 中可以很容易地看出，需求分析工作从 2015 年 1 月开始，到 2 月底已经完成；测试计划、编写文档工作从 2 月初开始，概要设计也已经开始，这三项工作尚未完成；其他几项工作还未开始。

Gantt 图表示了任务之间的并行和串行关系，简单明了，易画易读易改，使用十分方便。由于图上显示了日期，因此用它来检查工程完成的情况十分直观方便，但是它不能显示各项子任务之间的依赖关系，以及哪些是关键子任务等。要弥补这一不足，可采用工程网络技术。

9.3.2 工程网络技术

工程网络技术又称为 PERT（Program Evaluation and Review Technique），利用 PERT 图制订进度计划。如果要把一个工程项目分解成许多子任务（作业），并且这些任务之间的依赖关系又比较复杂时，可以用工程网络图表示。

该图用圆圈表示事件（子任务的开始或结束），能明显地表示各个子任务之间的依赖关系。事件是可以明确定义的时间点，本身并不消耗时间和资源。用有向弧或箭头表示一个事件结束，另一个事件开始。用开始事件编号和结束事件编号表示一个子任务，箭头上方的数字表示该子任务的持续时间，箭头下面括号中的数字表示该任务允许的机动时间。例如在图 9.2 中，任务 3-4 的持续时间为 3，机动时间为 0。

表示事件的圆圈分左右两部分，左部中的数字表示事件的序号。圆圈的右部划分为上下两部分，上部中的数字表示前一子任务结束或后一子任务开始的最早时刻；右下部中的数字则表示前一子任务结束或后一子任务开始的最迟时刻。

工程网络图只有一个开始点和一个终止点，开始点没有流入的箭头，最早时刻定义为 0。终止点没有流出的箭头，其最迟时刻就是它的最早时刻。中间的事件圆表示在它之前的子任务已经完成，在它之后的子任务可以开始，如图 9.2 所示。

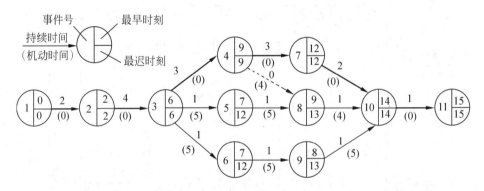

图 9.2　工程网络图

工程网络图中还可以有一些虚线箭头表示虚拟子任务。这些虚拟任务实际上并不存在，只是用于表示子任务之间存在依赖关系。例如，图 9.2 中有虚拟子任务 4-8，表示只有在任务 4-8 和任务 5-8 都结束后，事件 8 才能开始，虚拟任务 4-8 本身并不花费时间。

下面介绍画工程网络图的步骤。

1. 计算最早时刻

事件的最早时刻是该事件可以开始的最早时间。工程网络图由开始点沿着事件发生的顺序，使用三条简单规则来计算最早时刻 EET。

（1）考虑进入该事件的所有作业。

（2）对每个作业都计算它的持续时间与起始事件的 EET 之和。

（3）选取上述和数中的最大值作为该事件的最早时刻 EET。

例如，作业 2-3 由事件 2 开始，到事件 3 结束。事件 2 的最早时刻为 2，只有一个作业进入事件 3；作业 2-3 的持续时间为 4；事件 3 的最早时间为 2+4=6。

作业 3-5 的持续时间为 1，事件 3 的最早时刻为 6，事件 5 只有一个作业进入，事件 5 的最早时刻为 6+1=7。

作业 5-8 进入事件 8，持续时间为 1，事件 5 的最早时刻为 7，7+1=8。

虚拟作业 4-8 也进入事件 8，持续时间为 0，事件 4 的最早时刻为 9，9+0=9。

根据第三条规则，事件 8 的最早时刻为

$$EET=\max\{7+1，9+0\}=9$$

按照此方法，算出所有事件的最早时刻，写在每个圆圈内的右上部。

2．计算最迟时刻

从结束点开始，计算出每个事件的最迟时刻，写在圆圈的右下部内。事件的最迟时刻是在不影响工程进度的前提下，该事件最晚可以发生的时刻。

结束点的最迟时刻就是它的最早时刻。其他点的最迟时刻 LET 按作业的逆向顺序，使用下述规则进行计算：

（1）考虑离开该事件的所有作业。

（2）从每个作业的结束事件的最迟时刻中减去该作业的持续时间。

（3）选取上述差数中最小值作为该事件的最迟时刻 LET。

例如，图 9.1 中事件 10，离开它的作业只有一个，即作业 10-11，持续时间为 1，结束事件的最迟时刻为 15。因而事件 10 的最迟时刻为 15−1=14。

同理，事件 7 的最迟时刻为 14−2=12。

事件 8 的最迟时刻为 14−1=13。

离开事件 4 的作业有两个：作业 4-7 和虚拟作业 4-8。持续时间分别为 3 和 0。

因而，事件 4 的最迟时刻为

$$LET=\min\{12−3，13−0\}=9$$

3．关键路径

在图 9.1 中，有几个事件的最早时刻和最迟时刻相同，这些事件定义了关键路径，在图 9.1 中用粗线箭头表示。关键路径上的事件必须准时开始，关键路径上的作业是关键作业，它的实际持续时间不能超过预先估计的时间，否则工程不能准时结束。

工程项目管理人员应该密切注视关键作业的进展情况，如果关键作业开始的时间比预定的时间晚，则会使最终完成项目的时间最迟；如果希望缩短工期，应当想办法使关键作业的持续时间减少。

4．机动时间

不在关键路径上的作业有一定的机动时间，实际开始时间可以比预定时间晚一点，或者实际持续时间可以比预定持续时间长一些，而并不影响工程的结束时间。

一个作业可以有的机动时间等于它的结束事件的最迟时刻减去它的开始事件的最早时刻，再减去这个作业的持续时间：

$$机动时间=(LET)_{结束}−(EET)_{开始}−持续时间$$

在工程网络图中，每个作业的机动时间写在该作业的箭头下面的括号里，如图 9.2 所示。

关键路径上作业的机动时间为 0。

在制订进度计划时，仔细考虑和利用网络图中的机动时间，往往能安排出既节省资源又不影响竣工时间的进度表。

对于不在关键路径上的任务，可根据实际情况调整其开始时间，这样做既不影响整个工程的进度，又可减少工作人员。将网络图和 Gantt 图结合起来安排进度，有时可以节省不少的人力。例如在图 9.2 中，作业 3-5 和作业 3-6 本来是两个并行的作业，由于可以在时间安排上错开进行，如果由一组人员可以先后完成这两个作业，就节省了一组人力。其他作业也一样，应仔细研究是否能节省人力。

争取缩短关键路径上某些任务的耗时数，以便缩短整个工程的工期。

利用工程网络图和 Gantt 图可以制订合理的进度计划，并能科学合理地管理软件开发的进展情况。

一般来说，Gantt 图适用于简单的软件项目，而对各项任务的相互依赖关系较为复杂的软件项目，使用网络技术较为适宜。有时可同时使用这两种方法，互相比较，取长补短，随时调整，更好地安排项目进度。

对图 9.2 所示的工程中各项任务的进度安排可用 Gantt 图画出，如图 9.3 所示。这里应当首先将关键路径上的任务进度安排好，再考虑其他任务的进度安排。由于任务 3-5 和任务 3-6 的进度安排可以有一定的机动时间，如果把这两项任务的执行时间错开，可以节省人力。在图 9.2 中有三条执行路径，不仔细考虑的话，需要三组人员来完成任务。这里关键路径上的任务必须确保每个任务顺序按时进行。而两条非关键路径上的任务，由于执行任务所需要的时间较少，实际执行的时间又有一定的机动灵活余地，如果任务执行者可以调剂的话，通过适当安排，只需一组人员就可完成这两条非关键路径上的所有任务，如图 9.3 所示。任务执行顺序为 3-5，3-6，5-8，6-9，8-10，9-10。

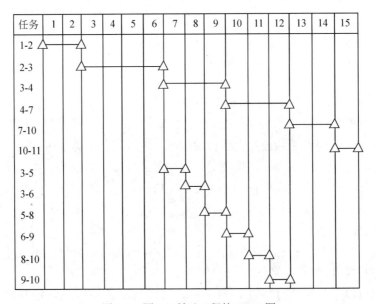

图 9.3　图 9.1 所示工程的 Gantt 图

9.4　人员组织

1. 开发人员

软件开发人员一般分为项目负责人、系统分析员、高级程序员、程序员、初级程序员、资料员和其他辅助人员。这里系统分析员和高级程序员是高级技术人员；其他几种是低级技术人员。根据项目规模的大小，有的人可能身兼数职，但职责必须明确。

软件开发人员要少而精，对担任不同职责的人，要求其所具备的能力不同。

（1）项目负责人需要具有组织能力、判断能力和对重大问题做出决策的能力。

（2）系统分析员需要有概括能力、分析能力和社交活动能力。

（3）程序员需要有熟练的编程能力等。

参加软件生命周期各个阶段活动的人员，既要分工又要互相联系，因此要求各类人员既能胜任工作，又要能很好地相互配合。没有一个和谐的工作环境，很难完成一个复杂的软件项目。图9.4列出了各类开发人员在软件工程各阶段的参加程度。

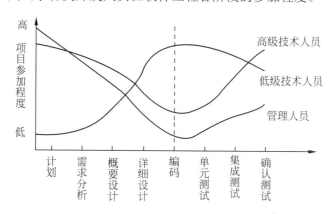

图9.4　各类人员在软件工程各阶段的参加程度

2．组织机构

开发人员不能只是一个简单的集合，要求具有好的组织结构：合理的人员分工和有效的通信。软件开发的组织机构没有统一的模式。通常可采用三种组织结构的模式供参考。

- 按课题划分的模式（Project Format）。
- 按职能划分的模式（Functional Format）。
- 矩阵形模式（Matrix Format）。

矩阵形模式是将前两种模式结合起来：一方面按工作性质成立一些专门组，如开发组、业务组和测试组等；另一方面，每个项目有负责人，每个人属于某个课题组，参加该项目的工作。

通常程序设计工作是按小组进行的，程序设计小组的组织形式可以有三种：主程序员组、民主组织及层次式组织。

1）主程序员组

如果程序设计小组的大多数软件开发人员是比较缺乏经验的人员，而程序设计过程中又有许多事务性工作（如大量信息的存储和更新），则可采取"主程序员组"的组织方法。也就是说，用经验多、能力强、技术好的程序员作为主程序员。同时，其他人多做些事务性工作，为主程序员提供充分的支持，而所有的联络工作都通过一两个人（程序管理员）来进行。

"主程序员组"的核心有三个人：

- 主程序员。应由经验丰富、能力较强的高级程序员担任，全面负责系统的设计、编码、测试和安装工作。主程序员组的制度突出了主程序员的领导作用，责任集中在少数人身上，有利于提高软件质量。

- 辅助程序员。也应由技术熟练、富于经验者担任，协助主程序员工作，设计测试方案和分析测试结果，以验证主程序员的工作。
- 程序管理员。负责保管和维护所有的软件文档资料，帮助收集软件的数据，并在研究、分析和评价文档资料的准备方面进行协助工作。如提交程序、保存运行记录、管理软件配置等。

另外，需配备一些临时或长期的工作人员，如项目管理员、工具员、文档编辑、语言和系统专家、测试员、后援程序员等。

使用"主程序员组"的组织方式，可提高生产率，减少总的人·年（或人·月）数。

2）民主制程序员组

民主制程序员组的程序设计成员完全平等，享有充分的民主，通过协商做出技术决策，发现错误时，每个人都积极主动地想办法，攻克难关。很显然，这种组织机构对调动积极性和个人的创造性是很值得称道的，但是，这种组织也有缺点，如果小组有 n 个人，通信的信道有 $n(n-1)/2$ 条，小组人数多的话，通信量会非常大。当组织内有缺乏经验的新手或技术水平不高的成员时，可能难以完成任务。

3）层次式小组

这种小组中，组长负责全组工作，直接领导 2～3 名高级程序员，每位高级程序员管理若干程序员。这种小组比较适合于完成层次结构的课题。

一般来讲，程序设计小组的成员以 2～8 名为宜。如果项目规模较大，一个小组不能在预定时间内完成任务，则可使用多个程序设计小组，每个小组在一定程度上独立自主地完成工程中的部分任务。这时，系统的概要设计工作特别重要，应保证各部分之间的接口定义良好，并且越简单越好。

把主程序员组和民主制程序员组的优点结合起来，根据软件项目的规模大小，安排适当的程序设计小组的成员和人数，合理地、层次式地进行管理，有利于提高软件工程的质量和效率。

3. 用户

软件是为用户开发的，在开发过程中必须自始至终得到用户的密切合作和支持。开发人员要特别注意与用户多沟通，了解用户的心理和动态，防止来自用户的各种干扰和阻力。其干扰和阻力主要有以下几种：

（1）不积极配合。用户在行动上表现为消极、漠不关心或不配合。在需求分析阶段，做好这部分人的工作是很重要的，通过与他们中的业务骨干沟通交流，真正了解到用户的要求。

（2）求快求全。用户中部分人员急切希望马上就能用上计算机，应当让他们认识到开发一个软件项目不是一朝一夕就能完成的，软件工程不是靠人多就能加快速度的；同时还要让他们认识到软件系统不能贪大求全。

（3）功能的变化。在软件开发过程中，用户可能会不断提出新的要求和修改以前提出的要求。从软件工程的角度来看，不希望有这种变化，但实际上，不允许用户变更所提出的要求是不可能的。因为每个人对事物的认识要有一个过程，不可能一下子提出全面的、正确的要求。对来自用户的这种变化要正确对待，要向用户解释软件工程的规律，并在可能的条件下，部分或有条件地满足用户的合理要求。

9.5 软件配置管理

在计算机软件开发过程中，软件变更是不可避免的。如果不能适当地控制和管理变更，势必造成混乱并产生许多严重的错误。

软件配置（Software Configuration）是软件产品在软件开发或运行过程中产生的全部信息。这些信息随着软件开发运行工作的进展而不断变更。

软件开发过程中产生的全部信息可以分为三类：

（1）机器不可执行形式：文档、计算机程序单元、文字材料及测试结果等。

（2）机器可执行形式：机器可读代码及存储在机器可读介质上的数据库。

（3）数据：程序内包含的数据或程序外的数据。

大部分软件配置都是文字材料，其中有定义阶段和开发阶段为软件开发人员内部使用而写的文档，开发阶段给用户写的技术资料或手册，还有供维护阶段使用的内部参考材料，如测试结果等。

软件配置管理（Software Configuration Management，SCM）是在软件的整个生命周期内管理变更的一组活动。软件配置与软件维护不同。软件维护是在软件交付给用户使用以后，根据用户的需要修改软件。软件配置管理是在软件项目定义时就开始，一直到软件退役后才停止的控制活动。软件配置管理的目的是使软件变更所产生的错误达到最少，从而有效地提高软件生产率。

软件配置管理有以下 4 项任务：

（1）标识变更。

（2）控制软件配置的全部变动，即"控制变更"。

（3）确保变更正确地实现。

（4）报告配置的变更。

下面对上述 4 项任务分别进行介绍。

1. 标识变更

软件配置是软件在某一具体时刻的瞬时写照。软件配置项（Software Configuration Item，SCI）是软件工程生命周期中不断产生的信息项，它是软件配置管理的基本单位。随着软件工程的进展，软件配置在不断的变更，因而配置管理首先要标识这种变更。

标识变更的主要目标是：

（1）以可理解、可预见的方式确定一个有条理的文档结构。

（2）提供调节、修改的方法，并协助追溯各种变更。

（3）对各种变更提供控制设施。

在软件工程中对软件配置管理有一个基本概念——基线，基线是通过了正式复审的软件配置。

美国电气与电子工程师学会（Institute of Electrical and Electronics Engineers，IEEE）对基线的定义是"已经通过了正式复审的规格说明或中间产品，它可以作为进一步开发的基础，并且只有通过正式的变化控制才能改变它"。

　　在软件配置项变为基线之前，可以迅速地修改它。一旦建立了基线，必须应用特定的、正式的过程来评估、实现和验证每个变更（不能随意地修改基线）。

　　为便于在配置项各层次中进行追溯，应确定好全部文档的格式、内容及控制机构。要用同一种编号体制提供软件配置项的信息，以便对所有产品、文档和介质指定合适的标识号。注意，标识方式要有利于控制变更，要便于增删和修改。

　　下面的软件配置项是软件配置管理的对象，并可形成基线：

- 系统规格说明书；
- 软件项目实施计划；
- 软件需求规格说明书；
- 设计规格说明书（数据设计、体系结构设计、模块设计、接口设计和对象描述）；
- 源代码清单；
- 测试计划和过程、测试用例和测试结果记录；
- 操作和安装手册；
- 可执行程序（可执行程序模块、连接模块）；
- 数据库描述（模式和文件结构、初始内容）；
- 用户手册；
- 维护文档（软件问题报告、维护请求和工程变更次序）；
- 软件工程标准；
- 项目开发小结。

2．控制变更

在软件的生命周期中对软件配置项进行变更的评价及核准的机制称为控制变更。

实施文档控制的方法大致有以下三种：

（1）给全部软件配置建立一个专门的软件库。

（2）把全部软件文档及每个配置的其他成分都看作是已建成的文档库的组成部分。

（3）由可靠的计算机终端访问的文档检索设备及文字处理设备支持的联机软件库。

上述三种方法均可很好地实现文档控制。

　　无论采取何种方法进行文档控制，都应建立一个参考系统。每个文档都应有单独编号，包括单独的项目标识号、配置单元项标识号、修改级号及属性编号等。

　　一般来说，控制变更可以建立单项控制、管理控制及正式控制三种不同的类型。其中以正式控制最为正规，管理控制次之。

　　实行配置管理意味着对配置的每一种变动都要有复查及批准手续。变动控制越正规，复查及批准手续就越麻烦。

　　变更控制包括建立控制点和建立报告与审查制度。对于一个大型软件来说，不加控制的变更很快就会引起混乱，因此变更控制是一项最重要的软件配置管理任务。

　　变更控制的过程有两个重要的控制要素：存取控制和同步控制。

- 存取控制（访问控制）管理各个用户具有存取和修改一个特定软件配置对象的权限。
- 同步控制可用来确保由不同用户所执行的并发变更不会互相覆盖。

3．配置审计

审计工作的主要目的是要保证基线在技术、管理上的完整性和正确性，保证对软件配置项（SCI）所做的变动是服从需求规定的。审计工作是变动控制人员批准 SCI 的先决条件。

配置审计要采取正式的技术复审和软件配置复审两方面措施。

- 正式的技术复审关注被修改后的配置对象的技术正确性。
- 软件配置复审对技术复审进行补充。如检查配置项的变更标识是否完整、正确、明显等。

在软件生命期内，必须不断地进行配置审计工作，不要等到最后才进行。

4．配置状态报告

软件配置状态报告主要是回答"发生了什么情况""谁做的这件事""什么时候发生这一情况""它将影响哪些其他事物"等问题。配置状态报告从每个软件配置管理（SCM）中获取信息，建立数据库，便可产生报告。通过对软件配置变更的记录及报告的复查，便能确定何时做过何种变动，何种元素已被添加到已批准的基线，以及在给定的时刻配置处于何种状态等。

例如，随着软件工程生命期的推进，软件系统的版本不断更新。可将不断变更的版本进行编号，在哪种版本的基础上做不大的改动时，就在这种版本号的后面加点号和序号；改动较大时，版本序号变大。如版本 1.0、版本 1.1、版本 1.1.1、版本 1.1.2；版本 1.2、版本 1.3、版本 1.4；版本 2.0、版本 2.1 等。对每种版本是在哪个版本的基础上，做了何种变动等都要详细加以记录。

综上所述，软件配置管理是对软件工程的定义、开发、维护阶段的一种重要补充。软件工程过程中某一阶段的变更都会引起软件配置的变更，对这种变更必须严格加以控制和管理。必须保持配置，并把精确、清晰的信息传递到软件工程过程的下一步骤。

9.6　软件质量保证

计算机软件质量是软件的一些内部特性的组合，质量不是在软件产品中被测试出来的，而是在软件开发和生产过程中形成的。

按国家标准《GB/T 11457—2006 信息技术 软件工程术语》介绍，软件质量（Software Quality）的定义为：软件产品中能满足给定需要的性质和特性的总体；软件具有所期望的各种属性的组合程度；顾客和用户觉得软件满足其综合期望的程度；确定软件在使用中将满足顾客预期要求的程度。

为保证软件充分满足用户要求而进行的有计划、有组织的活动称为软件质量保证，其目的是生产高质量的软件。

9.6.1　软件质量的特性

软件质量是指软件满足明确规定或隐含定义的需求的程度。

软件质量的要点如下：

（1）软件功能必须满足用户规定的需求。

（2）软件应遵守规定标准所定义的一系列开发准则。

（3）软件应满足某些隐含的需求，例如可理解性、可维护性等。

评价软件质量的关键是要定出评定质量的指标和评定优劣的标准。软件工程质量保证体系应遵循国家相关的法律、法规及标准，如我国国家标准《GB/T 9504—1990 计算机软件质量保证计划规范》、《GB/T 17544—1998 信息技术、软件包、质量要求和测试》、国际标准 ISO 9000 等。这些标准的基本思想是质量不是在产品检验中得到的，而是在生产的全过程中形成的。

ISO（国际标准化组织）和 IEC（国际电工委员会）是世界性的标准化专门机构。国家标准《GB/T 16260—1996 软件质量特性》等同于国际标准 ISO/IEC 996，规定软件质量模型由质量特性、质量子特性等组成。下面介绍其中规定的软件质量特性和质量子特性。

软件质量特性由下面 6 个方面来衡量。

1．功能性

功能性是指软件的功能达到它的设计规范和能满足用户需求的程度。如软件产品的准确性（包括计算的精度）、两个或两个以上系统可相互操作的能力、安全性等。

2．可靠性

可靠性是指在规定的时间和规定的条件下，软件能够实现所要求的功能的能力及不引起系统失效的概率。

3．易使用性

易使用性是指用户学习、操作、准备输入和理解输出的难易程度。

4．效率

效率是指软件实现某种功能所需计算机资源的多少及执行其功能时使用资源的持续时间的多少。

5．可维护性

可维护性是指进行必要修改的难易程度。

6．可移植性

可移植性是指软件从一个计算机环境转移到另一个计算机环境下的运行能力。

上述各个软件质量特性各自所包含的质量子特性如下：

- 功能性：适合性、准确性、互用性、安全性。
- 可靠性：成熟性、容错性、易恢复性。
- 易使用性：易理解性、易学性、易操作性。
- 效率：资源效率、时间效率。
- 可维护性：易分析性、易改变性、稳定性、易测试性。
- 可移植性：适应性、易安装性、一致性、易替换性。

9.6.2 软件质量保证措施

为保证软件能充分满足用户要求而进行的有计划、有组织的活动称为软件质量保证。软件质量保证是一个复杂的系统，它采用一定的技术、方法和工具，以确保软件产品满足或超过在该产品的开发过程中所规定的标准。若软件没有规定具体的标准，应保证产品满足或超过工业的或经济上能接受的水平。

软件质量保证是软件工程管理的重要内容，软件质量保证包括以下措施。

1．应用好的技术方法

质量控制活动要自始至终贯彻于开发过程中，软件开发人员应该依靠适当的技术方法和工具，形成高质量的规格说明和高质量的设计，还要选择合适的软件开发环境来进行软件开发。

2．测试软件

软件测试是质量保证的重要手段，通过测试可以发现软件中大多数潜在的错误。应当采用多种测试策略，设计高效地检测错误的测试用例进行软件测试，但是软件测试并不能保证发现所有的错误。

3．进行正式的技术评审

在软件开发的每个阶段结束时，都要组织正式的技术评审。由技术人员按照规格说明和设计，对软件产品进行严格的评审、审查。多数情况，审查能有效地发现软件中的缺陷和错误。国家标准要求开发单位必须采用审查、文档评审、设计评审、审计和测试等具体手段来控制质量。

4．标准的实施

用户可以根据需要，参照国家标准、国际标准或行业标准，制定软件工程实施的规范。一旦形成软件质量标准，就必须确保遵循它们。在进行技术审查时，应评估软件是否与所制定的标准相一致。

5．控制变更

在软件开发或维护阶段，对软件的每次变动都有引入错误的危险。例如，修改代码可能引入潜在的错误；修改数据结构可能使软件设计与数据不相符合；修改软件时文档没有准确及时地反映出来等都是维护的副作用。因而必须严格控制软件的修改和变更。

控制变更是通过对变更的正式申请、评价变更的特征和控制变更的影响等直接地提高软件质量。

6．程序正确性证明

程序正确性证明的准则是证明程序能完成预定的功能。

7．记录、保存和报告软件过程信息

在软件开发过程中，要跟踪程序变动对软件质量的影响程度。记录、保存和报告软件过程的信息是为软件质量保证收集信息和传播信息。评审、检查、控制变更、测试和其他软件质量保证活动的结果必须记录、报告给开发人员，并保存为项目历史记录的一部分。

只有在软件开发的全过程中始终重视软件质量问题，采取正确的质量保证措施，才能开发出满足用户需求的高质量的软件。

9.7 软件开发风险管理

软件开发几乎总会存在某些风险，对付风险应该采取主动的策略。也就是说，早在技术工作开始之前就应该启动风险管理活动：标识出潜在的风险，评估它们出现的概率和影响，并且按重要性把风险排序；然后，软件项目组制订一个计划来管理风险。

风险管理的主要目标是预防风险，但是，并非所有风险都能预防，因此软件项目组还必须制订一个处理意外事件的计划，以便一旦风险变成现实时，能够以可控的和有效的方式做出反应。

9.7.1 软件开发风险的分类

软件开发风险有两个显著特点：产生风险的不确定性和风险产生的损失。

- 产生风险的不确定性。风险的事件可能发生也可能不发生。也就是说，没有100%发生的风险（100%发生的风险是施加在软件项目上的约束，已经加以考虑）。
- 风险产生的损失。如果风险一旦变成了现实，就会造成不好的后果或损失。

在分析软件开发的风险时，重要的是要量化产生风险的不确定性程度及与每个风险相关的损失程度。软件开发时，各种不同类型的风险，其不确定性是不一样的，可能产生的损失程度也不相同。为此，必须考虑风险的类型。可以从不同角度对软件开发风险进行分类。

1. 按照风险的影响范围分类

1）项目风险

这类风险威胁项目计划，也就是说，如果这类风险变成现实，可能会拖延项目进度并且增加项目成本。项目风险是指预算、进度、人力、资源、客户及需求等方面的潜在问题和它们对软件项目的影响。项目复杂程度、规模及结构不确定性也是项目风险因素。

2）技术风险

这类风险威胁软件产品的质量和交付时间。如果技术风险变成现实，开发工作可能会变得很困难或者根本不可能。技术风险是指设计、实现、接口、验证和维护等方面的潜在问题。此外，规格说明的歧义性、技术的不确定性、技术陈旧和前沿技术也是技术风险因素。一般来说，存在技术风险是因为问题比我们设想的更难解决。

3）商业风险

这类风险威胁软件产品的生存力，也往往危及项目或产品。下面列出了5个主要的商业风险：

（1）开发了一个没有人真正需要的优良产品或系统（市场风险）。

（2）开发的产品不再符合公司的整体商业策略（策略风险）。

（3）开发了一个销售部门不知道如何去卖的产品（销售风险）。

（4）由于重点转移或人员变动而失去了高级管理层的支持（管理风险）。

（5）没有获得预算或人力上的保证（预算风险）。

2. 按照风险的可预测性分类

1）已知风险

已知风险是通过仔细评估项目计划、开发项目的商业和技术环境，以及其他可靠的信息来源（例如，不现实的交付时间，没有需求文档和描述软件范围的文档，恶劣的开发环境）之后可以发现的那些风险。

2）可预测的风险

可预测的风险可以从过去项目的经验中推测出来。例如，人员变动，与客户之间缺少沟通，由于正在进行维护而使开发人员精力分散等。

3）不可预测的风险

不可预测的风险可能真的会出现，但是很难事先加以识别。

值得注意的是，以上所述只是对风险的简单分类，并不是万能的，某些风险根本无法事先预测，也许会超出我们的知识和经验范围，只有在实践中不断摸索，才能逐渐认清事物。

9.7.2 软件开发风险的识别

通过识别已知的和可预测的风险，项目管理者首先要做的就是在可能时避免这些风险，在必要时控制这些风险。

在 9.7.1 节中描述的每一类风险又可进一步分成两种类型：一般性风险和特定产品的风险。一般性风险对每个软件项目都是潜在的威胁。只有那些对当前项目的技术、人员、环境非常了解的人才能识别出特定产品的风险。为了识别出特定产品的风险，必须检查项目计划和软件范围说明，然后回答下述问题："本项目有什么特殊的性质可能会威胁我们的项目计划？"

采用建立风险条目检查表的方法，可以帮助人们有效地识别风险，该表主要用来识别下列已知的和可预测的风险：

- 产品规模。与要开发或要修改的软件总体规模相关的风险。
- 商业影响。与管理或市场所施加的约束相关的风险。
- 客户特性。与客户素质及开发者和客户定期沟通的能力相关的风险。
- 过程定义。与软件过程定义的程度及软件开发组织遵守软件过程的程度相关的风险。
- 开发环境。与用来开发产品的工具的可用性及质量相关的风险。
- 开发技术。与待开发系统的复杂性及系统所包含的技术的"新奇性"相关的风险。
- 人员才能与经验。与软件工程师的总体技术水平及项目经验相关的风险。

风险条目检查表可以采用不同的方式来组织，例如可以列出与上述每个主题相关的问题，针对一个具体的软件项目来回答。有了问题的答案，项目管理者就可以估计风险产生的影响。还有一种方法是仅仅列出与每一种类型相关的特性，最终给出风险因素和它们发生的概率。总之，项目管理者要通过查看风险条目检查表来初步判断一个软件项目是否处于风险之中。

9.7.3 软件开发的风险预测

风险预测，也称为风险估计，试图从两个方面来评估每个风险：风险发生的可能性或概率，以及当风险变成现实时所造成的后果。项目计划人员、其他管理人员及技术人员都要进行以下 4 步风险预测活动：

（1）建立一个尺度，以反映风险发生的可能性。

（2）描述风险产生的后果。

（3）估计风险对项目及产品的影响。

（4）标明风险预测的整体精确度，以免产生误解。

按此步骤进行风险预测，目的是使开发人员可以按照优先级来考虑风险。任何软件团队都不可能以同样的严格程度来为每个可能的风险分配资源。通过将风险按优先级排序，软件团队可以把资源分配给那些具有最大影响的风险。

1．建立风险表

建立风险表是一种简单的风险预测技术，图9.5就是风险表的一个例子。

风 险	类 别	概 率	影 响
规模估算可能很不准确	PS	60%	2
用户数目超出计划	PS	30%	3
重用程度低于计划	PS	70%	2
终端用户抵制该系统	BU	40%	3
交付日期将要求提前	BU	50%	2
资金将流失	CU	40%	1
客户将改变需求	CU	80%	2
技术达不到预期的水平	TE	30%	1
缺少关于工具的培训	DE	80%	3
人员缺乏经验	ST	30%	2
人员流动频繁	ST	60%	2

影响值：1—灾难性的　　　　　　　　　风险类型：PS—产品规模
　　　　2—严重的　　　　　　　　　　　　　　　BU—商业影响
　　　　3—轻微的　　　　　　　　　　　　　　　CU—客户特性
　　　　4—可忽略的　　　　　　　　　　　　　　TE—开发技术
　　　　　　　　　　　　　　　　　　　　　　　DE—开发环境
　　　　　　　　　　　　　　　　　　　　　　　ST—人员

图9.5　排序前的风险表样张

一旦填好了风险表前4列的内容，就应该根据概率和影响来排序。将高概率、高影响的风险放在表的上方，而低概率的风险放在表的下方，这样就完成了第一次风险排序。

项目管理者研究排好序的风险表，并确定一条终止线。该终止线是经过表中某一点的水平直线，它的含义是只有位于线的上方的那些风险才会得到进一步的关注。对于处于线下方的风险要再次评估，以完成第二次排序。

从管理的角度看，风险影响和风险概率的作用是不同的。对一个具有高影响但发生概率很低的风险因素，不应该花费太多管理时间。而高影响且发生概率为中到高的风险，以及低影响且高概率的风险，应该首先列入随后的风险分析步骤中。

2．评估风险后果

如果风险真的发生了，建议从性能、支持、成本和进度4个方面评估风险的后果，上述4个方面称为4个风险因素。下面给出这4个风险因素的定义。

- **性能风险**：产品能满足需求且符合其使用目的的不确定程度。
- **成本风险**：能够维持项目预算的不确定程度。
- **支持风险**：软件易于改错、适应和增强的不确定程度。
- **进度风险**：能够实现项目进度计划且产品能按时交付的不确定程度。

根据风险发生时对上述4个风险因素影响的严重程度，可以把风险后果划分成4个等级：可忽略的、轻微的、严重的和灾难性的。在实际项目中可以参考风险表中描述的特点与实际后果相吻合的程度，把风险后果划分为4个等级中的某一个。

以上所述的风险预测与分析方法可以在软件项目进展过程中反复运用。项目团队应该定期复查风险表，重新评估每个风险，以确定新情况是否引起它的概率和影响发生变化。

作为这项活动的结果，可能在表中添加了一些新风险，删除了一些不再有影响的风险，或者改变了表中风险的相对位置。

9.7.4 处理软件开发风险的策略

对于绝大多数软件项目来说，上述的 4 个风险因素（性能、成本、支持和进度）都有一个临界值，超过临界值就会导致项目被迫终止。也就是说，如果性能下降、成本超支、支持困难或进度延迟（或这 4 种因素的组合）超过了预先定义的限度，则风险过大的项目将被迫终止。

如果风险还没有严重到迫使项目终止的程度，则项目组应该制定一个处理风险的策略。一个有效的策略应该包括下述三方面的内容：风险避免（或缓解）；风险监控；风险管理和意外事件计划。

1．风险缓解

如果软件项目组采用主动的策略来处理风险，则避免风险总是最好的策略。这可以通过建立风险缓解计划来实现。例如，假设人员频繁流动被标识为一个项目风险，基于历史和管理经验，估计人员频繁流动的概率是 0.7，也就是 70%，相当高，预测该风险发生时将对项目成本和进度有严重影响。

为了缓解这个风险，项目管理者必须制订一个策略来减少人员流动。可能采取的措施如下：

（1）与现有人员一起探讨人员变动的原因（如工作条件恶劣、报酬低、劳动力市场竞争激烈）。

（2）在项目开始之前采取行动，想办法减少我们能控制的原因。

（3）项目启动之后，假设会发生人员变动，当人员离开时，使用开发技术来保证工作的连续性。

（4）组织项目团队，使得每一个开发活动的信息能被广泛传播和交流。

（5）制定编写文档的标准，并建立相应机制以确保及时创建文档。

（6）所有开发工作都经过同事的复审，从而使得不止一个人熟悉该项工作。

（7）为每个关键的技术人员都指定一个后备人员。

2．风险监控

随着项目的进展，风险监控活动也就开始了。项目管理者监控某些能指出风险概率正在变高还是变低的因素。以上述人员频繁流动的风险为例，可以监控到以下因素：

（1）团队成员对于项目压力的态度。

（2）团队的凝聚力。

（3）团队成员彼此之间的关系。

（4）与工资和奖金相关的潜在问题。

（5）在公司内和公司外工作的可能性。

除了监控上述因素之外，项目管理者还应该监测风险缓解措施的作用。例如，前面叙述的一个风险缓解措施中要求"制定编写文档的标准，并建立相应机制以确保及时创建文档"，如果关键技术人员离开该项目，这就是一个保证工作连续性的机制。项目管理者应该仔细监测这些文档，以保证每份文档确实都按时编写出来了，而且当新员工加入该项目时，能够从文档中得到必要的信息。

3．风险管理和意外事件计划

风险管理和意外事件计划假设缓解风险的努力失败了，风险变成了现实。继续讨论前面的例子，假定项目正在进行之中，突然有人宣布要离开，如果已经执行了风险缓解措施，则有后备人员可用，必要的信息也已经写成了文档，有关知识已经在团队中广泛进行了交流。此外，对那些人员充足的岗位，项目管理者还可以暂时调整资源配置，或者重新调整进度，使新加入的人员能够"赶上进度"。同时，要求那些将要离开的人停止所有的工作，在离开前的几星期进入"知识交接模式"，例如，基于视频的知识获取、建立"注释文档"，以及与仍留在项目组的成员进行交流等。

值得注意的是，风险环节、监控和管理将花费额外的项目成本。例如，备份每个关键的技术人员都是要花钱的。因此风险管理的另一个任务就是评估在什么情况下，风险缓解、监控和管理措施所产生的效益高于实现这些步骤所花费的成本。通常，项目计划者要做一次常规的成本/效益分析。一般来说，如果采取某项风险缓解措施所增加的成本大于其产生的效益，则项目管理者很可能决定不采取这项措施。

对于大型项目，可以识别出几十种风险，如果为每一个风险都制定风险缓解措施，那么风险管理本身就变成一个"大项目"，因此要将 Pareto 的 80-20 法则应用于软件风险上。经验表明，整个项目风险的 80%（可能导致项目失败的 80%的潜在因素）能够由 20%已经识别的风险来说明。早期风险分析步骤中所做的工作能够帮助我们确定哪些风险在这 20% 中，从而将精力集中在具有最高级别的风险上，对其采取相应的缓解措施。

9.8 软件工程标准与软件文档

软件项目生命周期内各阶段应书写的文档有 15 种。

9.8.1 软件工程标准

1．软件工程标准化的定义

在社会生活中，为了便于信息交流，有语言标准（如普通话）、文字标准（如汉字书写规范）等。同样，在软件工程项目中，为了便于项目内部不同人员之间交流信息，也要制定相应的标准来规范软件开发过程和产品。

随着软件工程学的发展，软件开发工作的范围从只是使用程序设计语言编写程序扩展到整个软件生命期，包括软件需求分析、设计、实现、测试、安装和检验、运行和维护，直到软件被淘汰。软件工程还有许多管理工作，如过程管理、产品管理和资源管理；确认与验证工作等。所有这些工作都应当逐步建立其标准或规范。由于计算机技术发展迅速，在未形成标准之前，计算机行业中先使用一些约定，然后逐渐形成标准。软件工程标准化就是对软件生命期内的所有开发、维护和管理工作都逐步建立起标准。

软件工程标准化给软件开发工作带来的好处主要包括以下几点：

（1）提高软件的可靠性、可维护性和可移植性，因而可提高软件产品的质量。

（2）提高软件生产率。

（3）提高软件工作人员的技术水平。

（4）改善软件开发人员之间的通信效率，减少差错。

（5）有利于软件工程的管理。

（6）有利于降低软件成本和缩短软件开发周期。

2．软件工程标准的分类

软件工程标准的类型是多方面的，包括过程标准（如方法、技术及度量等）、产品标准（如需求、设计、部件、描述及计划报告等）、专业标准（如职别、道德准则、认证、特许及课程等）及记法标准（如术语、表示法及语言等）。

根据中华人民共和国国家标准 GB/T 15538—1995《软件工程标准分类法》，软件工程标准的分类主要有以下三种：

（1）FIPS 135 是美国国家标准局发布的《软件文档管理指南》（National Bureau of Standards，Guideline for Software Documentation Management，FIPS PUB 135，June 1984）。

（2）NSAC-39 是美国核子安全分析中心发布的《安全参数显示系统的验证与确认》（Nuclear Safety Analysis Center，Verification and Validation fro Safety Parameter Display Systems，NASC-39，December 1981）。

（3）ISO 5807—985 是国际标准化组织公布的《信息处理——数据流程图、程序流程图、程序网络图和系统资源图的文件编制符号及约定》，现已成为中华人民共和国国家标准 GB 1526—1989。

这个标准规定了图表的使用，而且对软件工程标准的制定具有指导作用，可启发人们去制定新的标准。

3．软件工程标准的层次

根据软件工程标准的制定机构与适用范围，软件工程标准可分为国际标准、国家标准、行业标准、企业规范及项目（课题）规范 5 个等级。

1）国际标准

由国际标准化组织（International Standards Organization，ISO）制定和公布，供世界各国参考的标准。该组织有很大的代表性和权威性，它所公布的标准有很大权威性。如 ISO 9000 是质量管理和质量保证标准。

2）国家标准

由政府或国家级的机构制定或批准，适合于全国范围的标准。主要有以下几类：

- GB：中华人民共和国国家质量技术监督局是中国的最高标准化机构，它所公布实施的标准简称"国标"。如软件开发规范 GB 8566—1995、计算机软件需求说明编制指南 GB 9385—1988、计算机软件测试文件编制规范 GB 9386—1988、软件工程术语 GB/T 11457—1989 等。
- ANSI（American National Standards Institute）：美国国家标准协会。这是美国一些民间标准化组织的领导机构，具有一定的权威性。
- BS（British Standard）：英国国家标准。
- DIN（Deutsches Institut Fur Normung，German Standards Organization）：德国标准协会（德国标准化组织）。

- JIS（Japanese Industrial Standard）：日本工业标准。

3）行业标准

由行业机构、学术团体或国防机构制定的适合某个行业的标准。主要有以下几类：

- IEEE（Institute of Electrical and Electronics Engineers）：美国电气与电子工程师学会。
- GIB：中华人民共和国国家军用标准。
- DOD-STD（Department Of Defense STanDard）：美国国防部标准。
- MIL-S（MILitary-Standard）：美国军用标准。

4）企业规范

大型企业或公司所制定的适用于本单位的规范。

5）项目（课题）规范

某一项目组织为该项目制定的专用的软件工程规范。

9.8.2 软件文档的编写

软件文档的作用是提高软件开发过程的能见度；提高开发效率；作为开发人员阶段工作成果和结束标志；记录开发过程的有关信息便于使用与维护；提供软件运行、维护和指导用户操作的有关资料；便于用户了解软件功能、性能等。

软件项目生命周期内各阶段应书写的文档如表 9.4 所示。

表 9.4　软件项目生命周期内各阶段应书写文档

文档	阶段					
	可行性研究与计划	需求分析	设计阶段	系统实现	测试阶段	运行与维护
1　可行性研究报告	√					
2　项目开发计划	√	√				
3　软件需求说明书		√				
4　数据要求说明书		√				
5　测试计划		√	√			
6　概要设计说明书			√			
7　详细设计说明书			√			
8　数据库设计说明书			√			
9　模块开发卷宗				√	√	
10　用户手册		√	√	√		√
11　操作手册			√	√		√
12　测试分析报告					√	
13　开发进度月报	√	√	√	√	√	
14　项目开发总结					√	√
15　维护记录						√

在表 9.4 中，前 14 种文件是国家标准 GB/T 8567—1988《计算机软件产品开发文件编制指南》所建议的。维护记录可参照本书第 5 章软件维护的介绍来书写。

软件文档与软件项目管理人员、软件开发人员、维护人员及软件用户等各类人员的关系如表 9.5 所示。

表 9.5 软件文档与各类人员的关系

文档		人员			
		管理人员	开发人员	维护人员	用户
1	可行性研究报告	√	√		
2	项目开发计划	√	√		
3	软件需求说明书		√		
4	数据要求说明书		√		
5	测试计划		√		
6	概要设计说明书		√	√	
7	详细设计说明书		√	√	
8	数据库设计说明书		√	√	
9	模块开发卷宗		√	√	
10	用户手册		√	√	√
11	操作手册		√	√	√
12	测试分析报告		√	√	
13	开发进度月报	√			
14	项目开发总结	√	√		
15	维护记录	√		√	

小　　结

　　软件管理技术有关的问题包括成本估计技术、人员组织、进度计划管理、软件配置管理、软件质量保证及软件工程文件规范。

　　软件开发组织可以采用民主制程序设计小组、主程序员组或层次式小组的形式。

　　主程序员组形式的程序设计小组，其核心有三个人：主程序员、辅助程序员和程序管理员。

　　软件开发的管理可采用层次结构，管理组织的层次不宜过多。

　　为了提高软件文档的可读性、可用性，实现文档规范化十分重要。

　　软件配置管理是对软件工程的定义、开发、维护阶段的一种重要补充。在软件生命期间，必须不断地进行配置审计工作，要保证基线在技术、管理上的完整性和正确性，保证对软件配置项所做的变动是服从需求规定的。

　　软件开发风险管理的主要目标是预防风险、避免风险。

习　题　9

1. 软件工程管理包括哪些内容？
2. 软件项目计划包含哪些内容？
3. 什么是软件配置管理？软件配置管理有哪些任务？什么是基线？
4. 什么是软件质量？应采取哪些软件质量保证措施？
5. 软件工程标准化的意义是什么？有哪些软件工程标准？
6. 在软件开发的各阶段应编写哪些文档？
7. 图9.6是表示某项目各项任务的工程网络图。

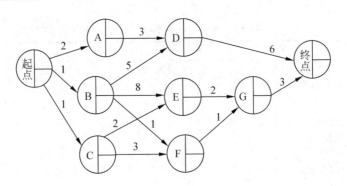

图 9.6 习题 7 的工程网络图

圆圈中的字母代表各任务开始或结束事件的编号，箭头线上方的数字表示完成各任务所需的周数，要求如下：

（1）标出每个事件的最早时刻、最迟时刻与机动时间。计算完成该工程项目至少需要多少时间。

（2）标出工程的关键路径。

（3）从节省人力的角度画出该工程项目的 Gantt 图（横道图）。

8. 从供选择的答案中选出与下列各条叙述关系最密切的字句号填入横线内。

软件从一个计算机系统或环境转移到另一个计算机系统或环境的容易程度。___A___

软件在需要它投入使用时能实现其指定功能的概率。___B___

软件使不同的系统约束条件和用户需求得到满足的容易程度。___C___

在规定条件下和规定时间内，实现所指定的功能的概率。___D___

尽管有不合法的输入，软件仍能继续正常工作的能力。___E___

供选择的答案：

① 可测试性 ② 可理解性 ③ 可靠性 ④ 可移植性 ⑤ 可用性

⑥ 兼容性 ⑦ 健壮性 ⑧ 可修改性 ⑨ 可接近性 ⑩ 一致性

9. 从供选择的答案中选出正确答案号填入横线内。

软件可移植性是用来衡量软件的 _A_ 的重要尺度之一。为了提高软件的可移植性，应注意提高软件的 _B_ ，采用 _C_ 有助于软件的维护和使用。为了提高可移植性，还应 _D_ 。使用 _E_ 语言开发的系统软件具有较好的可移植性。

供选择的答案：

A：① 通用性 ② 效率 ③ 质量 ④ 人机关系

B：① 使用的方便性 ② 简洁性 ③ 可靠性 ④ 设备独立性

C：① 优化算法 ② 专用设备 ③ 表格驱动方式 ④ 树型文件目录

D：① 有完备的文件资料 ② 选择好的计算机系统

③ 减少输入输出次数 ④ 选择好的操作系统

E：① COBOL ② PDL ③ C ④ PL/1 ⑤ C++

第 10 章　软件开发实例与课程设计题选

本章内容分为两部分：软件开发实例和软件工程实践环节介绍。

第一部分，通过一个软件开发实例——招聘考试成绩管理系统，介绍用软件工程的原理、方法来开发软件的全过程。该系统的功能与高等学校招生考试的成绩管理有类似之处，读者容易理解，并且和社会上其他考试（如公务员招聘考试、各级各类学校的入学考试等）也有共同之处，因而具有普遍实用意义。

本章所介绍的软件系统在设计上是较低要求的，可作为较短时间（2～3 周）的课程设计题目。如果实践环节时间较长，可以按照习题 10 的实习思考题，提高软件的设计要求。

实例内容按招聘考试成绩管理系统的开发过程分为以下几部分进行介绍：问题定义、可行性研究、需求分析、概要设计、详细设计、程序设计和软件测试等。

第二部分，软件工程实践环节，介绍课程设计任务书及题选，供参考。

10.1　问题定义

某市进行招聘考试，每个考生在报名时登记姓名、性别、出生年月、地址和报考专业。招聘办公室（简称招聘办）根据考生报考的专业及所在的区来安排考场、编排准考证号、发放准考证。

招聘考试分为三个专业，不同专业的考试科目不同：法律专业考政治、英语、法律；行政专业考政治、英语、行政学；财经专业考政治、英语、财经学。考生参加考试后，输入每个考生每门课的成绩，并计算出每个考生三门课成绩的总分。按准考证号的顺序打印出每个考生的成绩单，分发给考生。

将考生的成绩分三个专业，分别按总分从高到低的次序排序，供录用单位参考。录用结束后，输出录用名单和录用通知书。

10.2　可行性研究

可行性研究阶段结束时应提供的文档有问题可行的论证报告及项目开发计划任务书或问题应中止开发的论证报告。

招聘考试成绩管理系统的可行性报告如下。

10.2.1　技术可行性

每年有几千名考生报名参加招聘考试，若手工计算每个考生三门课成绩总分，填写考生成绩单需一式几份：一份给考生，一份给录用单位参考，另一份招聘办留存；再将考生按成绩总分排序，这项工作是很繁重的。而且手工抄写成绩时要抄写好几份，很容易出错。

若将数据输入计算机，需要花费时间，但根据这些数据由计算机计算总分和按总分排序的速度很快。数据一次输入可多次使用：输出考生成绩单时，一份给考生，一份招聘办留存；将考生按成绩总分从高到低进行排序后供录用参考；最后输出录用通知书时可以根据需要用不同格式分别打印多份，分发给考生、招聘办及录用单位。

合理建立数据库、开发数据库管理应用系统来实现招聘考试成绩管理在技术上是可行的。如果开发软件给定的时间比较短，应安排经验较丰富的系统分析员和编程能力较强的程序员来开发软件，以保证开发任务按时完成。在系统第一次正式运行时开发者要全程在场，以便能及时发现问题、解决问题。招聘考试成绩处理问题关系到不少人的切身利益，不能出差错。

10.2.2　经济可行性

开发招聘考试成绩管理系统，以后每年都可以使用该软件，用计算机进行成绩统计省时、省力、不易出错，很有必要。

10.3　需求分析

招聘考试成绩管理系统的需求分析报告如下。

1. 考生情况分析

每年报名参加招聘考试的学生有几千名，分为三个专业：法律、行政、财经。考生报名时登记如下内容：姓名、性别、出生年月、地址、报考专业等。

考生报名后，招聘办要为考生安排考场，编排准考证号、打印准考证。考生分别来自全市各区，考生参加考试的考场一般就近安排。

考场管理：考场有编号、考场地址，假设每个考场可容纳的人数预先确定，一个考场安排考生人数满了，再安排下一考场。同一考场安排专业相同的考生。

准考证号采用 6 位数字编码，编码规则如下：第一位是专业号，第二位是所在区号，第三、四位是考场号，第五、六位是考场内顺序号。

2. 成绩输入

考生的试卷在每个科目考试结束后按考场分别装订成册，同一考场的试卷按准考证号的先后顺序排列。因而，考试成绩的输入是按考场、分科目进行的，同一考场、同一门科目的成绩按准考证号的顺序依次进行输入。

3. 录用

考生成绩输入后，由计算机计算每位考生三门考试科目的成绩总分。然后，三个专业分别将考生按总分从高到低进行排序。

排序后的考生名单供用人单位录用时做参考。被某单位录用的考生，应在供录用的名单中去除，同时添加到已录用名单中。

4．输出需求

需要输出以下几项内容：

（1）考生的准考证（含准考证号、姓名、性别、出生年月、专业、考场号等）。

（2）发给每位考生的考试成绩单。

（3）招聘考试办公室留存的按准考证号顺序排列的成绩表。

（4）三个专业分别按总分从高到低排序的考生成绩表。

（5）发给每位考生的录用通知书（含准考证号、姓名、性别、出生年月、专业、录用单位等）。

（6）录用名单（含准考证号、姓名、性别、专业、录用单位等）。

5．数据流图和数据字典

本系统的数据流图如图 10.1 所示。

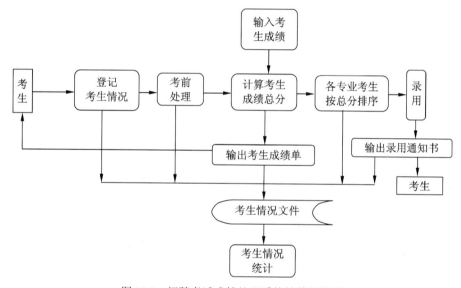

图 10.1　招聘考试成绩处理系统的数据流图

本系统数据字典如下：

1）数据项定义

专业代号=[1=法律| 2=行政| 3=财经]。

准考证号编排规则：第一位是专业代号，第二位是所在区号，第三、四位是考场号，第五、六位是顺序号。

考生=准考证号+姓名+性别+出生日期+地址+1{课程名+成绩}3+总分+名次+录用否+录用单位。

准考证=准考证号+姓名+专业+考场号+考场地址。

考生文件分为两种：一种按准考证号码的顺序排列，另一种按考生成绩总分由高到低排列。

录用通知书=准考证号+专业+姓名+录用单位+地址。

考生成绩单=准考证号+姓名+专业+1{课程名+成绩}3+总分+地址。

2）处理算法

排序：输出三个专业的考生分别按总分由高到低的次序排序的名单，供录用参考。

录用原则：各专业按考生成绩总分从高分到低分的次序录用，总分相同时专业课成绩高的优先录用。

6．IPO 图

招聘考试成绩管理系统的 IPO 图如图 10.2 所示。

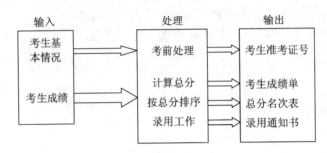

图 10.2　招聘考试成绩管理系统的 IPO 图

10.4　概要设计

招聘考试成绩管理系统的概要设计文档如下。

10.4.1　数据库结构设计

考虑系统数据安全性，进入本系统时要输入用户账号、密码，非法用户不能进入。因而要建立管理员数据表。

在考前处理时，要为考生安排考场，编排准考证号。编写程序让计算机自动生成准考证号。

考生数据表里存放考生的所有信息，根据需求分析阶段得到的数据字典，决定其所含的字段。

考生录用情况可单独建立一个数据表来存放数据。如果考虑到数据量太大，也可用考生数据表来生成录用查询视图。

本系统建立的数据库文件共含 4 个数据表，其中对于录用考生可以不建数据表，而用考生表来产生查询视图。各数据表所含的字段如下：

（1）管理员：账号、密码。

（2）考场：考场号、地点、最多人数。

（3）考生：准考证号、姓名、性别、地区、出生年月、地址、专业、政治、英语、专业课、总分、名次、录用与否、录用单位。

（4）录用考生：准考证号、姓名、性别、专业、录用单位、总分。

10.4.2　系统结构设计

对于大型软件系统，通常先进行结构设计，然后再进行详细设计。在结构设计阶段确定系统由哪些模块组成，并确定模块之间的相互关系；在详细设计阶段确定每个模块的处理过程。

为进行结构设计，首先把复杂的功能分解为比较简单的功能，此时数据流图也进一步细化。通常一个模块完成一个适当的功能。分析员应把模块组织成层次结构，顶层模块调用它的下一层模块，下一层模块再调用其下层模块，依次向下调用，最下层的模块能完成某个功能。软件的结构可用层次图或结构图来描绘。

招聘考试成绩管理系统的 HIPO 图如图 10.3 所示。

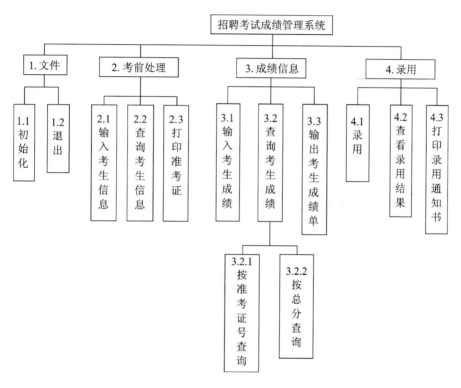

图 10.3 招聘考试成绩管理系统的 HIPO 图

10.4.3 设计测试方案

为保证系统的数据安全性，进入本系统要设置账号、密码，但这个问题可放在程序全部调试完成后进行。这样，在整个程序的调试过程中不必每次进入系统都要输入账号、密码，可节省不少时间。一旦系统设置了账号、密码，就要先测试账号、密码的设置是否正确，是否符合用户的要求。

本系统主要功能模块有三个：考前处理、成绩信息、录用，因而测试也分为三个部分进行。

1. 考前处理

对考前处理程序，主要测试考生准考证号的生成是否正确。

测试时，将不同专业、不同地区的考生信息进行输入；将同一专业、同一地区，不同专业、同一地区，同一专业、不同地区的考生信息进行输入。如果各种情况的考生信息输入后，准考证号都能正确生成，才能说明考前处理程序没有问题。

2．成绩信息

成绩信息模块分为考生成绩输入、成绩查询和打印成绩单三个模块。主要测试考生成绩输入界面设计是否合理、输入后成绩总分的计算及排序是否正确。

3．录用

录用模块测试其输入界面是否正确、合理；录用结果的输出与输入是否一致。

10.5　详细设计

10.5.1　系统界面设计

招聘考试成绩处理系统的界面设计分为进入系统时的初始界面、保证数据安全的账号及密码界面、系统各级菜单、数据输入界面等。

1．初始界面

进入系统后的初始界面可以写系统名称、欢迎进入系统和开发者等，让用户单击"进入"按钮进入系统。

初始界面也可设置为停留一定的时间之后，系统自动进入登录界面（账号、密码界面）。

2．账号、密码界面

为保证系统数据的安全性和灵活性，账号、密码要保存在数据库内，数据库也要采用设置访问权限等数据安全措施，避免非法用户进入系统或修改账号、密码。

3．系统菜单

系统菜单根据概要设计确定的系统结构来设计。在程序设计时，可使得不同权限的用户在进入系统后出现不同的菜单，每个用户只能见到允许其使用的菜单。

主菜单分为"文件""考前处理""成绩信息"和"录用"等。

"文件"菜单含"初始化""退出"子菜单。初始化会把系统所有信息清除，因而只有得到允许的人员进入系统时才会出现此菜单，并进入该模块进行操作。

"考前处理"菜单含"输入考生信息""查询考生信息"和"打印准考证"子菜单。

"成绩信息"菜单含"输入考生成绩""查询考生成绩"和"输出考生成绩"子菜单。其中"查询考生成绩"菜单又含"按准考证号查询""按总分查询"子菜单。

"录用"菜单含"录用""查看录用结果"和"打印录用通知书"子菜单。

4．数据输入界面

数据输入界面的设计要简洁、美观，符合用户的要求，既要把需要输入的各数据项全部列出，又要方便用户的使用。输入的数据项要和已建立的数据库所含的字段一一对应，在用户输入数据并确认数据无误后，将数据存入数据库中。

如果输入数据是几个固定数值中的某一个，数据又是汉字，输入比较麻烦，此时可设计下拉框供用户选择。

本系统中，考生信息的内容为准考证号、姓名、性别、地区、出生年月、地址、专业等。其中，"专业"可设计成下拉列表框，让用户从"法律""行政""财经"三个中选择一个。"地区"也是从固定的几个数据中选择一个，也可设计成下拉列表框。对"性别"这样只有"男""女"两个可能值的属性，设计"男""女"两个值，其中"男"是默认值，如果性别是"女"时，选择"女"；性别是"男"时，不必操作，可节省输入时间。

当一个考生的所有信息输入完成时，要有一个确认框，提醒用户核对数据后再存放到数据库内。

考生成绩输入是按考场、分科目进行的，因而输入界面设计时，先选择考试科目，再输入考场号，此时应将数据库中该考场所有考生的准考证号及科目用表格形式显示出来，供用户输入成绩。

10.5.2 考前处理

考前处理主要是准考证号的确定。准考证号的编排要考虑考生报考的专业、所在的地区等。招聘考试分为三个专业，为方便用户操作，设计下拉列表框由用户在法律、行政和财经三个专业中选择一个即可，不必每次输入专业。

全市共分若干个区，考生一般在本区报考，因而所属地区也设计下拉列表框让用户选择。每个地区报考同一专业的考生可能较多时，需要安排若干个考场，可将考场编号。因而在输入考生信息时还要输入考场号。

根据准考证号编排规则，第一位专业号、第二位地区号可用上述方式选定，考场序号由用户输入。准考证号的第五、六位是本考场中的序号，让计算机自动生成：设置计数器，每个考场每当输入一个考生，计数器自动加1，作为准考证号的第五、六位数字，即序号。

考虑到准考证的重要性，一般系统用户不能进入打印准考证模块，进入系统后不出现打印准考证模块。只有获得许可权限的用户才能进入打印准考证模块。

10.5.3 输入设计

输入分为考生信息输入和成绩输入两种。

1. 考生信息输入

考生信息输入应包含考生报名时所填写的全部内容，然后由计算机自动编排准考证号。

程序编写时考虑以下两个与准考证号编码有关的代号，将这些数据分别设计成下拉列表框，供输入人员选择其中一个数据。

专业代号："法律"，$a=1$；"行政"，$a=2$；"财经"，$a=3$。

地区代号："黄浦"，$a1=0$；"卢湾"，$a1=1$；"浦东新区"，$a1=2$；"徐汇"，$a1=3$。

另外，考场号=专业代号+地区代号+本地区的考场序号。

准考证号为"考场号"加本考场的报名序号，报名序号设计成每位考生报名时自动加1。因而有：

$$准考证号=考场号+序号$$

考生信息输入界面应含有选择专业、地区的下拉列表框，输入考场号、考生姓名，选择性别，输入出生年月，输入考生地址等内容。

2. 考生成绩输入

招聘考试成绩输入是关系考生能否被录用的重要工作，要设置权限。只有获得使用权限的人员才能进入成绩信息输入模块，其他人员只能查询考试成绩。

由于考卷在每门科目的考试完毕时，是由监考人员按考场内准考证号的次序装订成册的，因而考生成绩输入是分科目、分考场进行。同一考场、同一科目的成绩按准考证号顺序依次输入。在输入成绩时，应首先选择科目、输入考场号，编写程序在数据库中查找记录、使记录指针按要求定位，显示该考场中考生的准考证号和考试科目，以便依次输入该考场每个考生该科目的成绩。考生成绩输入界面如图 10.4 所示。

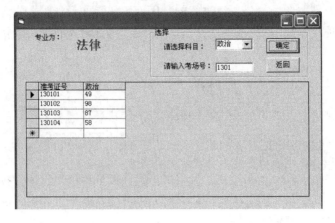

图 10.4　考生成绩输入界面

10.5.4　成绩处理

招聘考试成绩处理有两个内容：

（1）计算每位考生三门科目考试成绩的总分。

（2）分专业按总分排序。

成绩处理由计算机自动进行，在查询时输出结果。当考生数据量很大时，要考虑计算机的运算速度是否符合要求。

10.5.5　录用过程设计

对"录用"模块应设置权限，没有录用权的系统用户只能查看录用结果；有录用权的用户才可进入录用功能模块。

录用时，首先输入录用单位、专业。录用界面应提供该专业的考生中，总分最高的若干考生的信息供录用时参考。每录用一位考生，应将录用单位名称存放到该考生的"录用单位"字段里，确认录用结果后，从供录用的名单中删除这位考生。录用界面如图 10.5 所示。

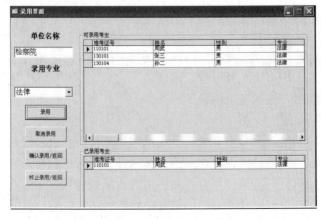

图 10.5　招聘考试成绩管理系统录用界面

录用结束时，应提供所有被录用的考生名单，打印录用通知书。

10.5.6　输出设计

输出往往是用户使用系统所得到的结果，输出设计的质量直接影响用户对系统的评价。输出数据的正确性是最重要的，输出的数据格式应尽量满足用户的要求。实在因条件有限，不能完全满足用户要求时，也应向用户做必要的解释，得到用户的理解。

本系统的输出功能分为以下几种。

1．考生信息查询

考生信息查询可设计为按准考证号查询、按姓名查询、按地区查询等不同的查询方式。

2．打印准考证

为每位考生打印一份准考证。准考证的格式设计应符合发证单位要求，内容一般含有考试名称、科目、时间，考生的准考证号、姓名、报考的专业、照片、考场地址，发证单位、盖章等。

3．按准考证号排序的考生成绩表

每位考生一行，含以下内容：专业、准考证号、姓名、性别、政治、英语、专业课成绩、总分等。

系统一般用户在进入本系统后，可进行招聘考试成绩查询。成绩查询分为按准考证号的顺序查询和按总分查询两种。

4．按总分从高到低排序的考生成绩表

三个专业分别将考生按成绩总分从高到低排序，每位考生一行，含以下内容：名次、准考证号、姓名、性别、政治、英语、专业课、总分等。

5．成绩单

每位考生打印一份，内容为考生地址、准考证号、姓名、性别、政治、英语、专业课、总分等。

6．录用通知书

每位被录用的考生打印一份，其内容为地址、专业、准考证号、姓名、性别、录用单位、报到地点、报到时间等。

7．录用名单

列出所有被录用的考生的专业、准考证号、姓名、性别、录用单位等，每位考生一行。

8．每个用人单位打印一份录用名单

内容为录用单位、专业、准考证号、姓名、性别等。

10.5.7　测试用例设计

按需求分析阶段测试方案设计的内容，分别设计一些具有典型特点的、具体的考生信息，才能对程序进行详细、全面的测试。比如，不同地区、不同专业的考生；同一地区、不同专业的考生；同一地区、同一专业的考生等。在模拟测试阶段，可以输入一些有一定编排规律的、简单的数字、符号，检查对应的输出结果是否正确。如果输出数据不符合预定要求，需及时修改程序，再进行测试。如果输入的数据复杂，会浪费较多的时间；如果输入的数据简单，可节省不少时间，两者的测试效果是一样的。

下面介绍招聘考试成绩系统的测试用例设计。分别用表 10.1～表 10.3 的数据来测试考前处理、成绩信息和录用三个模块。

1. 考前处理测试

用表 10.1 中的专业、地区、姓名、性别、出生年月、地址等作为每位考生的输入数据，对应的测试结果是准考证号。

表 10.1　考前处理测试数据表

专业	地区	姓名	性别	出生年月	地址	测试结果（准考证号）
法律	徐汇区	张三	男	198101	Aaa	130101
行政	徐汇区	李四	男	198001	Aab	230201
财经	徐汇区	王五	男	198212	Aac	330101
法律	徐汇区	赵六	男	198310	Aad	130102
法律	徐汇区	钱一	男	198208	Aae	130103
财经	徐汇区	孙二	男	198108	Baa	330102
法律	卢湾区	周武	男	197801	Bab	110101
行政	卢湾区	陈红	女	198205	Bac	210101
行政	卢湾区	胡启	女	198412	Bbb	210102

2. 成绩处理测试

先选择考试科目，再输入考场号，此时应显示该考场的考生的准考证号，然后就可分别按表 10.2 中第三、四、五列的数据顺序进行成绩输入。各考场、各门科目的全部成绩输入后，再查询考生成绩。此时就应得到考生的成绩总分。核对所得的查询结果是否和表 10.2 中的成绩总分相同。

表 10.2　成绩处理测试数据表

考场号	准考证号	英语	政治	专业课	总分	按专业名次
1301	130101	45	49	88	182	4
	130102	56	98	96	250	1
	130103	81	87	64	232	2
2101	210101	67	78	89	234	3
	210102	100	88	81	269	1
3301	330101	77	87	79	243	1
	330102	80	88	61	229	2
1101	110101	81	66	43	190	3
2302	230201	77	87	71	235	2

3. 录用结果测试

表 10.3 用来测试录用结果。先输入录用单位，再选择专业。法院录用法律专业最高分的考生一人，司法局随后录用法律专业总分第二名的考生一人。区政府、财政局分别录用行政、财经专业的总分最高的考生。进入查询录用结果模块，将所得到的查询结果与表 10.3 进行比较。

表 10.3　录用结果测试数据表

录用单位	专业	准考证号	姓名	性别
法院	法律	130102	赵六	男
司法局	法律	130103	钱一	男
区政府	行政	210102	胡启	女
财政局	财经	330101	王五	男

10.6　程序设计提示

1．进入系统时密码设置

调用本系统，即出现系统初始界面。初始界面设置一定的停留时间，自动进入系统登录界面。

考虑到系统数据安全性，可编制应用程序在系统登录时，用输入的账号、密码来控制进入系统的权限。用户输入密码、账号时如果连续三次出错，则自动退出系统，不能进入本系统。

允许进入本系统的人员中，使用系统各模块的权限是有区别的。例如，有的只能进入考生信息输入模块、考生信息查询模块、成绩查询模块、录用查询模块；不能进入初始化模块、成绩输入模块、录用模块、准考证输出模块、打印成绩单模块和打印录用通知书模块。此时，可将其不能使用的模块所对应的菜单关闭。而对于可以进入所有模块的用户，则不关闭任何系统子菜单，使其可以进入所有功能模块。如果对数据库的访问设置权限，程序的灵活性更强。

2．考前处理

考前处理分为输入考生信息、查询考生信息和打印准考证三种功能。准考证的打印必须控制权限，不是任何进入系统的人员都可以执行的功能。因而考前处理模块根据进入系统的人员的权限不同，会有两种界面：一种不可以打印准考证，另一种可以打印准考证。

输入考生信息时，选择专业、地区、性别，输入考场号、姓名、出生年月、地址等，由计算机自动生成准考证号。

3．成绩输入设计

考生成绩输入是分科目按考场进行的。同一考场、同一科目的成绩是按准考证号依次输入的。输入成绩时，应首先输入科目号、考场号，编写程序在数据库中查找记录、使记录指针按要求定位，显示该考场的所有考生的准考证号，以便依次输入该考场、该科目的每个考生的成绩。考生成绩输入界面如图 10.4 所示。

4．成绩处理

招聘考试成绩管理系统的成绩处理比较简单，计算每个考生的成绩总分，按总分从高到低排序。这对于数据库管理系统只需用简单的命令即可完成。

5．录用过程设计

录用时，首先输入录用单位、专业。录用界面提供该专业的考生中总分最高的 10 位考生的信息供录用单位参考。每录用一位考生，将考生从待录用名单中复制到已录用考生名单中，并将录用单位名称存放到该考生的"录用单位"字段里。此时，可以选择"确认录用/返回"，则将被录用的考生从待录用的名单中去除；若选择"取消录用"，则从已录用的名单中删除这位考生，录用界面如图10.5所示。

6．初始化程序

本系统开发后，每次招聘都可使用它。每次使用该系统时，先将前一次的数据备份、备查，然后进行初始化。系统初始化时，将清除系统中所有的数据，因而要提示用户"是否真的要初始化？"。在得到用户确认后才执行此项工作。本系统所含的数据表有好几个，有的数据表的内容可能保持不变，不必清除。所以编写程序，让用户对每个数据表是否初始化逐个进行认可，用户确认清除的数据表后才清除数据。

10.7　软件测试

对招聘考试成绩处理系统的测试，先进行模块测试，然后进行集成测试、验收测试及平行运行。

由于本系统的成绩输入是按考试科目和同一考场的考生按准考证号顺序进行的，而查询时要把同一考生的几门成绩同时找出来，因此如果程序设计有问题，存放在数据库里的成绩就会出错。按10.5.7节介绍的测试用例设计所提供的表中的数据进行输入，再用系统提供的查询功能进行查询，比较查询结果与输入数据是否相同。若数据相同，表示设计无误；否则，要检查程序中的错误。

1．考前处理测试

按表10.1输入数据，再从考生信息查询界面进入系统，查询考生信息。主要测试准考证号能否正确生成。

2．成绩输入测试

按表10.2中列的顺序输入考生每门科目的成绩，再按准考证号查询成绩。主要测试成绩总分的计算是否正确、考生成绩的排序是否正确、单位录用时系统所提供的考生名单是否正确。

3．录用测试

按表10.3进行录用工作，录用结束后退出系统，再进入查询录用结果菜单。主要测试录用时提供的待录用名单是否合理，录用结果是否能正确地在查询模块中查到。

4．输出测试

系统输出结果一定要正确，一旦发现输出结果有错，一定要仔细检查错误的原因，改正错误。采用典型的、不同的输入数据对系统的各项对应输出结果逐一反复进行测试。要求所有输出数据正确无误：考生信息查询、考生成绩查询、录用查询、打印准考证、打印考生成绩单、打印录用通知书等。

10.8　软件工程实践环节

本节选编了软件工程课程设计实验指导书及若干软件工程课程设计课题，供读者参考。读者可根据现有的基础和课程设计的时间安排，对课题的功能进行适当的增加、删除或修改。课程设计时间短的只要求完成系统的需求分析、软件结构设计、数据库结构设计、输入输出界面设计、测试设计等软件工程的部分文档。课程设计时间长的，要求编写软件工程的所有文档，可进一步选择数据库管理软件和程序设计语言、编程序实现系统的部分功能或全部功能。课程设计开始前，建议读者进行适当的社会调研，以便对题目的具体要求更加明确，使所设计的系统有一定的实用价值。

10.8.1 软件工程课程设计实验指导书（供参考）

1．实验项目
课程设计题目（题目附后）

1.1 实验目的：对软件工程的全过程有感性认识和初步的经验。

　　　　　要求学生根据题目要求书写软件开发文档并写实验报告。

1.2 实验内容：根据课程设计题目定。

1.3 实验时数：2～3周。

1.4 实验类型：设计型。

1.5 本组人数：4～5人，按模块分工，各自进行设计后集成为一个整体。

2．适用专业
计算机科学和技术专业、计算机应用专业、软件工程专业等。

3．考核方式

3.1 检查所设计的软件功能是否符合预定要求（50分）。

3.2 检查软件文档的书写是否规范、完整、正确（45分）。

3.3 软件设计是否有创新（5分）。

4．实验报告要求
实验报告是对实验过程的全面总结，是教师考核学生实验成绩的主要依据。实验报告是学生分析、归纳、总结实验数据，讨论实验结果并把实验获得的感性认识上升为理性认识的过程。

实验报告要求语言通顺、图表清晰、分析合理、讨论深入，实验报告应由每人独立完成，不能多人合写一份报告。实验报告要真实反映实验情况。

5．实验报告的内容

5.1 实验名称、班级、学号、学生姓名和实验报告日期。

5.2 实验目的和要求，课题内容、本人分工完成的任务内容。

5.3 实验的硬件环境、软件环境。

5.4 实验步骤、软件设计文档（含项目可行性报告、设计计划、需求分析、概要设计、详细设计、数据库设计、源程序及简要说明、软件使用手册等。有关课题的总体任务可简要说明，本人所完成的内容应详细介绍）。

5.5 实验测试报告：测试用例及测试情况。

5.6 实验结果分析：介绍实验中遇到的问题，对已解决的问题叙述解决办法；对未解决的问题分析可能的原因。

5.7 实验心得与体会。

257

第 10 章

10.8.2　职工工资管理系统

为某单位开发工资管理系统。建立职工工资数据库，存放所有职工的工资信息：职工号、所属部门、姓名、性别、职务、职称、基本工资、参加工作年月、工龄工资、岗位津贴、车贴、伙食补贴、住房补贴、病事假（天数、扣款）、个人所得税、公积金、养老金、医疗保险金、失业保险金、应发工资、实发工资等。

该系统的功能：增加工资（全部更新、按条件更新或个别更新）；职工的调入、调出或部门变动；新增职工的工资信息输入、职工工资数据修改和删除；各种查询；打印工资单；统计等功能。

请画出本系统的实体-关系图和数据流图，设计该系统的软件结构、画出 HIPO 图、IPO 图、数据流图，写出数据字典，设计所需要的数据库结构、设计适当的查询功能、设计输入输出界面、设计测试用例、书写软件工程文档。选择数据库管理系统建立数据库结构，选择程序设计语言，编写程序实现工资管理系统的部分功能或全部功能并对系统进行测试。

10.8.3　某校医疗费管理系统

为某校开发医疗费管理系统，要求如下。在数据库中存放每个职工的职工号、姓名、所属部门。职工报销医疗费时，填写所属部门、职工号、姓名、报销日期、报销金额等。医疗费分为校内门诊费、校外门诊费、住院费、子女医疗费四种。该校规定，每年每个职工的医疗费报销有一个限额（如1500元），限额在每年年初时确定。每个职工一年内报销的医疗费不超过限额时，可全部报销；超出限额时，超出部分只可报销90%，其余10%由职工个人负担。到每年年底，有余额的可以放到下一年用。职工子女医疗费的报销也有限额（如800元），限额内可报销50%，超出限额只能报销40%。因此，每个职工和子女的医疗费有"余额"及"历年余额"，医疗费报销时先使用余额，余额为零时可用历年余额，历年余额也为零时按超额规定来报销。

医疗费管理系统记录当天医疗费报销情况，包括报销日期、职工号、职工所属的部门、职工或职工子女的姓名、医疗费的类别、金额。每天下班前让系统自动结账，统计当天报销的医疗费总额，供出纳员核对。每笔报销的账要保存到明细账上、备查，每天所报销的医疗费要和各个职工已报销的金额累计起来存放到数据表里，以便查询哪些职工或职工子女的医疗费已超额。

要求设计适当的查询功能：医疗费限额；医疗费已超支、未超支的职工或职工子女名单；全校医疗费支出统计、按部门统计医疗费超支情况、职工或职工子女医疗费报销明细账等。

年终结算、下一年度开始时要对数据库文件进行初始化、确定医疗费限额，上一年医疗费余额大于零的存入"历年余额"。

职工调离本单位、职工调入本单位或在本校各部门间调动，数据库文件要及时更新。

请画出本系统的实体-关系图和数据流图，写出本课题的需求分析及初步的开发计划；设计数据库结构和输入输出界面；设计系统结构和写出初步的操作手册；逐步、深入地设计系统各项功能的实现过程并书写软件工程文档；设计系统测试方案；选择程序设计语言，编写程序实现以上功能。

10.8.4 学生成绩管理系统

计算机专业的学生学制四年，每学期学习若干门课程。设计学生成绩管理子系统，含以下功能：新生入学时，输入每个班级的班级号、班级名称及该班所有学生的学号、姓名；每个学期开学时，输入每个班级（按班级号）的所有课程名称、第几学期、任课教师姓名。把每个班级的学生名册发给每位任课教师，让各位老师可记录所任课的班级每名学生的平时成绩、考试成绩，计算成绩总评分。

成绩输入方式：由任课教师按班级、课程输入成绩。先输入班级号、课程名称、第几学期，调出该班所有学生的记录，将这个班级的每名学生的这门课程的平时成绩、考试成绩依次输入。由计算机自动计算每名学生这门课的成绩总评分，存入系统。总评分=平时成绩×0.3+考试成绩×0.7。

输出格式分为全班单科成绩单、全班各科汇总成绩单和个人各科成绩单三种格式。共有四门课程。

全班单科成绩单要有班级号、班级名称、课程名称、任课教师姓名、日期。每名学生一行，含学生的学号、姓名、平时成绩、考试成绩、总评分。最后，统计输出全班不及格人数、及格人数、中（70～79分）人数、良（80～89分）人数、优（90～100分）人数和全班总平均分。

全班各科汇总成绩单，表头含表格名称、班级号、班级名称、几年级、第几学期、日期；表格中每列的数据名称：学号、姓名、各门课程的名称。表格内容每名学生一行，每门课程名下对应的是每名学生该门课程的总评分。

设计每名学生每个学期打印一份学生个人成绩单。表头或表尾的内容含：表格名称、学号、姓名、班级号、班级名称、几年级、第几学期、日期。表格中每列数据含各门课程的名称、平时成绩、考试成绩和总评分，每门课程对应一行数据。

请画出本系统的实体-关系图和数据流图，设计系统的结构、所需要的数据库结构，设计适当的查询功能和输入输出界面。书写软件工程文档。选择程序设计语言，编写程序实现以上功能。

10.8.5 患者监护系统

拟开发某医院患者监护系统，该系统可随时接收每位病人的生理信息（体温、血压、心率、呼吸频率），定时记录病人情况以形成患者日志。

每种生理信息的数据输入方式可以选择人工输入、生理信息测量仪器直接输入或不需监测。

医生可根据病人的年龄、性别、主要疾病等具体情况规定所监测的生理信息的安全范围。当某位病人有一项或几项生理信息数据超出医生规定的安全范围时，系统能自动向值班护士发出警告信号。

在需要时，可要求系统打印某位指定病人的病情报告（可指定某个时间段，指定输出体温、血压、心率、呼吸频率的数据或全部数据）。各种生理信息的安全范围也同时输出，供医护人员作参考。

写出系统需求分析，画出本系统的实体-关系图和数据流图，设计系统的结构、所需的数据库结构，设计适当的查询功能和输入输出界面，设计测试方案，书写软件工程文档。选择程序设计语言，编写程序实现以上功能。

10.8.6 银行储蓄管理系统

银行计算机储蓄管理系统的工作过程大致如下。

银行存款类型分为定期、活期，定期又分为3个月、6个月、1年、3年、5年。存款类型不同，利率各不相同。

储户填写存款单或取款单后，由业务员将信息输入系统。系统为每位新储户建立账号，记录存款人姓名、住址、电话号码、身份证号码、存款类型、存款日期、金额、利率及密码（可选）等信息。

定期储蓄的储户存款时，根据存款类型要计算出存款到期日期，系统建立账号、打印出存款单给储户。

如果是定期储蓄的储户取款，而且存款时留有密码，则系统首先在储户文件中查出该储户的账号、姓名、核对储户密码，若密码正确或存款时未留密码则系统计算利息并打印出本金、利息清单给储户，取款后，系统就把该账户注销。

活期储蓄的账户可多次进行存款、取款。活期储蓄、不是新储户时，系统查找该储户的账号，将存款数额与原余额相加或将原余额减去取款数额，得到新的余额，打印账单。

请画出本系统的实体-关系图和数据流图，设计系统的结构、所需要的数据库结构，设计适当的查询功能和输入输出界面。书写软件工程文档。选择程序设计语言，编写程序实现以上功能。

10.8.7 旅馆客房管理

某旅馆有客房若干，每间客房有若干床位。旅馆规定客房有不同的规格：朝向不同、床位数量不同的客房，每天的住宿费不同。为每间客房和床位编号，并注明规格、单价。

旅客入住时，要登记旅客的信息：姓名、性别、身份证号码、地址、入住日期、预定退房日期、押金。每当一位旅客入住时，旅馆客房管理系统根据客房住宿情况及旅客的选择，安排床位。房间里已经有人住，并有空床位时，可安排和已住旅客性别相同的旅客住宿。空客房安排旅客时没有限制。

旅客退房时，根据该旅客所住的客房的规格、单价及住宿的天数，计算住宿费、扣除押金，算出实际结算额并将床位注销，以便安排新来的旅客住宿。

请画出实体-关系图和数据流图，设计系统的结构、所需要的数据库结构，设计适当的查询功能和输入输出界面，设计测试方案。书写软件工程文档。选择程序设计语言，编写程序实现以上功能。

10.8.8 办公室管理系统

拟开发某单位办公室管理系统，含文件管理、对外联络、工作日程安排三个子系统。

1. 文件管理

记录上级下发的各类文件的编号、名称、批准单位、关键词、主要内容、阅读对象、适用对象、转发对象、日期等。

记录本单位内部文件的编号、名称、批准单位、主管领导、关键词、主要内容、阅读对象、适用对象、下发单位或对象、日期等。

向上级报告文件的编号、名称、上报到哪个单位（名称）、目的、主管领导、关键词、主要内容、日期、报告单位、责任人等。

本单位内部各部门交流的文件：文件的编号、名称、文件报告单位、批准单位、负责人、关键词、主要内容、阅读对象、适用对象、转发对象、日期等。

2．对外联络

对外联络单位的编号、名称、地址、电话；对方联系人姓名和电话；负责人姓名和电话；联系目的、要求、日期、时间、地点、本单位责任人和电话、落实情况、是否已完成等。

3．工作日程安排

一周工作日程安排：日期、星期、时间、地点、内容、对象、主管领导、是否落实、实际执行情况；

一个月工作日程安排：日期、星期、时间、地点、负责人、内容、对象、主管领导、是否落实、实际执行情况；

年度工作安排：日期、时间、地点、负责人、内容、对象、主管领导、是否落实、实际执行情况。

日程安排不能出现在同一时间、同一地点、不同对象，安排不同会议；对同一时间、同一主管领导，安排不同地点的工作等不合理现象。出现矛盾时，系统能自动提示用户改正。

以上三个模块要分别设计输入、查询、统计、自动检测错误等功能。

请写出系统需求画出实体-关系图和数据流图，进行概要设计，详细设计系统结构，设计所需要的数据库结构，设计适当的查询功能和输入输出界面，设计测试方案，书写软件工程文档。选择程序设计语言，编写程序实现以上功能。

10.8.9 商品销售管理系统

某商场有营业员、仓库管理员、会计、采购员、经理等人员，分别负责商品的销售、库存管理、账册管理、采购、售后服务等工作。开发一个商场商品销售管理系统，用计算机管理商场商品销售有关的各项工作。除经理外，一般工作人员只能进入系统中与本职工作有关的一个模块；经理负责全面管理，可进入系统的所有模块进行操作。

商品销售管理系统要求有以下功能：仓库管理员为每种商品编号，输入商品名称、进货日期、进货单价、销售价、数量、生产厂家、库存量等。收银员接班后要登录、售货，为顾客选购的每种商品输入商品编号及数量，计价、收费、打印购物清单，交班时结算销售的款、货账目；系统及时更新商品的库存量。仓库管理员查询哪些商品将脱销，及时进货，进货时记录日期、商品的名称、进货单价、数量、生产厂家等。会计统计、核对收银员当天的销售额。系统对商场各类商品的进货额、销售额进行日、月、年的统计。商场经理根据当前商品库存数量、销售情况，决定增减商品种类或修改商品价格。商品的售后服务包含：退货、换货或修理，要记录日期、商品编号、售后服务类型、顾客信息、是否完成等。

请分析系统需求，画出实体-关系图和数据流图，设计系统的结构、数据库结构、输入输出界面，设计测试方案，设计程序实现系统功能，书写软件工程文档。

习　题　10

实习思考题

为了使招聘考试成绩管理系统具有较强的实用性和通用性，将该软件的设计改为按下列提示要求进行，可以只变动其中某一项或多项。这些变动将涉及数据库的设计、系统结构的设计和程序功能的设计。请在确定系统需求后，再开始进行软件的设计。

（1）考试的科目名称可变（在系统初始化时，由用户自定义考试科目的名称）。

（2）考试科目数可根据用户的需要进行设置（原考试科目数为三，可改为考四门课程，或其他）。

（3）各门考试科目的成绩在总分中所占的比例可以由用户在系统初始化时自定义。例如，可由用户定义为政治占30%，英语占30%，专业课占40%。

（4）若某市的考区数超过10，准考证号编排规则应如何变动？

（5）每个考场允许安排的考生人数可变，在系统初始化时由管理员一一设定。

（6）如果考生报名时可以填写三个单位作为报考志愿，还可填写是否"愿意服从调剂志愿"；单位录用时，先录取第一志愿考生，招聘名额未满时再录用第二志愿的考生；第三志愿招聘后仍未录用满时，可以录用"愿意服从调剂志愿"的考生。

（7）根据录用人数和考试总分排序情况，招聘管理委员会可划定各专业的录用分数线，在分数线以上的考生才能被录用。

部分习题解答

习题 1

9. A①，B②，C④，D③

10. A②，B①，C④，D①，E②

11. 快速原型，原因是这个软件功能非常简单，可以快速、容易地实现，而且实现并测试完之后，该产品将被抛弃。

12. 该软件产品跟踪该公司的全部流程，可以按阶段划分，为了保证前后的连续和衔接，每个阶段都需要完成合格的文档，所以考虑使用瀑布模型。

13. 新产品的要求是可移植性好，并且容易适应新的运行环境，可能用户会提出不同的需求，新产品也要满足，因此，对软件体系结构有开放的要求，采用增量模型可以较好地解决这个问题。

习题 2

1. A④，B③，C①，D②

2. 房产经营管理系统

（1）数据字典。

规格=[三房一厅 | 两房一厅 | 一房一厅]

房间=房产编号+房产地点+楼房名称+层次+朝向+规格+面积+单价+总价+[租|售]+[已|未]+备注

房产={房产地点+{楼房名称+总层高+{{房间}}}}

单价=[每月租金|每平方米价格]

客户=客户编号+姓名+性别+地址+电话

客户需求=客户编号+日期+{房产编号}

交易情况=日期+客户编号+房产编号+金额+备注+经手人

（2）房产经营管理系统数据流图如图 A.1 所示。

（3）房产经营管理系统 IPO 图如图 A.2 所示。

3. 火车卧铺票订票系统

1）数据字典

列车类型=[普快/特快/快速]+[空调/非空调]

停靠站=站名+（到达时间，发车时间）

车次=车次号+列车类型+{停靠站}

列车运行情况={车次}

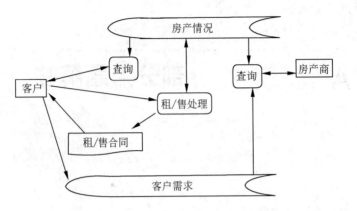

图 A.1　房产经营管理系统数据流图

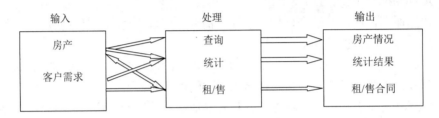

图 A.2　房产经营管理系统 IPO 图

软卧=[上铺/下铺]

硬卧=[上铺/中铺/下铺]

铺位类型=[软卧/硬卧]

车票号=车厢号+{铺位号}。如，5 车 8 号上。

售票情况=1{日期+{车次+{车票号+[已售/未售]}}}5

票价=起始站+{到达站+{列车类型+{铺位类型+价格+[全/半]}}}

火车票=日期+车次+起始站+到达站+列车类型+铺位类型+价格+车票号+[全/半]

2）数据流图

本系统的数据库可设计两张数据表：列车运行情况表和售票情况表。旅客根据列车运行情况提出购票要求。售票系统根据旅客要求查询售票情况表，有票则输出火车票，并更改售票情况；无票则告知旅客。数据流图如图 A.3 所示。

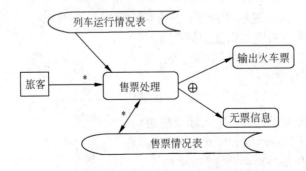

图 A.3　火车卧铺票售票系统数据流图

3）IPO 图

火车卧铺票订票系统 IPO 图如图 A.4 所示。

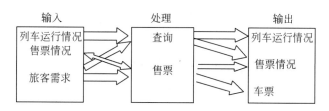

图 A.4　火车卧铺票订票系统 IPO 图

4．银行储蓄管理系统

（1）数据流图如图 A.5 所示。

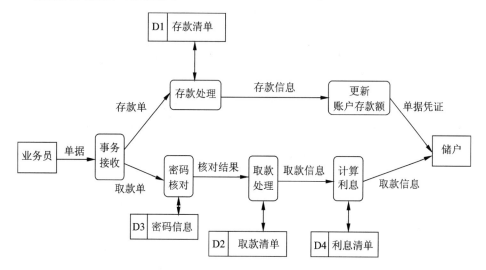

图 A.5　银行储蓄管理系统数据流图

（2）数据字典如下：

- 系统中的数据对象：业务员、储户、存款清单、取款清单、利息清单。
- 储户与存款清单、取款清单、密码信息分别有 1：N 的拥有联系。
- 业务员与存款清单、取款清单、利息清单有 1：N 的处理联系。
- 存款清单（存款人姓名，住址，存款人证件号码，存款类型，存款日期，到期日期，利率，存款数量）。
- 取款清单（存款人姓名，存款人证件号码，取款人姓名，取款人证件号码，取款类型，取款数量）。
- 利息清单（取款人姓名，身份证号码，取款类型，利息，取款总数量）。

（3）实体-关系图，银行储蓄管理系统实体-关系如图 A.6 所示。

5．飞机票订票系统的实体-关系图如图 A.7 所示。

6．医院患者监护系统的数据流图如图 A.8 所示。

7．复印机状态转换图如图 A.9 所示。

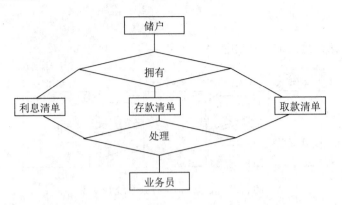

图 A.6 银行储蓄管理系统的实体-关系图

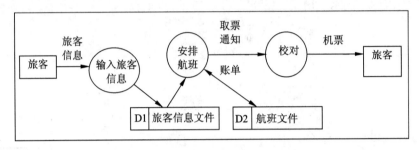

图 A.7 飞机票订票系统的实体-关系图

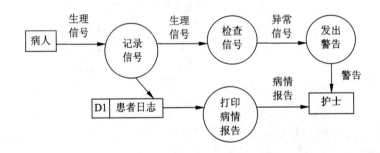

图 A.8 医院患者监护系统数据流图

8. 电话号码数据字典如下：

电话号码=[校内电话|校外电话]

校内电话=非零数字字符+3{数字字符}3

校外电话=0+[本市电话|外地电话]

本市电话=非零数字字符+7{数字字符}7

外地电话=3{数字字符}3 +非零数字字符+7{数字字符}7

非零数字字符=[1|2|3|4|5|6|7|8|9]

数字字符=[0|1|2|3|4|5|6|7|8|9]

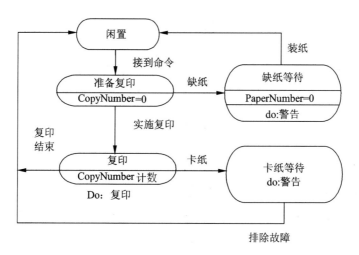

图 A.9　复印机状态转换图

习题 3

5. 学生成绩管理系统的 HIPO 图如图 A.10 所示。

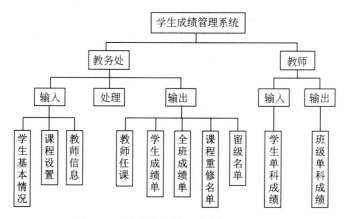

图 A.10　学生成绩管理系统的 HIPO 图

6. 图书馆管理系统的 HIPO 图如图 A.11 所示。

7. A②，B③，C③，D②，E②

8. A⑤，B⑦，C③，D②，E①

9. A④，B①，C③，D②，E①

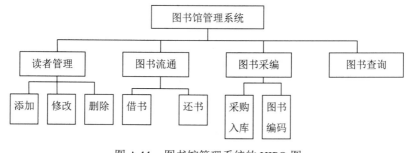

图 A.11　图书馆管理系统的 HIPO 图

10. 旅游价格优惠判定表如表 A.1 所示。

表 A.1　旅游价格优惠判定表

团体	T	F	T	F
淡季	T	T	F	F
不优惠				×
优惠 5%			×	
优惠 20%		×		
优惠 30%	×			

12. 伪程序对应的盒图如图 A.12 所示。

13. （1）习题 13 对应的程序流程图如图 A.13 所示。

（2）程序不是结构化的，因为用了 GOTO 结构。

（3）等价的结构化程序所对应的流程图如图 A.14 所示。

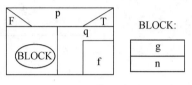

图 A.12　习题 12 伪程序对应的盒图

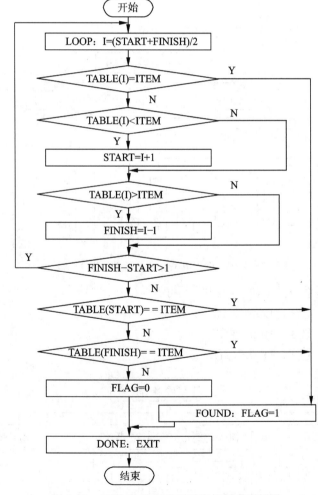

图 A.13　习题 13 伪程序所对应的程序流程图

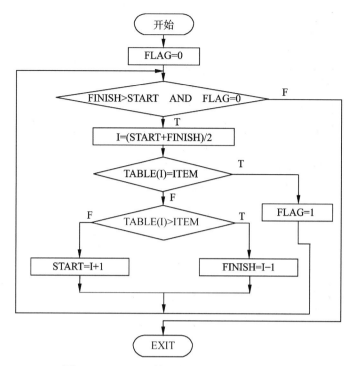

图 A.14 习题 13 伪程序等价的结构化流程图

对应的结构化程序如下：

```
set FLAG TO 0
while START<=FINISH AND FLAG=0 do
  set I to (START+FINISH)/2
  if TABLE(I)=ITEM
    then set FLAG TO 1
    else if TABLE(I)>ITEM
        then set FINISH to I-1
        else set START TO I+1
enddo
exit
```

（4）此程序的功能是在 TABLE 中用二分法查找已知数 ITEM。它完成预定功能隐含的前提条件是 TABLE 中的数据应按升序排序。

习题 4

5. A②，B④，C④，D②，E①
6. A②，B④，C④，D①，E④，F④
7. A②，B⑤，C①，D②，E⑤，F③
8. A②，B②，C③，D④，E③，F②，G④，H⑤，I①，J①
9. 正确的如下：（1）×，（2）√，（3）×，（4）×，（5）√，（6）√，（7）√，（8）×，（9）√，（10）√
10. 正确的如下：（1）×，（2）√，（3）×，（4）×，（5）√，（6）×，（7）×，（8）×，（9）×

11. A⑥，B②，C①，D⑧，E④

14. 单元测试时，集中检验软件设计的最小单元——模块。在正式测试之前必须先通过编译程序检查并且改正所有语法错误，然后用详细设计描述作指南，对重要的执行通路进行测试，以便发现模块内部的错误。单元测试可以使用白盒测试法，而且对多个模块的测试可以并行地进行。在单元测试期间主要评价模块的下述 5 个特性：模块接口，局部数据结构，重要的执行通路，出错处理通路，影响上述各方面特性的边界条件。

集成测试是组装软件的系统技术。例如，子系统测试是在把模块按照设计要求组装起来的同时进行测试，主要目标是发现与接口有关的问题（系统测试与此类似）。由模块组装成程序时有两种方法：一种方法是先分别测试每个模块，再把所有模块按设计要求放在一起结合成所要的程序，这种方法称为非渐增式测试方法；另一种方法是把下一个要测试的模块同已经测试好的那些模块结合起来进行测试，测试完以后再把下一个应该测试的模块结合进来测试。这种每次增加一个模块的方法称为渐增式测试，这种方法实际上同时完成单元测试和集成测试。

15. 添加编号后的程序如下：

```
Start
1: Input (X,Y,Z)
2: If  X<12
3: then Z=Z+1
4: Else      Y=Y+1
   End if
5: If  Y>12
6: Then Z=1
   End if
7: If  Z>1
8: Then X=X+12
9: Else      Y=Y+1
   End if
10: Print (X,Y,Z)
    End
```

对应的程序图如图 A.15 所示。

图中实线弧 12 条，节点数 10 个。环形复杂度 $V(G)=m-n+2=$

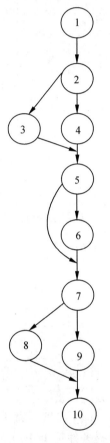

图 A.15　习题 15 流程图

$12-10+2=4$。

独立路径如下：

1-2-3-5-7-8-10；	1-2-3-5-7-9-10；	1-2-3-5-6-7-8-10；
1-2-3-5-6-7-9-10；	1-2-4-5-7-8-10；	1-2-4-5-6-7-8-10；
1-2-4-5-6-7-9-10；	1-2-4-5-7-9-10。	

习题 5

7.（1）、（3）、（6）、（7）、（9）

8.（1）最长，最多

（2）编码，数据，文档

（3）用户提出维护申请，维护组织审查申请报告并安排维护工作，进行维护并做详细的维护记录，复审

（4）错误，测试，维护

（5）理解，改正，适应和增强

习题 6

7.（1）银行储蓄系统的数据流图

该系统的数据库可设计两张数据表：利率表存放各种类型的利率，储户文件存放储户的信息。数据处理分为存款、取款和储户注销。存款时要根据利率表中的存款类型确定利率。取款和注销要对储户文件进行处理。数据流图如图 A.16 所示。

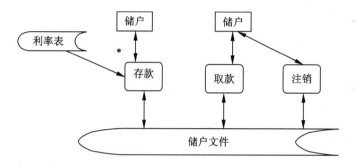

图 A.16　银行储蓄系统的数据流图

（2）银行储蓄系统的对象模型如图 A.17 所示。

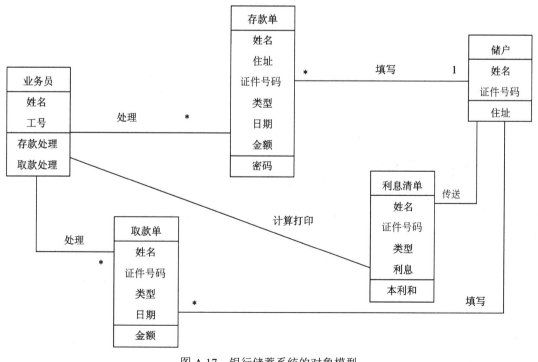

图 A.17　银行储蓄系统的对象模型

（3）功能模型如图 A.18 所示。

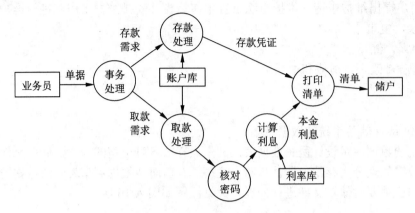

图 A.18　银行储蓄系统功能模型

（4）动态模型如图 A.19 所示。

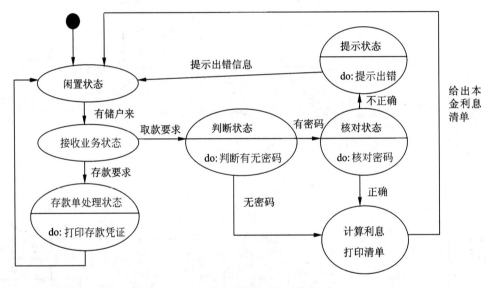

图 A.19　银行储蓄系统动态模型

8．公务员招聘考试管理系统的顺序图如图 A.20 所示。

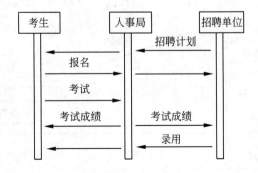

图 A.20　公务员招聘考试管理系统的顺序图

9. 公安报警系统顺序图如图 A.21 所示。

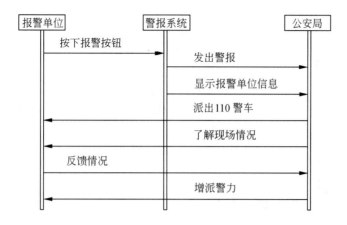

图 A.21　公安报警系统顺序图

10. A①，B⑥，C⑤，D②，E③，F②

习题 7

4. A③，B②，C②，D①，E②
5. A②，B④，C②，D②
6. A①，B④，C③，D④，E①
7. 对象模型如图 A.22 所示。

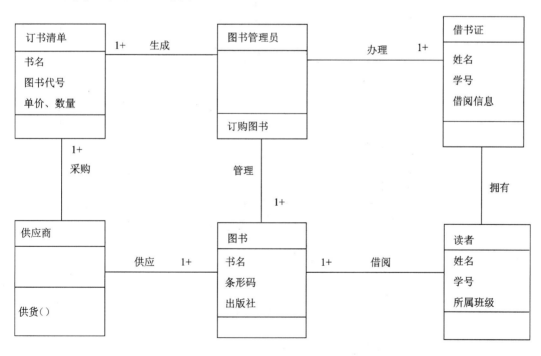

图 A.22　习题 7 对象模型

8. 对象模型如图 A.23 所示。

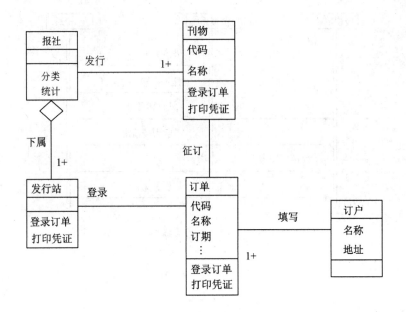

图 A.23　习题 8 对象模型

9.（1）对象模型如图 A.24 所示。

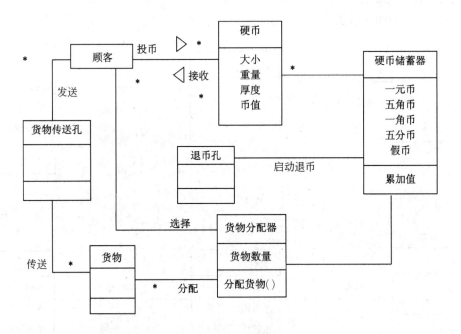

图 A.24　习题 9 对象模型

（2）动态模型如图 A.25 所示。

（3）功能模型如图 A.26 所示。

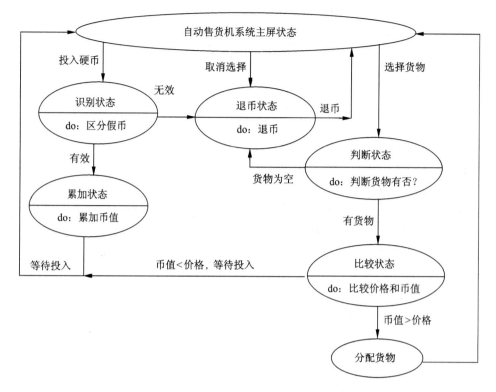

图 A.25　习题 9 动态模型

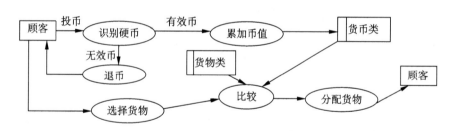

图 A.26　习题 9 功能模型

习题 8

7.（1）工具和方法的集合

（2）软件开发生产率，软件质量

（3）质量

（4）用户接口

（5）软件工具，方法，模型

习题 9

8. A④，B③，C⑥，D⑤，E⑦

9. A③，B④，C④，D①，E③

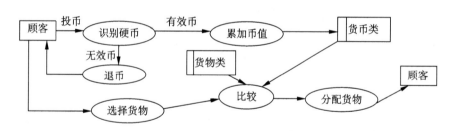

275

附录

A

部分习题解答

参 考 文 献

[1] 张海藩. 软件工程导论[M]. 4 版. 北京：清华大学出版社，2003.

[2] 计算机软件工程规范国家标准汇编 2003. 北京：中国标准出版社，2003.

[3] 邓良松，刘海岩，陆丽娜. 软件工程[M]. 西安：西安电子科技大学出版社，2004.

[4] Roger S Pressman. 软件工程实践者的研究方法[M]. 黄柏素，梅宏，译. 北京：机械工业出版社，1999.

[5] 周苏，王文. 软件工程学教程[M]. 北京：科学出版社，2002.

[6] 陈明. 软件工程学教程[M]. 北京：科学出版社，2002.

[7] 陈松乔，任胜兵，王国军. 现代软件工程[M]. 北京：北方交通大学出版社，2002.

[8] 孙涌，等. 现代软件工程[M]. 北京：北京希望电子出版社，2002.

[9] 陆丽娜. 软件工程[M]. 北京：经济科学出版社，2000.

[10] 王少锋. 面向对象技术 UML 教程[M]. 北京：清华大学出版社，2004.

[11] 史济民. 软件工程原理方法与应用[M]. 北京：高等教育出版社，1990.

[12] 汤庸. 结构化与面向对象软件方法[M]. 北京：科学出版社，1998.

[13] 陆惠恩. 软件工程基础[M]. 北京：人民邮电出版社，2005.

[14] Roger S Pressman. 软件工程实践者的研究方法[M]. 郑人杰，马素霞，白晓颖，译. 北京：机械工业出版社，2007.

[15] 张海藩. 软件工程[M]. 2 版. 北京：人民邮电出版社，2006.

[16] 吴洁明. 软件工程基础实践教程[M]. 北京：清华大学出版社，2007.

[17] 陆惠恩，吴伟昶，徐克奇. 软件工程实践教程[M]. 北京：机械工业出版社，2006.